メディアとしてのコンクリート

土・政治・記憶・労働・写真

エイドリアン・フォーティー 著
坂牛卓＋邉見浩久＋呉鴻逸＋天内大樹 訳

CONCRETE AND CULTURE
A Material History
Adrian Forty

鹿島出版会

訳者序

物への問い

書店に並ぶコンクリートの本はおそらく次の四種類に分類できる。

①コンクリートを構造としてその強度について説明する本
②コンクリートを材料としてその物性について説明する本
③コンクリート建築の設計方法とディテールを説明する本
④コンクリートでできた建築の写真集

本書はと言えばこのどれにもあたらない。あえて言うなら第五番目の本となる。

⑤コンクリートの意匠的、文化的価値について説明する本。

ではその意匠的文化的価値とは具体的には何か？　主要なテーマをピックアップするとコンクリートの近代性、自然性、歴史性、発祥の地、政治性、使用場所、記憶、施工、写真との類似などである。ここまで読んで興味を持った方は是非すぐに本書をお読みいただければと思う。間違いなく面白い本である。しかし未だ疑心暗鬼な方のためにもう少し説明を加えよう。

本書の概要

本書の著者はロンドン大学バートレット校で建築史の教鞭をとっていたエィドリアン・フォーティー（Forty, Adrian）教授である。彼の邦訳書はこれが三冊目となる。それぞれ『欲望のオブジェ』（一九八六、邦訳一九九二）、『言葉と建築』（二〇〇〇、同二〇〇六）である。いずれも鹿島出版会から出版されており、後者は拙訳でもある。前者はデザインが社会的価値、市場原理、企業家の意識などの総体として生み出されていることを描いたものである。後者はモダニズム建築を語る言葉の中で、モダニズムの時代になって急激に使う頻度の高まったもの（機能、空間、形態など）を選出し、それらがどの学問分野（医学、科学、社会学）から移入されて来たかを明らかにすることでモダニズム建築のメカニズムを浮き彫りにしようとするものである。この両者の本の内容からわかるようにフォーティーの興味は、建築あるいはデザインを生み出す思考《コンセプト》の系譜学であり、社会学である。建築という分野の中では語り切れない部分をフォローするのがフォーティー流である。

繰り返しになるが本書はコンクリートという、普通なら冒頭記したようにエンジニアリング（構造、材料、設計）に回収されてしまう対象に、文化的側面から光を当てたところが何よりもユニークなところである。ここで前掲のテーマを目次に則してもう少し詳しく説明しておこう。

第一章コンクリートは近代的な材料かそれともただの土か？コンクリートは未来派の宣言に登場し、ル・コルビュジエによって新しい形の建築として実現した。その意味で近代的な文脈の上にある。一方でコンクリートの製作は泥を型に流すようなもので、その後進性も特徴的である。ポール・ルドルフは打ち上がったコンクリートがきれいすぎると嘆いたそうだが、そのアンビバレントな性格の共存もコンクリートの持ち味である。

第二章コンクリートは自然材料か非自然材料か？
コンクリートは非自然的な材料だと言われることが多い。しかし本当だろうか？　コンクリートの成分は石灰石を焼いたセメントであり、骨材は自然石である。すべては自然の中から採取されたものなのに、それが混合され固まった瞬間に非自然になるのだろうか？

第三章コンクリートは歴史性があるか無いか？
コンクリートがゴシック建築を受け入れるべきか、あるいは古典建築を体現すべきものなのか、はたまたコンクリート独自のスタイルがあるものなのかという議論が煮詰まらぬうちに、コンクリートは中途半端、あるいは何でもできるという二つの意見が現れ、収束しないまま今日にいたる。

第四章コンクリートを生み出し多用したのはどの国か？
その発祥の地はフランスであろうが、数学的構造解析を導入したのはドイツである。アメリカは鉄骨を好み、むしろコンクリート造の前近代性からその導入をさえ躊躇する傾向にあった。

一方でイタリア人建築家ジオ・ポンティは鉄を建築と認めず、異業種であるとさえ言った。

第五章コンクリートは政治を体現する。

コンクリートは多くの成分が一つに固まるという生成のプロセスのメタファーから、社会主義国において好んで使用された。なかでもソ連ではフルシチョフがコスト削減と品質の一定化を目指してプレキャストコンクリート建築を推進した。そうしたコンクリート建築のリノベーションが昨今の建築テーマの一つにもなっている。

第六章コンクリートがつくる天と地。

コンクリートはあるときから地域性、経済性、石との類似性などの理由で教会建築に多用されるようになった。一方で二つの大戦中は防御の素材としてトーチカなどに多用される。戦後再び教会に使用されるようになったとき、急速な郊外化に伴う新しい教会の必要性と安くはないが質素に見えるコンクリートの見栄えが、コンクリートの多用につながった。

第七章コンクリートに内在する記憶と忘却。

その昔は金属や石が多用された記念碑はコンクリートでつくられることが多くなった。最も記憶が保たれない材料と言われているにもかかわらずである。その理由は経済性とか自由な造形可能性、構造安定性などと言われるがその実その壊れにくさゆえと思われる。

第八章コンクリートをつくるための労働の質。

コンクリートは現場で製作するゆえそこには型枠の制作、コンクリートの流し込みなど職人の技術に依存する部分が大きい。それゆえ現場でのコンクリートの科学的な製造管理法が考案されてきた。

第九章コンクリートと写真の関係。

コンクリートと写真の制作過程は類似している。どちらもネガ、ポジによって生まれる。というような生成のメタファーに始まり、コンクリートが芸術対象となるにあたって多くの写真家の作品がそれに寄与してきた。

第一〇章コンクリートの復活。

ポストモダニズムにおいて建築には多くの意味が付着したが

それ以降、それらを排除し、建築という物自体に対峙する姿勢が多く見られる。ケネス・フランプトンの『テクトニック・カルチャー』(一九九五、邦訳二〇〇二)はそうした態度を称揚するし、ツムトアの建築をはじめ昨今の多くの建築家が素材性を重視している。

少々長くなったが本書の要点を章ごとに紹介した。ここまで来ると本書の内容はだいぶ理解されたのではなかろうか? それでは次にこうした素材との対峙が意匠の歴史の中でどのような意味を持ちうるのかについて説明しておきたい。

質料性への反動

本書はコンクリートを記述する第五番目の種類のものであり、新たな視点からの書であると冒頭で述べたが、実はかつてこれに類似した書がなかったわけではない。それは今から一五年前にA.D.A. EDITA Tokyoから出版された『素材空間』という名の三冊の本である。それらはそれぞれコンクリート、ガラス、木を特集していた。その内容は冒頭記したとおりそれぞれの素材の意匠的価値を浮き彫りにすることに主眼が置かれていた。

私はその雑誌の初回号であるコンクリート特集の編集協力を故二川幸夫氏に依頼され、A.D.A.本社で三時間、氏から説明(というよりは講義)を受けた。そのなかでもファンズワース邸の話は記憶に残る。二川氏はここに行くと朝から晩までおり、陽の光で刻々と変化する建物を観察する。そこで特にガラスの輝きの変化が印象的だったと言う。ガラスは光を入れ空気を遮断する開口部の素材ではない。それは色、輝きを放つ建築を構成する「物」なのだと言う。だからガラスの厚みは意匠的決定事項でありそのガラス厚を耐風圧で技術的に決定するようでは設計者失格だと言う。同様にコンクリートも表面の肌理があり、骨材の変化による色の変化と輝きがあり、型枠による表情があるというのである。そうした素材の持っている美的なものを形成する要素を新しくつくる本では問題にしたいのだということだった。今までにない企画にとても興奮したのを覚えている。

しかし作業を開始してみると、素材の持つ色、肌理、輝き、透明性などを人に伝えるのがたいへん難しいことがわかってきた。そうしたものを写真で写しとることは不可能に近い。まして文章化するのはいわんやをや。色差計などで数値化することもほとんど無理である。こうした素材の質料性は客観的事実として表すことが困難なのである。こうした分野での学術論文がたいへん稀少であることはその事実をよく表している。つまり二〇世紀の科学信仰の時代に素材の質料性は問題にできない、あるいはすべきでないことなのである。そしてそのことは二〇世紀の美学をつくりあげたカントの思想が美にとって、質料性（素材）は問題にならず重要なのは形式性（形態）であることを唱導したことにも関係する。そこで『素材空間』では美学者谷川渥氏をお招きし二〇世紀の美学的デフォルトの形成についてインタビューした（『芸術の宇宙誌』右文書院、二〇〇四、再所収）。そのときの谷川氏のお答えは簡単に言えば、まさしくカントが形優先の美学を近代にもたらし、その反動として二〇世紀のいろいろな時と所で質料性への欲望が間欠泉の如く噴出したのだとおっしゃっていた。

こうした質料性への反動は建築においても世紀末を迎えた世界で様々起こっていた。一九九四年にヘルツォーク&ド・ムーロンが鉄のフラットバーだけで表層を囲ったシグナルボックスをバーゼルにつくり、二〇〇一年にレンゾ・ピアノはガラスブロックだけで表層を覆ったエルメスを銀座につくった。建築の表現の多くをその素材性に大きく依存する建築が生まれ始めたのである。その頃私は「建築と素材」というテーマで坂本一成氏と対談した（『華』二〇〇一）。素材性という問題から最も遠い位置にいそうな坂本氏でさえも、世界の質料性への関心に触れないわけにはいかないと感じられていたようである。

思想へ

二〇世紀末に集中的に始まった質料性への反動は、それから一五年ほどたった今でも継続中と言っていいだろう。美術史的に言えば有史以来の質料と形式の二項対立図式はおそらく延々と続く問題である。そして昨今この質料への反動をバックアップしているのが哲学的な問題系であろう。ポスト・ポスト構造主義と呼ばれ、あるいは思弁的実在論、新唯物論などと名前はまちまちであるが、総じてこの新潮流が目指すところは、カント以来の考え方である「物を人間との関係」で存在すると見る相関主義から脱却して、物と物あるいは物と人を同等なものとして捉えようとする考え方である。

こうした哲学を社会学的に敷衍しているのがブルーノ・ラトゥールであり彼のアクター・ネットワーク理論に従えば、物も人も平等な関係性を持ったネットワークの中にあるとする。物はおそらくそれぞれがそれぞれの無限のネットワークの中に位置づいている。そのネットワークはアプリオリに存在する確固たるものではなく何重にも絡み合った漁網のようなものだと思う。それを一枚一枚引き剝がすところにその漁網に絡み取られた物が見えてくるのだろう。

おそらく本書での試みもそうした文化的漁網に包まれたコンクリートをその漁網を剝ぎ取るなかで浮き彫りにしようという試みなのである。人間中心主義から脱して新たな物への切り込み方が二〇世紀的な思考の型を刷新する可能性もある。本書はその意味で単なるコンクリートの説明書ではなく、新たな思想へつながる書でもあろうと期待する。

（坂牛卓）

メディアとしてのコンクリート

目次

凡例

一、本書は、Adrian Forty, *Concrete and Culture: A Material History*, Reakton Books, 2012 の翻訳である。

一、原文の（ ）は（ ）に、‘ ’は「 」にした。ただし、人名などの原語を適宜表示するためにも（ ）を使用した。

一、本文と同級数の［ ］は原著者による挿入であり、小さな級数の［ ］は訳者による註記や補足である。

一、原文のイタリック体は傍点とした。ただし、イタリック体が書名・雑誌名などの場合は『 』、論文名・記事名などの場合は「 」で括った。

一、原文で大文字で始まることによって強調された語は〈 〉で括った。

一、原註は（1）、（2）……で示し、各章末に置いた。

メディアとしてのコンクリート

土・政治・記憶・労働・写真

INTRO DUCTION

序章

人々がどのように建築を語るかということについて書いた前著『言葉と建築』の執筆が終わりに差しかかった頃、私はコンクリートについて考え始めた。変わりやすく儚い言葉の世界に比べ、目に見えて手で触れる物理的な対象があり実体を持つものへの方向転換は、救いのように思えた。小説家グレアム・グリーン（Graham Greene）はかつて、自作を真面目なフィクションと、彼の言う「お楽しみ作品」に区別した。本書は、方々を旅する理由を与えてくれて、多かれ少なかれどこへでも訪れることを正当化してくれる「お楽しみ」になるはずだった。自ら巻き込まれようとしていた知的難題に私は気づいていなかった——それらはもしかしたら意識下で私を終始引きつけていたものであったかもしれないのだが。言語同様に、コンクリートはどこにでも使われている素材《メディア》で、世界中に様々な形で見られる。コンクリートが提示する研究課題は言語の課題と異なるものではない。言語同様、コンクリートがその素材《メディア》の一般的状態と関係づけられない限りは、その特殊な事例を考察しても意味がない。しかしコンクリートは言語同様、一般規則を見つけ出すことこそ困難なのである。

仮にコンクリートに関して何であれ認められる原則があるとすれば、それは一般にその技術的な性質に属するものと思われてきた。そして実際、多くのコンクリートについて書かれたものは技術者、化学者によるものだ。コンクリート史の多くはローマ人と彼らが発見した天然に生成するシリカ質セメントに遡る。一九世紀のコンクリートの再発見と鉄の補強という発明がそれに続く。しかしこの本を始めるにあたって私にとってもっと興味深いことは、トマス・モア（Sir Thomas More）による一五一六年初版の『ユートピア』中のユートピア住民の家についての記述である。

　すべての家は素敵な外観を持つ三階建てで、露出した壁面は石、セメント、あるいは煉瓦で、壁と壁の間の隙間を埋めるために野石が使われている。屋根は平らでセメントのようなもので覆われている。それは安価だが混ぜ合わせがよいので、耐火性があり嵐による被害に耐える点において鉛よりも優れている。（1）

トマス・モアは人々の生活を変えるであろう完璧なセメントベースの建築資材を、その発明のはるか前に思い描いていた。モアの記述はコンクリートとあらゆるユートピア運動の長い年月にわたるつながりの始まりを印すだけではなく、コンクリートは形而下的であると同時に形而上的でもあることを示している。すなわち世界に存在するのと並行して、精神の中にも存在していることを明確にしている。この素材《メディア》の技術的属性よりもそれが我々の頭の中で占める場所こそが、私の興味の対象であり、この本が何らかの説明を試みるのはこのことなのである。

　私がコンクリートに興味を持ったときに、私は北イタリアで長い時間を過ごし、戦後の建物を多く見にいった。それらの多くはコンクリート造であった。かなりの割合でこれらの建物はコンクリートを「装飾的」としか言いようのない方法で用いていた。というのはそれらの特徴には特に構造的な理由はなく、それらは私の馴染みある建築的正統性に則って考えればコンクリートの適切な使い方には合致していなかったのである。私は一九五九年に書かれたピーター・コリンズ（Peter Collins）の『コンクリート』を読んでいた。この本は長い間、建築におけるコンクリートの近代的な活用法についての唯一重要な本であったが、コリンズはこれらイタリアの建物、あるいはそこにおけるコンクリートの慣例的ではない使用方法については一切触れていなかった。多くのコンクリート作品がコリンズの見取り図から外れているように見えることは、コンクリートをさらに深く考察するに足る理由と思われる。

建築家の主義主張は、細かく検証すれば多くがいずれにしても矛盾に満ちているものだが、それらを単純に繰り返すだけではないコンクリートの歴史は当然あってもおかしくない。五〇年前に出版されたコリンズの本は、コンクリートの初期について多くの情報に満ちてはいるが、良い手本ではなかった。なぜならそれは、一九〇四年に完成したパリのフランクリン街二五番地にあるアパートが、しばしばコンクリート建築の預言的作品と見なされているとはいえ、オーギュスト・ペレ（Auguste Perret）という一人の建築家のコンクリートの特有な扱い方を正当なものとして奨励することにあまりに固執していたからである。私が考えていた研究にとって、模範的研究はコンクリート、あるいは他の建築資材を問わず稀だった。リチャード・ウェストン（Richard Weston）の『素材、形、建築』（二〇〇三）は素材にまつわる建築理念を扱った称賛すべき研究であるが、建築と見なされるもののみに着目し、コンクリートを多くの建築資材の一つとしてしか扱っていない。煉瓦や波形鉄板についての昨今の調査は確かに射程が世界的ではあるが、実質的には有名な事例を集めた地名辞典である（2）。私が探し求めていたものにさらに近く、コンクリートのみを扱った二つの例外はドイツの作家、カトリン・ボナッカー（Kathrin Bonacker）の『材料キーワード・コンクリート』（一九九六）やフランスの歴史家、シリル・シモネ（Cyrille Simonnet）の『ベトン』（二〇〇五）である。後者は私がこの仕事に取りかかってしばらくして出版された。双方とも私にとって価値のあるものだった。シモネの多くのアイディアは私の考えと一致し、それらを読むことによって自らの考えがかなり明確になった。彼の本を私は広く利用したが、これがあったことで私の本ははるかに良くなったと思う。同時に他の二人のフランス語圏の歴史家、エンネビック・アーカイブのグウェナエル・デリュモウ（Gwenaël Delhumeau）とカナダのレジャン・ルゴー（Réjean Legault）による二〇世紀初頭のフランスにおけるコンクリートに対する建築的な考え方をまとめた仕事は、群を抜いて有効なものだった。しかし私は決して単に建築家について記したかったわけではないし、世界の特定の地域に限定したくもなかった。——コンクリートへの興味の一面は、どこにでもあるということであり、多くの場合建築に毒されていないというところにある。建築家やエンジニアがコンクリートを独占しているのではない。私の望みはコンクリートを様々な活用方法の中で考えてみることであった。それも決して建築家やエンジニアに支配された活用方法ではなく、あらゆる場所に存在するものとしてのコンクリートを扱いたかった。セルフビルダー、彫刻家、作家、政治家、経営者、写真家、映画製作者、誰の仕事であれ。こんな向こう見ずな仕事は未だかつてなかった。

　コンクリートは沈黙したつまらない材料であり、生より死に結びつけてみられることが多い。コンクリートを含んだ言い回しは多くの国でこの意味合いを用いている。例えばドイツでは「ベトン＝フラクション（Beton-Fraktion）」と言えば非妥協的で頑固な政治集団を意味する。また「ベトン＝コプフ（Beton-Kopf）」は文字どおりには「コンクリート頭」であり反動的政敵を指す（3）。スウェーデンでは、一九五〇－六〇年代にかけてストックホルム旧市街の思い切った再開発を主導した、社会民主党市政の強力な指導者、ヤルマル・メール（Hjalmar Mehr）が「ベトンソッセ（betonsosse）」つまり「コンクリート社会主義者」と呼ばれていた（4）。フランス語では巷のスラングに「コンクリートになれ（laisse béton）」という言葉がある。これは「墓になれ（laisse tomber）」の言い換えであり「くたばれ」という意味である。ケイト・グレンビル（Kate Grenville）の小説『完全性という概念』では主人公の退屈さは彼がコンクリート技術者であることを通して伝えられる。人々はパーティで「コンクリート！」と声を上げ、「目は泳ぎ始めて視線は肩越しに、誰かもっと良い話相手を探すのだ」（5）。ありえない文学的なタイトルのついた本の一冊として『コンクリート史上の栄光（*Highlights in the History of Concrete*）』がある。このタイトルは石油、石炭、鉄、ガラスの栄光ならば起こらないような笑いを誘う（6）。そしてしばしば私がコンクリートについての本を書いていると言うと、相手は「御冗談を」とでも言いたげに眉を顰める。

これらを含んだ多くの負の連想は、私にとって興味深い。コンクリートの一側面は常に嫌悪感を起こさせる。一八七六年の『建設者（*The Builder*）』という英国の雑誌にはこう書かれている。「ポルトランドセメントの見た目や感触に対しては明らかな偏見がある」。コンクリートがより多く使われるようになったにもかかわらず、その状況はその後あまり変わっていない（7）。嫌悪の要素はこの材料が持つ永遠の構造的特徴のように見える。コンクリートについて書かれてきたことの多くはこの点を無視しようとしてきたか、その感情が誤解であると説得しようとしてきたかのどちらかである。私の目的はコンクリートの負の側面を説明して取り除くことではないし、人々が醜いと思うものが実は美しいものだと説得することでもない。これはコンクリートについての弁明ではなく、人々の理解を得るものでもない。多くの場合、セメント・コンクリート産業から発せられるコンクリートを表向き良く見せようとする企ては誤解を招くか、的を射ていないように思える。思うにコンクリートについて持たれている嫌悪感をそのものとして受け入れ、コンクリートについてなしうるどんな説明の中にもあるこのような反感の可能性を見出すことには、さらなる意味がある。

この本は通常の「歴史」の意味での材料の歴史ではない。その意味での歴史を読みたい読者は様々な既存の歴史的研究の一つを参照すべきである（8）。私はコンクリートを材料の一つではなく素材《メディア》の一つとして考えることがより生産的であると思う。そしてこの本は素材《メディア》の歴史に終始せずに、歴史を持った素材《メディア》を理解する企てである。コンクリートは時として建築的である様々な概念を伝える素材《メディア》である。その素材《メディア》としてコンクリートは理解されにくかった。その多くの理由はコンクリートが多くのカテゴリーの分類からすり抜ける傾向を持つからであった。「それではコンクリートの美学とは何であろうか」と、アメリカの建築家、フランク・ロイド・ライトが一九二七年に問うた。

それは石か？　そうでもありそうでもない

それは石膏か？　そうでもありそうでもない

それは煉瓦かタイルか？　そうでもありそうでもない
それは鋳鉄か？　そうでもありそうでもない
かわいそうなコンクリート！　人間の手にかかっていまも
わからず仕舞いである。(9)

そしてライトは続けてコンクリートを「雑種」の材料と呼ぶ。それは祝福に満ちた言葉とはとても言えない。コンクリートがある分類の中に安定的に納まらないというのはよくこの材料の繰り返される特徴の一つである。我々の生活を理解するうえでの一般的なカテゴリーの分類——液体／固体、平滑／凹凸、自然／人工、古風／近代、物質／精神——からコンクリートは免れ、カテゴリー間を往き来している。この分類のしづらさにこそ、人々がコンクリートに抱く嫌悪感の一因があるのではないか。この本は我々の宇宙観を形づくるいくつかの極性をめぐって構成され、そのなかでコンクリートが果たした役割について考察する。コンクリートには「二重に」なり、二つの逆のものに同時になる傾向があると言うことは、特に独自の観察ではない。他の多くのコンクリートの解説者も同じことに気づいていた——彼らはしばしばその洞察をもとに何をすべきか迷ってきたのだが。私が最も愉快で、満足ゆくものと感じたコンクリートの使い方は、コンクリートの捉えどころのなさ、つまりライトが認識したように、コンクリートが何らかの慣習的な分類にとどまるのを拒むことを作者が抜け目なく認識したうえでのものである。

この本は私がそうしようと思う以上に建築家と建築についてのものとなった。しかしそこにはそれなりの理由がある。建築家は他のいかなる職業以上に文化の素材《メディア》としてのコンクリートの解釈に注意を払ってきたのだから。また一部は、私の建築史家としての学問分野のせいでもある。これによって私はコンクリートに関する他の分野より建築や建築の言説により馴染みがあるのである。私はレイナー・バンハム（Reyner Banham）に教え込まれたこの学問分野における約束事に忠実であろうと、見たことのない作品について書くことを避けてきた。しかしこの厳格なまでに観察へ注意を払うことによって、純粋な物質の世俗的な世界に我々が限定される必要はない。この素材《メディア》のフランス語名「べトン」によって、我々はその存在の範囲を仮定してしまうかもしれない（べトンはビチューメンと同様に、古フランス語のべトゥム、地面のごみ溜めに由来する）。これと対照的に、最も貶められたコンクリートの塊を通り一遍に調べただけでも、信念と反証、希望と恐怖、好意と嫌悪という儚い世界に我々は誘われるのである。

1 Thomas More, *Utopia* [1516], in *The Complete Works of St. Thomas More*, trans. E. Surtz and J. E. Hexter, vol. iv (New Haven, CT, 1965), pp. 121–2 [トマス・モア『ユートピア』平井正穂訳、岩波文庫、一九五七年／澤田昭夫訳、中公文庫、一九九三年].

2 James W. P. Campbell, *Brick: a World History* (London, 2003); Adam Mornement and Simon Holloway, *Corrugated Iron: Building on the Frontier* (London, 2007).

3 これらのほか多くのドイツの事例はKathrin Bonacker, *Beton: ein Baustoff wird Schlagwort* (Marburg, 1996), p. 41に記述されている。

4 Christoph Grafe の資料による。

5 Kate Grenville, *The Idea of Perfection* (London, 2000), pp. 263–4.

6 *How to Avoid Huge Ships and Other Implausibly Titled Books* (London, 2008), pp. 24–5. *Highlights in the History of Concrete* (1979) by Christopher C. Stanley. 実際にたいへん見事で興味深いコンクリート作品集である。

7 Editorial, 'Concrete as a Building Material', *The Builder*, XXXIV (27 May 1876), p. 502.

8 Such as Cecil D. Elliott, *Technics and Architecture* (Cambridge, MA, 1993).

9 Frank Lloyd Wright, 'In the Cause of Architecture VII: The Meaning of Materials – Concrete', *Architectural Record* (August 1928), repr. in Frank Lloyd Wright, *Collected Writings*, ed. Bruce Brooks Pfeiffer, vol. I (New York, 1992), p. 301.

ONE
MUD AND MODERNITY

第一章

土と近代性

一方に科学、秩序、進歩、国際主義、飛行機、鉄、コンクリート、衛生。もう一方に戦争、国家主義、宗教、君主政治、農民、古典の教授、詩人、馬。

——ジョージ・オーウェル「ウエルズ・ヒトラー・世界国家」（一九四一）（1）

鉄筋コンクリート様式は電信や鉄道あるいは映画やラジオとともに発達した。それは国際連盟を生み出し、大陸間飛行を目撃した時代が産み落としたものである。

——フランシス・S・オンダードンク『鉄筋コンクリート様式』（一九二八）（2）

結局のところコンクリートは優れた都市であり、生活における進歩の確かな兆しであった。

——パトリック・シャモアゾー『テキサコ』（一九九二）（3）

コンクリートはモダンである。それは単に昔はなかったコンクリートが今ここにあるという理由からではなく、コンクリートはそれを介して近代性を経験する物質の一つだという理由からである。コンクリートは近代であることの意味を教えてくれる。それは二〇世紀の人々の生活がとりわけコンクリートによって変容した——それは否定できないが——ということに限らない。こうした生活変化の捉え方が部分的には生活のコンク

パレオホラ、クレタ島。住宅と施工中の増築部分、1999年

リートへの表れ方から生まれたということでもある。内燃機関、抗生物質、遺伝子組み換え穀物、デジタル技術と同様に、コンクリートは自然を変え、我々自身と我々相互の関係を変えるという見通しを実体化した。世界人口の大半が貧困にあえぐなかでコンクリートはハリケーンや地震に強い住居の可能性を提示する。パトリック・シャモアゾーの『テキサコ』という小説に出てくる、マルティニークの貧民街の住民のような人々にとって、コンクリートは生活の向上であり、進歩の道への起点である。建築資材の領域においてこうした解放の可能性は、どんなアウラをまとっていたとしても、例えば木材などの伝統的な材料には属しえない。そしてコンクリートが提示した社会的、物質的な変化は他の多くの二〇世紀の革新によるものと同様、人間にとって有益であることが見込まれていた。しかしそれぞれの革新は古いやり方、古い熟練技術、社会関係の古い形式を壊し、その結果ある抵抗を常に招いたのである。コンクリートはこの葛藤と無縁ではない。それに向けられた異議や敵意はそれが生み出したあらゆる有益性に劣らず、近代性の一部なのである。

これらの感覚の本質を見極め、それらを意識化することがこの本が扱うことの大部分である。ここで拾いだされたコンクリートの特徴のすべては、ある意味でコンクリートの近代性に基づく属性である。コンクリートを語ると近代性について語ることになる——そしてそのような議論がもたらすあらゆる葛藤についても。コンクリートへの反抗は近代性への反抗であり、その意味でコンクリートの直接的な影響と理解するべきではない。むしろ近代における存在を構成するあらゆる領域での出来事や過程とつなげて考えなければならない。別の言い方をすれば、コンクリートが誘発する嫌気の原因をコンクリートという物質そのものに求めようとすると、見誤ることになる。なぜならコンクリートは、近代性やそれに伴うすべてのものへの不快感の一兆候にすぎないからである。

それにもかかわらずコンクリートが「近代」にうまく当てはまるという事実は、それ自体興味深いことであり、その理由を問う必要がある。これは最初にそう思われるほどは自明のことではない、なぜならばコンクリートの進歩的素材《メディア》としてのイメージは、もっぱらそれ自体の歴史だけから生まれてきたわけではないからである。ジョージ・オーウェルはこの章の題辞に引用したエッセイで、コンクリートを近代性の側に位置づけているが、実際には簡単に近代性の逆側に、例えば戦争や宗教や農民や古典の教授と並べることもできる。本書で明らかになっていくことであるが、コンクリートは「進んだ」技術であるのと同様に、土臭さを伴う後進性を持ち、ある程度先進性と残余の原始性との間の葛藤を演じきる――それは近代的であると主張する様々なものの特徴としての摩擦である。コンクリートが持つ近代の規範としての象徴性がその後進性によって阻害されることはなかった。喫緊の近代化が要請された場所ではいつでもどこでも、コンクリートが動員された。トルコの首相、アドナン・メンデレス（Adnan Menderes）が言うには「交通が水のように流れる」ために、一九五〇年代にイスタンブールの道路建設計画を開始したとき、道をつくるコンクリートについての情報、つまり厚みや量といったことが、計画に関するプロパガンダを埋めつくした（4）。それにもかかわらずコンクリートにはさほど近代的ではない特徴――例えば高度な手作業の技に頼っている点――も数多くあり、それによってコンクリートは、よく言われるほど先進的な素材ではないことが明らかになるという危険に常にさらされる。理論的に導かれた諸原理を応用することで利用される科学技術の産物としてのコンクリートと、最も基本的な手技の実践に根ざしたコンクリートの間にあるこうした緊張関係は、決してなくならない。

もしコンクリートが「近代的な」材料であると考えられるようになり、未だにそうであり続けているなら、これは決して自然な、あるいは自動的な連想ではない。コンクリート開発の初期の歴史は、ある意味でこの評判を獲得するための歩みである。それは保証されたものでも無期限に有効というわけでもなかった。コンクリートはいつでも手作業や泥作業という起源に退歩する危険をはらんでいる。そこでセメント・コンクリート産業は、絶えず警戒しながら新たな開発、発明のオーラを醸し出すことで、その「先進的」という異名を維持している。もしこのオーラが消え去れば、コンクリートは近代的であるという主張の根拠を失い、「因習的な」――「静的な」と読み替えられる――建築プロセスの系統に逆戻りしてしまうだろう。

それではコンクリートの近代性が生み出されることとなった一連の出来事を見てみよう。そこには二つの考慮すべき局面がある。一番目は鉄筋コンクリートの開発の初期の段階である。そして二番目はコンクリートが「近代建築」すなわち近代性の具体的な建築表現と並び称される過程である。

一九世紀における鉄筋コンクリートの初期の開発は特定の場所や日時と関係づけられるものではない。むしろそれはちょっとずつ異なる方法で異なる場所で何度も発明されたのである。類似する発見がフランス、英国、アメリカで同時に生まれた。彼らはお互いの知識をさほど知ることもなく、お互いへの関心もなかった。しかし、鉄筋コンクリートの発明に対する一つの一貫したパターンがある。それは一九世紀の建築におけるもう一つの偉大な革新である金属を用いた建設からコンクリートを際立たせている。鉄《アイアン》、そして鋼《スチール》の技術開発とそれに続く実用的な応用は、当初は鉄の鋳造者、その後は技術者と請負者の会社、またアメリカでは鉄鋼製造者という一業種の人々によって実行された(5)。しかしそれに次ぐ鉄筋コンクリートの開発は多様な異なるグループに初めから分散していたと言える――セメントを開発する化学者や技術者、セメント生産の商業ベースでの活用に一番の関心がある実業家、建設現場での試行錯誤を通じて材料の実用化とそれに続く鋼を使った補強技術を開発した一般的な建設業者などである。コンクリートが工業化学者の理論的分析から生まれた限りでは、それは「近代的」材料であった。同様に企業家がセメントを市場に出す推進力を通してコンクリートが発展する限りにおいて、それは「近代的」である。しかし職人や請負業者が現場で行ったごちゃごちゃな行きあたりばったりの実験の産物である限りにおいて、それはまったくもって近代的ではない。コンクリートの開発に特有であるのは、それが一揃いの実践ではなく、いくつかのまったく異なる実践の組み合わせにあったことなのだ(6)。

コンクリートの開発初期における「近代的」と「非近代的」という揺れ動く属性の詳細をもう少し述べてみよう。まず建築におけるコンクリートの最初の歴史家であるピーター・コリンズは、コンクリートの起源は一八世紀末から一九世紀初期のフランスにおける様々な積極的な建設職人の実践的な実験にあると論じた。その実験は伝統的なピゼ（*pisé*）すなわち固められた粘土による建造を改良することが意図されていた。しかし同時にこの際立った試行錯誤的実験として、フランス国立土木学校のルイ＝ジョゼフ・ヴィカ（Louis-Joseph Vicat）は石灰モルタルとセメントを研究室で組織的分析を行い、一八一八年にその結果を出版した。その本は後のセメント開発において不可欠だった評価技術を提供した。シリル・シモネ（Cyrille Simonnet）によるもっと近年の歴史によれば、ヴィカのセメント化学理解によって「強さ」――ローマ時代の著述家の一人ウィトルウィウスの建築の三基軸の一つ――の統御が、建設作業において進められる事柄から素材供給過程の管理へと変わった。シモネが言うように、この統御は「セメントはもはや人がお墨つきを求めるような石工たちのノウハウではなく、企業家の会計と解析の技術に直ちになった」(7)。熟練知識の近代的な形式であったセメント化学の科学的理解は、職人の大雑把な判断に取って代わることとなった。

英国は一九世紀初期にセメント製造業のトップの座を占めていた。しかしフランスの生産が一九世紀後半に増え、世紀の終わりまでに生産は二九の工場に集中し、合わせて一一四万トンのセメントを生産した。ドイツではもっと科学的な方針に沿って、セメント生産は急速に伸びた――セメントの産業基準を最初に確立したのはドイツであり、その後同国で鉄筋コンクリートの急速な発展が進むにあたり重要な役割を果たした(8)。材料の市場における興味をコンクリート建設の発展に向ける企業家たちによるセメント生産の支配は、別の明確な「近代性」の進行を説明できるかもしれない。それはセメントの生産や応用に関して手法や過程の特許権をとる傾向のことだった。だいたいのところ手作業に基づく建設産業に、特許権は生じにくい。特許取得が起こるということは、商業的精神と競争に自覚的な企業家たちがこの産業に進出することの証しであった(9)。

しかしセメント産業や、その規制の「近代的」特徴にもかかわらず、コンクリートによる建設の実際の仕事は、伝統的な技術を使う小さな会社にほぼすべて託されたままだった。この図式は鉄や鋼による建設とはまったく異なっていた。そちらであれば鉄鋼会社の従業員が自社工場で予め加工された部品を現場で組み立てるだろう(10)。次の重要な開発である鋼による補強が現れたのは、比較的小規模で手作業に基づいたコンクリート建設の業務の中からであった。この開発においては理論というものがほとんどまったくと言えるほど不在であったことが特徴的だ。その開発とは、鉄や鋼の切れ端をコンクリートに入れていい結果を期待する程度のものだった。建築家や技術者はまったくもってこの開発には興味を示さなかった。その後建築界がその方法を受け入れてだいぶたつまで、彼らは高みの見物だった。鋼による補強の利点が発見されたのはまったくこれらの職人的実験を通してであり、決して専門家のアドバイスによるものではなかった(11)。鉄筋コンクリートの発見がフランスのジョゼフ・ランボー(Joseph Lambot)、英国のウィリアム・ウィルキンソン(William Wilkinson)、植木鉢をつくるのにワイヤーメッシュで補強したもう一人のフランス人、ジョゼフ・モニエ(Joseph Monier)の誰によるかは、特に問題ではない(12)。重要な事実は、同時期に同様な試みに熱中した他の人々と同様、彼らはみな、第一には建設業者と請負者であり、彼らの専門知識は現場で起こったことにあり、科学的、理論的知識にあるのではなかったことである。モニエのドイツにおける特許権を買ったヴァイス&フライターク(Wayss & Freytag)所属のドイツの技術者、マティアス・クーネン(Matthias Koenen)が補強の計算方法を示し、初めて配筋の科学的根拠を示したのは、ようやく一八八七年になってからのことであった。クーネンの著書『モニエ・システム』は実質的に最初の鉄筋コンクリート建設の手引書であった。もちろんそれは現場における建設業者、請負者の二〇年にわたる試行の後のことであったが。それゆえ、ここまで鉄筋コンクリートの開発はまったく非近代的な企てであった。それは各々が試行錯誤を基本とする作業を繰り返した小さな請負者による多くの独創の成果であり、これといった特定の科学的あるいは論理的な原理に基づくものではなかった。

一九世紀の最後の一〇年、鉄筋コンクリートは少数の独占システムの所有者の手の内に集中していた。コンクリートの建物を建設したいクライアントあるいは建築家はこうした会社の一つに行くことになった。彼らは自らの特許システムに則り、求められた建物のデザインと、場合によっては建設まで引き受けた。一九〇四年頃から制定され始めた鉄筋コンクリートの規制、基準が不在のときには、建物所有者は、独占システムの一つを採用することによって建設過程の信頼性に対する何らかの保証を得られた。ヴァイス&フライタークに認可されたモニエ・システムは、ドイツとオーストリアの市場を支配した。ドイツの外で最もよく知られ、成功していたシステムはフランソワ・エンネビック（François Hennebique）のものだった。エンネビックは一八六七年に会社を立ち上げたベルギーの請負業者で、一八七九年に鉄筋コンクリートの試用を開始した。一八九二年に耳にしたアメリカの開発に危機感を募らせ、彼は自分の方法に対する特許権を取得し、同時に請負業をあきらめ、鉄筋コンクリート構造の設計のみに仕事を集中した。建設は認可を受けた特許所有業者によって最初はフランス、そして最終的には世界中で行われた。この設計と建設の分離によって、エンネビックは膨大な量の仕事——一八九八年に彼の帳簿には七一四のプロジェクトが掲載され、一九〇五年までに鉄筋コンクリート建設の世界市場の五分の一を支配していたと推定された——を行えるようになったが、エンネビック自身は、それを実行するのに資本や人的資源を必要とはしなかった(13)。エンネビックの業務の中枢には研究部門、つまり自社に提出された建物のデザインや要望を鉄筋コンクリートに翻訳する技術製図事務所があった。一八九二年に本社機能を移していたパリで、エンネビックは自身の研究部門を運営し、一方他の地域では代理店は各々の研究部門を運営していた。同社の構造設計業務や許認可業務はエンネビックのシステムと、代理店や営業権を与えられた請負業者を宣伝する強大な広報機関によって支援された(14)。エンネビックが請負業者ではないという主張——「エンネビックは請負人ではない」と会社の名刺に謳われた——と精巧な広報の仕組み——月刊誌『鉄筋コンクリート（*Le Béton Armé*）』、展

エンネビック社本社の
研究部門、ダントン街、パリ、
1912年頃。
ここで建物デザインが
コンクリートに「翻訳」された

エンネビックの
コンクリート梁への荷重試験、
1894年8月29日。
エンネビックの
システム開発に向けた
試行錯誤の方法

前頁：ジェノヴァ、工事中の
アパート、1906-7年。
エンネビックの認可のもと、
イタリアの請負業者
ポルチェッドゥと
イタリアの技術事務所
ピッカルド&カファレナによる。
本図はコンクリートによる
基本要素を建設過程として
示している

覧会、指定工事業者向けの宴会など——によって、昨今の評論家はエンネビックを実際の建設工事というよりは技術的先進性や広報に基づいた近代的企業の原型として考えるようになった。エンネビックが生み出したのは建物ではなく建物のイメージであった。それは製作図面であろうと広報用の竣工写真であろうとである(15)。しかしたとえエンネビックの会社がこの点で「近代的」であったとして、エンネビック自身は叩き上げで専門教育を受けていない請負業者であり、そのシステムは試行錯誤でつくられ、エコール・サントラルや国立土木学校出身の技術者に対する根深い疑念を持ち続けていた。それゆえ彼はこれら技術者たちが彼の独占を壊しにくるのではないかと常に恐れていた。彼は彼の指定工事業者に一八九九年にこう言った。「私は神聖なる憎しみをこの使いものにならないごった煮、科学に対して持っている。我々の方式の要素は……結局簡単な料理である。それらの要素はどれも簡単に理解できる」(16)。

もし鉄筋コンクリートの開発が近代とそれほど近代的ではないものの合成だとするなら、どのようにしてこのコンクリートの開発経過が「近代建築」をつくりあげた理論体系、実践とその表現の主要なシンボルとして認められたのかが疑問となる。一九二〇年代半ばまでに、少なくともフランスにおいては鉄筋コンクリートは新しい建築と同義となっていた。一九二五年のパリ現代装飾美術・産業美術国際博覧会の公式報告書の建築部門の著者、マルセル・マーニュ(Marcel Magne)は次のように記した。「近代建築の素材、あるいはこう言うほうがよければ、装いは疑いもなく鉄筋コンクリートである」(17)。一九二五年までにコンクリートは完全に近代建築と同一視されたが、これは一五年前の過ぎ去った結論からはほど遠いものであった。多くの点で近代というメッセージを伝えるのにはるかに適格な鉄鋼に比べて、近代と非近代という両義的な兆候を持つ鉄筋コンクリートがこの役目を請け負うことは少なからず驚きである。鋼は軽く、伝統的な建設業以外の専門家に完全に頼る材料であるため、近代性を競うにあたっては鉄筋コンクリートに比べはるかに優っていた——鉄筋コンクリートは重く、型枠大工に頼り、実現に向けては多くの未熟練工を必要とする。次の点を指摘しておく価値はあろう。近代に関する偉大なドイツの批評家、ヴァルター・ベンヤミンが一九二〇年代末に『パサージュ論』を詳述したとき、彼の興味を引いたのは鉄と鋼による一九世紀の建設物だった。その理由はそこに「潜在意識」を表象する能力があったからである。鉄筋コンクリートはアール・ヌーヴォーと関連づけられ、おそらくその内部を隠蔽していることから、彼にとってはそれほど特徴的に近代的とは考えにくいと思われていたようだ(18)。

一九一〇年頃、先見の明がある少数の人たちが鉄筋コンクリートは新しい建築へとつながると予想したとき、そのようなことがすぐにでも起こるような兆候はほとんどなかった。国立土木学校で鉄筋コンクリートを教え、誰よりもコンクリートの未来を信じていたシャルル・ラビュ(Charles Rabut)さえもが慎重だった。曰く「鉄筋コンクリートの自由度は……必ずや新しい建築を生むであろう。それはその奔放な空想(の可能性)によって特徴づけられるであろう。新しい建築の誕生には多くの時間と何人か相当な力量の持ち主が必要だろう」(19)。しかし一九一四年においてなお、このような改革のさし迫った兆候はわずかだった。あったとしてもそれらはヨーロッパやアメリカの二、三の質素な工業用建造物、あるいは伝統的材料でつくられた建物とほとんど区別がつかないいくつかの住宅、商業施設であった。この新しい建設工程(process)がいかにして「近代」を意味するのかを見極めるのには相当の想像力を必要とする。そして建築の世界には、コンクリートを粘土や土に起源を持つ本質的に伝統的な工程と見なす根強い意見があった。一九一三年英国で、当時最も先進的な考えを持っていた建築家の一人であるW・R・レサビー(W. R. Lethaby)は、自らコンクリートで建物を建てているが、コンクリートは「粗野で原始的なもの」をつくりだすための「粘土や練り物のような連続的な凝集」と説明し、それを人類の初期の構築物とつながるものと考えていた(20)。

鉄筋コンクリートと近代建築が一点に収斂することを示すものとして頻繁に言及される初期の出来事は、ドイツ工作連盟年報一九一三年版とともに発行された、アメリカの穀物倉庫や工場の一四の図版が掲載された付録であった。ドイツ人建築家、ヴァルター・グロピウスによってまとめられたこれらの図像はその後一五年間繰り返し焼き直され、ヨーロッパに広まった。ル・コルビュジエとアメデ・オザンファン（Amédée Ozenfant）によるパリの雑誌『レスプリ・ヌーヴォー（*L'Esprit Nouveau*）』に掲載され、またル・コルビュジエの近代建築のマニフェストである『建築へ（*Vers une Architecture*）』の図版としても使われたのは最も顕著な例である（21）。これらの写真の選択においてまず気になる点は、もしグロピウスが鉄筋コンクリート建築を図示する必要があったならば、なぜ彼はドイツのヴァイス＆フライタークやフランスのエンネビックの製品を選ばなかったのかということである。それらであれば容易にたくさんの事例を提供してくれたであろう。撮影対象の巨大さはさることながら、この写真を再利用したグロピウスや他の人たちを心底引きつけたものは、異国情緒であったように思われる。それらはアメリカから来たものであると同時に、建築家の建築という特権的なサークルの外に由来する（少なくともそう思われていた）――それらはレイナー・バンハムが示したようにある種近代の「高貴なる野蛮」を表していた（22）。

グロピウスが集めたアメリカのサイロや工場の写真は確かに前衛たちの想像力をかき立てた。イタリアで未来派の建築マニフェストは以下のように宣言した。「未来派建築は計算の建築であり、大胆さの建築であり、簡潔さの建築である。そして鉄筋コンクリート、鉄、ガラス、厚紙、織物繊維など、木、石、煉瓦に代わる最大限の弾性と軽さを可能とするすべてのものである」（23）。もし素材に関するこの評価が合成という反自然的属性の中にあるとすれば、そのような未来派建築のありうる姿は、一九一四年にサンテリアによって描かれた想像上の「新都市（Città Nuova）」という驚くべきドローイングにおいて実現された。第一次世界大戦後のパリで複製されたこれらの図像の力は確かにコンクリートと近代性の関連を強めた。そして鉄筋コンクリートが「革新的」材料であるという、ル・コルビュジエや他の建築家たちがしばしば行った主張に、実質を与えた（24）。

しかし未だ説明を加えなければならないのは、何によって近代性を表す材料が鉄鋼から――一時的であったにせよ――置き換わったのかである。アメリカでは鉄鋼は近代のイメージを保ち続けていたが、フランスでは状況が異なった。この功績の一部は鉄鋼やその生産者と絶えまなく闘い続けたエンネビックに与えられなければならない。彼の雑誌『鉄筋コンクリート』の誌面は、鉄鋼やその生産者の極悪な実践に対する攻撃的告発で満ち溢れていた。彼は鉄筋コンクリートが耐火性の点で鉄鋼に勝っているところを出発点とした（会社のスローガンは「Plus d'incendies désastreux」――「危険な火事はもういらない」であった）。雑誌の図版には鉄骨の橋や構造物の悲劇的な崩壊とともに、火事の被害を受けた鉄骨造の建物のよじれたフレームが示されていた。エンネビックが若い世代の建築家を鉄鋼から遠ざけることにどれだけの役割を果たしたと言えるのかはよくわからない。しかし彼の反鉄鋼プロパガンダは確かに共有された。

最後に、コンクリートを「近代の」材料へ転換させた最後のエピソードとして、オーギュスト・ペレ（Auguste Perret）（一八七四―一九五四）に関するものがある。彼はフランスにおいて鉄筋コンクリート建築の傑出したパイオニアであり、コンクリートを「近代のもの」と印象づける動きのただ中にありながら、パリの若き前衛建築家たちの熱狂からは注意深く距離をとっていた(25)。ペレの場合興味深いのは、すでに第一次世界大戦以前に鉄筋コンクリートのデザインの「名人」という名声を確立していたにもかかわらず、二〇年代の彼の立ち位置は、彼を表看板として掲げようとする前衛建築家たちの企てに微妙な抵抗を示したからである。批評家たちは常にペレの仕事に困惑を覚えたのは、材料の選択の新しさと、形態の古典性という明らかな矛盾があるからだった。しかし、もし鉄筋コンクリートの「近代性」が本来備わっているものではなくむしろコンクリートに付与される解釈であることを認めるならば、この矛盾は減じ、もしかするとまったくなくなるかもしれない。彼自身は鉄筋コンクリートの「近代性」には特段の興味を示さなかった。むしろ彼の関心は記念碑的建築の材料としてコンクリートが受け入れられるようにすることにあった。ペレ自身のわずかな言説か

フランクリン街25番地、パリ、
1903－4年、
建築設計担当A．&G．ペレ社、
コンクリート技術担当
ラトロン&バンサン社。
オーギュスト・ペレの
最初の有名なパリの建物

らでは彼の意図は大して明らかとならない。そこで彼の作品について記した批評家のうち二人、ポール・ジャモ（Paul Jamot）とマリー・ドルモワ（Marie Dormoy）に頼らざるを得ない。二人はペレとは十分親密なようであったので、彼の考えを比較的正確に表せると考えられる。ペレの建物のあるものではコンクリートが打ち放しだが、他のものではそうではなかったという事実によって、図式は複雑になっている。製作態度に一貫性がない二〇年代の彼の作品の説明にはある程度修整が加えられた。

一九一四年以前ペレの名声は特に三つのパリの建物によって築かれていた(26)。一つはフランクリン街二五番地（一九〇三―四）のアパートであり、それはコンクリートフレームとフレーム内にはめられたパネルで構成された壁からなる。その壁は装飾的なセラミックタイルで覆われていてフレームとその塞ぎ壁部分の視覚的な差異を保っている。この建物はフレームの率直な表現が称賛されているが、実際には、タイルがフレームの不規則性を隠すことによって、実際のものと若干異なる形状を示

フランクリン街25番地、パリ、
入口扉周り。
建物の表面全体が
装飾タイルで覆われている

唆している。ペレにとって重要だったのは必ずしもあるがままに表されなくてもよいが、フレームを見せることであった。解体された「ポンテュ街の車庫」（一九〇六－七）は、若干の調整をしたもののフレームを街路側に表した——調整とは、端部において補強が集中することによる梁成の増加を、全体の成を上げて隠したことである。三つ目の建物であるシャンゼリゼ劇場（一九一〇－一三）は最も大きく最も印象的だった。アンリ・ヴァン・ド・ヴェルド（Henry van de Velde）の当初案は鉄鋼でつくられるはずであった。しかしオーナーはこの構造を鉄筋コンクリートに変える決心をしたとき、A.&G.・ペレ社（ペレとその兄弟は請負業者でもあった）に相談した。そしてペレが依頼全体のデザインを引き継ぐことになった。架構はコンクリートだが、コンクリートは内部でも外部でも一切目に入らない。柱、梁、下端は内部では漆喰が塗られ、大オーダーのついた石張りの外部の立面は、後ろのコンクリート架構の存在を暗示するだけで実際には示してはいない。一九二〇年以前、これらの建物

ポンテュ街の車庫、パリ、
1906－7年、
建築設計担当A.&G.ペレ社
(現存せず)。
コンクリートの架構を
露出して造った
ペレの最初の建物

の「近代性」についての議論はほとんどなかったように思われる。ペレの第一次世界大戦後初めての重要な作品は、パリの東郊ランシーのノートル＝ダム教会（一九二二－二三）である。この教会は完全なる鉄筋コンクリート造であり、経済的理由から内外ともに打ち放しとなった（pp. 106-7）。この注目すべき作品において、外壁全体はコンクリート製のスクリーン（*claustra*）に嵌め込まれた色つきガラスで構成されている。一方膨らんだコンクリート・ヴォールトは細い柱に支えられている。内部については多くの論評や驚きを生み、超近代的とも、フレンチ・ゴシックの伝統の再構成とも様々に解釈された(27)。ランシーのノートル＝ダム教会は、その後パリのモビリエ・ナシオナル「フランス国有動産管理局」や公共事業博物館に最もよく表れた、ペレの成熟した様式に向けての発展の第一段階だった。この様式はフレンチ・クラシックの伝統に強く連関し、モビリエ・ナシオナル玄関の眠れる獅子にいたるまですべてがコンクリートでつくられ、コンクリートはどこでも打ち放しで、びしゃん打ちで骨材を露わにするよう仕上げられた。

一九一二年にペレのアトリエで働いたル・コルビュジエも含む、より若い世代の前衛建築家たちからペレに与えられた称賛にもかかわらず、それは相互に行き交うものではなかった。若い建築家の作品に対するペレの批判は、他の何よりも彼らの鉄筋コンクリートの使い方に集中した。彼らはコンクリートを使うことで得られる造形効果に夢中になりすぎており、鉄筋コンクリートの属性そのものへの注意が不十分であるとペレは思っていた。一九二〇年代のパリにおける「近代建築」では、塗装や左官で得られる広範囲の表面仕上げが特徴であり、それはコンクリートでも従来の組積造でも、あるいはしばしば行われたようにその双方でも建てられうる要素に対するものであった。ペレは構造を表すことへのこうした無関心を嘆いた。例えばペレの友人の一人として、マルセル・メイヤー（Marcel Mayer）はこう言った。「コンクリート建築をつくるのに、鉄筋コンクリートを使って建設するだけでは十分とは言えない」(28)。若い建築家が複合的な構造をますます隠蔽するようになると、ペレは構造を表す彼の作品の純粋性をさらに確固として示そうとしたようだ。ランシーのノートル＝ダム教会ができた後、彼の建物の構造が飛躍的に理解しやすくなっただけではなく、材料もまた可視的になった。言うまでもないが、ペレ自身も初期の建物においてこれらの原理を守っていたわけではない——フランクリン街二五番地のアパートは装飾的なタイルで覆われていたし、シャンゼリゼ劇場の外装は内包する架構の存在を暗示する以上のものは何も施されていなかった——それに合わせてジャモとドルモワはペレの仕事についての筋書きを変えた。これらの建物を控えめに扱い、ポンテュ街の車庫を大きく扱った。この作品について、この二人の評論家は「鉄筋コンクリート独自の美が初めて現れた」と記述した。一方ランシーのノートル＝ダム教会は、その打ち放しが当初は「粗い」「裸の」と言及されて未完成を暗示したが、今や「明瞭」とか「可視的」などと記された(29)。

ペレの関心はコンクリートを「近代的」なものとして確立させることではなく、「高貴」なものとして確立させることだった。そこで彼はコンクリートと石の類似点を強調し、だんだんと自らの建築をまぐさ式構造——柱と梁——、つまりもともと木造に由来する建設システムによって構成するようになった。彼が自らの建築を「近代建築」の中に回収されることを避けようとますます決意するにつれ、初期の作品に見られたアーチやヴォールトでさえもが消失したのである。しかし一九三〇年代に状況は若干変化した。フランスの前衛建築家たちは近代性の象徴としての鉄筋コンクリートを放棄し、鉄鋼に回帰したのである。ル・コルビュジエの一九三〇年代の代表作であるジュネーブのクラルテ集合住宅（一九三〇）とパリの大学都市にあるスイス館（一九三二）は鉄鋼で建てられている。またボードゥアン(Eugène Beaudouin) とプルーヴェ (Jean Prouvé)［とマルセル・ロッド］による軽量で金属製のクリシーの人民の家（一九三九）こそ一九三〇年代の偶像的なパリの建築である。ペレは鉄筋コンクリートで建設し続けた。しかし近代という役割を担わされることから作品を守る必要はもはやなかった。フランスの文脈でコンクリートはすでに「近代的」材料ではなくなっていた。したがってル・コルビュジエによるコンクリート造のユニテ・ダビタシオンが、一九四六年にマルセイユで建設され始めるまでに、コンクリートはやや異なる意味合いを持っていた——他国からこの建物を称賛しにやってきた多くの若い建築家はこの変化が起こったことに気づかず、自分たちが目の当たりにしているものが紛れもなく「近代的」であると誤解したのだが。

もしコンクリートがフランスにおいて一九三〇年代初期に独占的な近代の衣装でなくなってしまったとしても、それは他の場所では異なっており、そこではコンクリートによる近代の連想は、いかにゆっくりと進展したかもしれないとはいえ、より持続的であった。しかしコンクリートの「近代」という記号表示は常に儚く、常に疑問にさらされ、絶えず更新する必要があった。コンクリート固有の後進性、つまり版築《はんちく》（*pisé*）という田舎くさい過程に始まる土着的起源はつきまとって決して離れず、常に技術者、専門家からコンクリートを引き戻す可能性があった。コンクリートが進歩した技術としての様相を呈する場合、それはセメントの応力と化学構造の理論的理解、つまり訓練された専門家が蓄えた知識に基づいている。一方、鉄筋コンクリートも同時に単純なプロセスでもあり、理論的知識が何もない人たちによって施工されうるし、世界の大部分においてされている。人間ひとりとセメントのミキサーと手押し車があれば、ほどほどに近代的な構造を生み出せるのだ。エンネビックが「鉄筋コンクリートは小さな手段で大きなものをつくる術である」と述べたとおりである(30)。コンクリートがセルフビルドに向くという容易さが、「進歩した」材料を取り扱っているという考えを維持しにくくしている。その代わりに我々が手にしているものは、限られた能力を持った多くの人に、健全で耐久性の高い構造をつくる力を与えてきた粗野な建設のプロセスである——しかしこれによって「近代的」と呼ばれるに値するかどうかは疑わしい。世界で使われている多くのコンクリートは——「新しい」とか近代的と呼ぶことはとてもできないような方法で——最もありふれた、初歩的な建設行為で使われている。地中海の周辺すべて、ラテンアメリカのいたるところ、世界中の貧民街に、鉄筋コンクリートで建てられた簡易な架構物が見られる。もしこのことを産業組織や労働関係の独特の形と

パレオホラ、クレタ島。
工事中の
簡易なコンクリート住宅

して理解するとしたら、それらと近代との関係性は、まったくもって疑問である。単純な柱とスラブのシステムであるル・コルビュジエの「ドミノ」システムは、一九一五年に特許を申請しようとしてうまくいかなかったが、ある意味でこれは、世界中どこにでもあるのだ。しかし開口部が中空煉瓦やコンクリートブロックで埋められるにおよんで、こうした構造はヴァナキュラーの一部となった。外から見る限り伝統的である建物は、その「原始の」架構に嵌め込まれた、近代における過ぎ去ったものを夢見ている。これらの建物の多くに見られる半永久的な未完状態は、ただ牧歌的な質に拍車をかけるのみである。建物への貸付と抵当権が利用できない世界の多くの場所では、建設はオーナーの可処分所得に応じた速さでのみ進行し、時として数年あるいは数十年の建設延長がある。このことと、コンクリートの柱や床による構造が未完の建物の部分的な使用に適しているという事実によって、その古い慣習の繰り返しが助長される。また世界の中で、規則によって未完の建物が固定資産税を免除される場所では、未完であることが恒久的な状態となる。

一見完成しているかのようにも見える建物の、屋根のラインから飛び出している鉄筋は、ラテンアメリカや東地中海ではよく見る光景である。これらは古典建築のトリグリフのようであり、木造梁の端部を借用したデザインのようであり、木造起源と予想されるギリシア・ローマ建築の遺物のようでもある。しかし、突き出た鉄筋は過去のシンボルではなく、未来へのシンボルである。しかも永遠に来ない未来のシンボルである。それらはメキシコで「希望の城」として知られている。

二〇世紀初頭から西洋の建築家たちは、これらコンクリートの土着的な使い方、つまり専門教育を受けた建築家や技術者に頼らずとも、まったく同じ技術的手段を用いた建築実践に魅了されてきた——これは建築家の「原始」への夢の実現であった。建築家、バーナード・ルドフスキー（Bernard Rudofsky、一九一〇—一九八七）は、後に『建築家なしの建築』（一九六五）という展覧会と著書で最もよく知られることとなるが、ウィーンでの学生時代に様々なヴァナキュラー建築を学んだ。一九二九年にギリシアのテラ島に長期滞在したことが、一九三一年の博士論文「ギリシア・キクラデス諸島の初歩的コンクリート建設（The Primitive Concrete Construction of the Greek Cyclades）」につながった（31）。ルドフスキーは地中海のヴァナキュラーに魅了されたのと同じ頃、彼がブラジルへ移住する前の一九三二年から一九三八年まで過ごしたイタリアの一九三〇年代に対しても、類似した興味を持った。ナポリでルドフスキーは建築家のルイジ・コゼンツァ（Luigi Cosenza）と共同研究をし、美術史のロベルト・パネ（Roberto Pane）とともに南イタリア農村部のヴァナキュラーについて調査した。ナポリグループの興味はミラノの建築サークルと並行していた。ミラノのそれは雑誌『カサベラ』の編集者、ジュゼッペ・パガーノ（Giuseppe Pagano）や、一九三六年のミラノ・トリエンナーレで「イタリア農村建築」展を一緒に組織したグァルニエロ・ダニエル（Guarniero Daniel）らを中心としていた。両方のグループは、自分たちが概ね共感していた前衛と相反するものではなく、学究的態度から自由な新しい統語法をつくる方法として、ヴァナキュラーを見ていた（32）。同じ態度はマリオ・リドルフィ（Mario Ridolfi）が一九三八年に原稿を準備した『建築家マニュアル（*Manuale dell'Architetto*）』に見られた。このハンドブックは建築家や建設者のためにヴァナキュラーを体系化したものだった。この本は一九四六年に初めて出版され、イタリア復興期に頻繁に使われるようになった。最近の版になるほど初版の明らかに職人的な側面が欠落してきたとはいえ、この出来事の全体からわかることは、一人の大都市エリートによる、新たな建築を展開する目的による、（無教育な農村建築家への依存において）いっとき「原始的」であると同時に（素材の使用において）「近代的」であった匿名的な建物の復権である(33)。フランスの批評家、ジャン・バドヴィシ（Jean Badovici）が一九二六年に「セメントは基本的な真実への回帰を強制する」と記したとおり(34)——、それは建築から文化的贅肉を取り除く方法を提供してくれた。ルドフスキー、コゼンツァ、パガーノ、そしてリドルフィらはこれを字義どおりに受け止めた。そして地中海のヴァナキュラーに彼らが見たのは、建築再生の基礎であった。

　セメントやコンクリートの作業が比較的容易であることと、専門家を必要としないことによって、コンクリートは常に「アウトサイダー」にとって魅力的なものになると同時に、自身で行おうと弟子の労力を用いようと、彼らの個人的な空想を実現可能としたのである。傑出した、おそらく初めてのそのような事例はフェルディナン・シュヴァル（Ferdinand Cheval）である。彼はフランス・ドローム県、オートリブの郵便配達人（*facteur*）であり、配達中に見つけた自然石の美しさに心打たれ、人類文明への非凡な記念碑の制作に打ち込み始める。一九一二年まで制作していた「理想の宮殿」に対し、彼の財政上の出費は購入していた三五〇〇バレルのセメントだけだった(35)。一九二一年から一九四五年の間にロサンゼルスのワッツ・タワーを建てたサイモン・ロディア（Simon Rodia）は鉄筋とセメントによるモニュメントを制作するもう一人のセルフビルダーであった。この二人はどちらも技術的に鉄筋コンクリートを使用していなかったが、しかしもっと最近のより奇抜な作品、英国人シュールレアリストのエドワード・ジェームズ（Edward James）による、メキシコのラス・ポサスの「エデンの庭」は三六のコンクリー

理想の宮殿、
ドローム県オートリブ、フランス、
1879－1912年。
郵便配達人フェルディナン・
シュヴァルが自らの労力で
すべて作り上げた、
巨大なコンクリート製フォリー

ト・フォリーからできている。一九四九年から一九八四年にかけてつくられたこの作品は鉄筋コンクリートを使用している。セメント産業やコンクリート産業にとってこれらの「アウトサイダー」の仕事は常になんとなく厄介である。——個人の妄想であり、技術的な進展を示さない彼らの「原始性」は、この産業が広めようとしている「革新的な」イメージを傷つける可能性を常に秘めてきたと思われる。

フォリーではなく目的のある建築物をセルフビルドで建てるにあたっても、コンクリートはあらゆる非主流の動きにとって魅力的に映った。一九二一－二二年においてルドルフ・シンドラー（Rudolf Schindler）が自分、妻、クライド・チェイス（Clyde Chase）夫妻のためにロサンゼルスのキングスロードにアトリエ付き住宅を建てたとき、彼がコンクリートを選んだのは明らかに奇抜だった。レイナー・バンハム（Reyner Banham）の見たところでは、「コンクリートはヨーロッパでは象徴的な近代の証しだが、南カリフォルニアでは変わり種、あるいは実験的な材料だった(36)。この注目すべき住宅のよって立つ手法であるティルトスラブ工法とは、地面に平らに打設されたコンクリートを垂直に起こし、そこにできる隙間にガラスをはめていくものである（一九三〇年にル・コルビュジエのサヴォア邸ができるまで、バンハムはこの建物を、どこの誰によるものと比べても近代建築の最高傑作であると考えていた）。セルフビルドではないものの、この構法は経済的で高度な技術を要さないものであり、得られた効果は外側の空間も相まって、シンドラーとチェイス両夫妻がカリフォルニアの砂漠でキャンプした際のテントと（シンドラーの意図どおり）さほど変わらなかった。

これらを含む多くの非主流あるいは「アウトサイダー」のプロジェクトにおけるコンクリートの使い方は、二〇世紀のコンクリート史における二重性に注意を促す——技術的に洗練されたシェル構造、プレストレス、長大スパンにおける進展、しかしそれと同時に粗野で先祖返り的で、ある人々には建築の原始の淵源とされる泥に再度つながる方法を与える特質を持っている。このコンクリートの二つの側面である近代性と後進性は、特に鉄筋コンクリートの制作過程に現れる。いくつかのコンクリートの構成要素――鉄鋼、セメント――は工業的につくられるが、それらをコンクリートにするために砂や骨材や水と混ぜ合わせるやり方それ自体は工業的プロセスではない。コンクリートの混合や打設において、いかに多くの作業員に純白の作業服をまとわせても、それ自体は手動で手仕事主体の作業であり、人間の筋肉に頼るものである。型枠を製作し、鉄筋を定着させ、コンクリートを混合し、打設し、振動させ、型枠を脱型する際に必要な注意は、結果に一定の品質を求めるのならば、

それぞれ人の技と判断に頼る過程である。コンクリートの惜しい部分は、それが人の働きや様々な手仕事に大いに依存している点であり、その程度は一番のライバルである鉄骨をはるかに上回っている。プレファブ工法はこうした肉体労働への依存をある程度軽減し、その理由から西欧諸国とソ連で一九五〇年代、六〇年代にこの工法が強く推奨されたが、鉄筋コンクリートの高い労働集約性は決してなくなることはなかった。打ち放しコンクリートに対する型枠の絶対的かつ決定的な影響とは、型枠

建築家の友達
(ピーター・ゴールドフィンガー、
サム・スティーブンス、
トニー・ハント、
デズモンド・ヘンリー、
エルノ・ゴールドフィンガーの
秘書アン・ヘイタム)による、
ジョン・ウィンター自身の家の
屋根のコンクリート打ち。
リーガル街、ロンドン、
1959年

のつくられ方が結果としての外観をほぼ決定するということを意味する。スイスの建築家、アンドレア・デプラゼス（Andrea Deplazes）が言うには、「建物の性格は型枠の質に依存するのでそれは原始的にも抽象的にもなりうる」(37)。ここで彼は、ルドルフ・オルジャティ（Rudolf Olgiati）のアレマン邸が持つ堆積岩のような効果と、安藤忠雄の作品が持つ陶器のようなもろさを対比している。

建築あるいは文化一般にとって鉄筋コンクリートの「近代」と「非近代」という二重の性質は何を意味するのだろうか。建築の場合、コンクリートが「近代」と、より稀ではあるが近代ではないもののどちらかを表象するために使われる様を見ることになる。コンクリートの近代性と非近代性が同時に現れているのを発見するのは珍しいことである。一見矛盾し、明らかにより難しいプロセスを経ているこれらの作品は、結果的に最も実りある作品である場合が多い。

鉄筋コンクリートの近代性は建築的には様々な方法で表象されてきた。そのうち最初かつ最もよく使われたのは一体的な量塊として（*monolithism*）である。部材の組み立てというこれまでのすべての建設方法に比べて、鉄筋コンクリートは「部材」がない建設方法である。壁、床、柱、梁は一つの連続した構造としてつくられ、伝統的な荷重と支持の区別を消滅させる。ある世紀末の技術者は、鉄筋コンクリートにおいて「壁は垂直に立てられた床である」と述べた(38)。部材のアサンブラージュという原理に基づく鉄や鋼の建設において、それぞれの構成要素は幾何学的な均衡を生み出すという、明確な構造上の目的を満たしている。これとは異なり鉄筋コンクリートにおいて、すべての要素は建物全体を通して流れる力の網目の一部となっている。最初期の鉄筋コンクリートによる一体的な量塊としての建築表現はドイツにあった。ドイツには一九一四年以前に屋内に打ち放しコンクリートの構造体を持つ数多くの公共建築があった。顕著な例は一九一三年にブレスラウ（現在はポーランドのヴロツワフ）につくられた一〇〇周年ホールである。しかし他にも同じくらい魅力的とされる多くの市場《いちば》が建っていた。一体的な量塊と見なすことは、建物のすべての部分が一つの素材で構成されるべきだという原理にもつながった——オーギュスト・ペレに倣えば、「建設が純粋に鉄筋コンクリートであるのは、すべての要素がコンクリートによってのみつくりうるとき、他のすべての素材が排除されたとき、つまりコンクリートが合理的に使われ、他のいかなる素材にくるまれることもない場合である」(39)。見てきたように、ペレにとってこの原理が彼の名声を決定づけた。

一体的な量塊と見なすことは鉄筋コンクリートの最も明快な構造特性であったかもしれないが、必ずしもコンクリートを近代的なもの、少なくとも速度、力動感、活力などを連想させる近代的なものと同一視することはなかった。ルドルフ・シュタイナーのバーゼル近郊、ドルナッハのゲーテアヌムは疑いなく量塊のようであり、あらゆる未来派的な意味において「近代的」ではない。コンクリートによって近代生活の力動感に注意を引きつけたい建築家にとってもっと魅力的なことはキャンティレバーを使うことであった。一九二〇年代初頭からキャン

ゲーテアヌム、ドルナッハ、バーゼル近郊。1924－8年、ルドルフ・シュタイナー設計。一体的な量塊であるが、近代的ではない

ティレバーの跳ねだしがいたるところに見られ、すでに近代建築のイメージと結びつけられていた建物の水平性を強化した。支持材を隠すことで、キャンティレバーは伝統的な荷重と支持の関係を解消し、力の流れを判読可能にすべしという考えに規定されることがなくなったことを世に示した。一九四〇年代までにキャンティレバーの流行は薄肉シェルやプレストレス構造などの大戦間のコンクリートの発明に取って代わられ始めた。一九四五年以降、時として突飛な形状をした、大空間を内包した大型シェル構造が近代の特異な記号となった。プレストレスによって可能となった細く長い梁が組み合わされたときは特にそうなった。一九四八年に建築家共同体（Architects Co-Partnership）によって南ウェールズ・ブリンマウルにつくられた工場、あるいはアメリカにおけるエーロ・サーリネンによる一連のシェル構造の中でもMITのクレスゲ・オーディトリアム（一九五二–五六）や、最終的にはジョン・F・ケネディ空港のTWAターミナル（一九五六–六二）が最も目を見張るものとなった。

一方で、コンクリートの非近代的属性は重さ、量塊、手（*facture*）の痕跡つまり素材の制作工程に関して最も顕著に現れた。シュタイナーによるゲーテアヌムは大きく一体的であり、近代的であるのと同程度に非近代的である。フランスの建築家、トニー・ガルニエは第一次世界大戦の前に工業都市（*Cité Industrielle*）なる想像上の理想都市の図面を描いた。これは社会的プログラムがはるかに先進的で理想郷的であり、すべての建物がコンクリートであるにもかかわらず、斬新さがはっきり出ていなかった点で、サンテリアの新都市（*Città Nuova*）と対照的だった。住宅には厚い壁と陸屋根、規則的な開口部が設けられるとされ、その重量感と堅固さは未来派の都市というよりも地中海的な土着性に近いものだった。以前まで鉄筋コンクリートを合成的で「近代的」な材料と考えていたル・コルビュジエは、一九五〇年代までにコンクリートを「石、木、テラコッタと同程度の材料」と考えるようになった。それはマルセイユのユニテ・ダビタシオンや、明らかな「南方の田舎風」のジャウル邸のような作品に明白である(40)。最近では、より「原始的」なコンクリートの使用法への興味が増しているようで、そこではコンクリートの重さ、密度や量感が、モダニズム建築の重力に抵抗するような性質や、ポスト・モダニズムの紙のように薄い表面効果に取って代わるものとなった。このコンクリートの後進性への探求の良い例はスイスの建築家、ペーター・メルクリ(Peter Märkli)の作品に見られる。トゥルーバッハに建てられた一組の彼の住宅(一九八二)のとりわけ量塊的なコンクリート構造は、ポスト・モダニズムへの反動であり、彼曰く「この職業を始める原始的方法」である。ジョルニコにあるラ・コンギウンタ(一九九二)、つまり彫刻家、ハンス・ヨゼフゾーン(Hans Josephsohn)のための田舎の美術館においては、著しく粗野な建設が、土着的な農家から取り戻され荒々しくつくられた手づくりの構造を彷彿とさせる(41)。

しかし近代と非近代を同時に表すとき、コンクリートはその「現実」に近づいていると私は思っている。しかしその例は少ないし稀である。ル・コルビュジエにより一九四六年に着工し一九五二年に竣工した、マルセイユのユニテ・ダビタシオンは

ラ・コンギウンタ、ジョルニコ、
スイス。1992年、
ペーター・メルクリ設計。
田舎の彫刻ギャラリーで、
農業用の建物と
見分けがつかない

こうした観点から理解されうる建物である（p. 322）。プロジェクトとしてこれは完全に近代的であり、ル・コルビュジエの理想都市つまり輝く都市の断片であり、まったく新しいメゾネットの構成と様々な社交用のアメニティを持っている。ル・コルビュジエはユニテを鉄骨でつくろうと計画していた。鉄骨は見てきたように、その頃までにはフランスではより「近代的」な材料と考えられていたものである。しかし戦後の物資不足によって、ル・コルビュジエの構造家、ヴラディミール・ボジャンスキー（Vladimir Bojansky）は、最後にこの建物の構造を鉄筋コンクリートに変更した。ル・コルビュジエとボジャンスキーはこの変更をこの建物の利点へと導いた。ユニテにおけるコンクリートの利用は比較的時代後れであり、昨今のコンクリートの発展を生かしていないと指摘されていた。例えば、その後ル・コルビュジエがラ・トゥーレットの修道院で使用することになるプレストレス技術は使っていなかった。また、この建物の設計はその重量感を誇張している――ピロティーは不必要に巨大で、見た目ほどには建物の主たる荷重を支えていない。荷重は実際には柱上の長手方向の二本の梁に流されている。その結果はル・コルビュジエが説明しているように「粗野と繊細、鈍重と緊張、精確さと偶然を揺れ動く戯れ」――言い換えれば近代性と非近代性間の戯れである。こうした特質は後にアメリカのハーバード大学におけるカーペンター・センターでは失われていた。伝えられるところでは、ル・コルビュジエはカーペンター・センターは「きれいすぎる仕上がりだった」と不満を漏らしていたという(42)。

しかし近代／非近代の二重性を最も推し進めたのは、ル・コルビュジエの日本の追従者たちの作品においてであった。第四章に見るとおり、高松にある丹下健三の香川県庁舎（一九五五－八）のような建物は、「国家」のコンクリートという議論にも属する。そこには明らかに過剰な構造――多すぎる梁と、厳密に必要な本数以上の桁――を通じた近代以前の過去との関連性がうかがえる。同様に高松の丹下による体育館（一九六五）ではこの大胆な過剰によって、西洋の「より進んだ」近代的規範が持つ抑制や禁欲的な特徴からは一線を画すものとなっている。

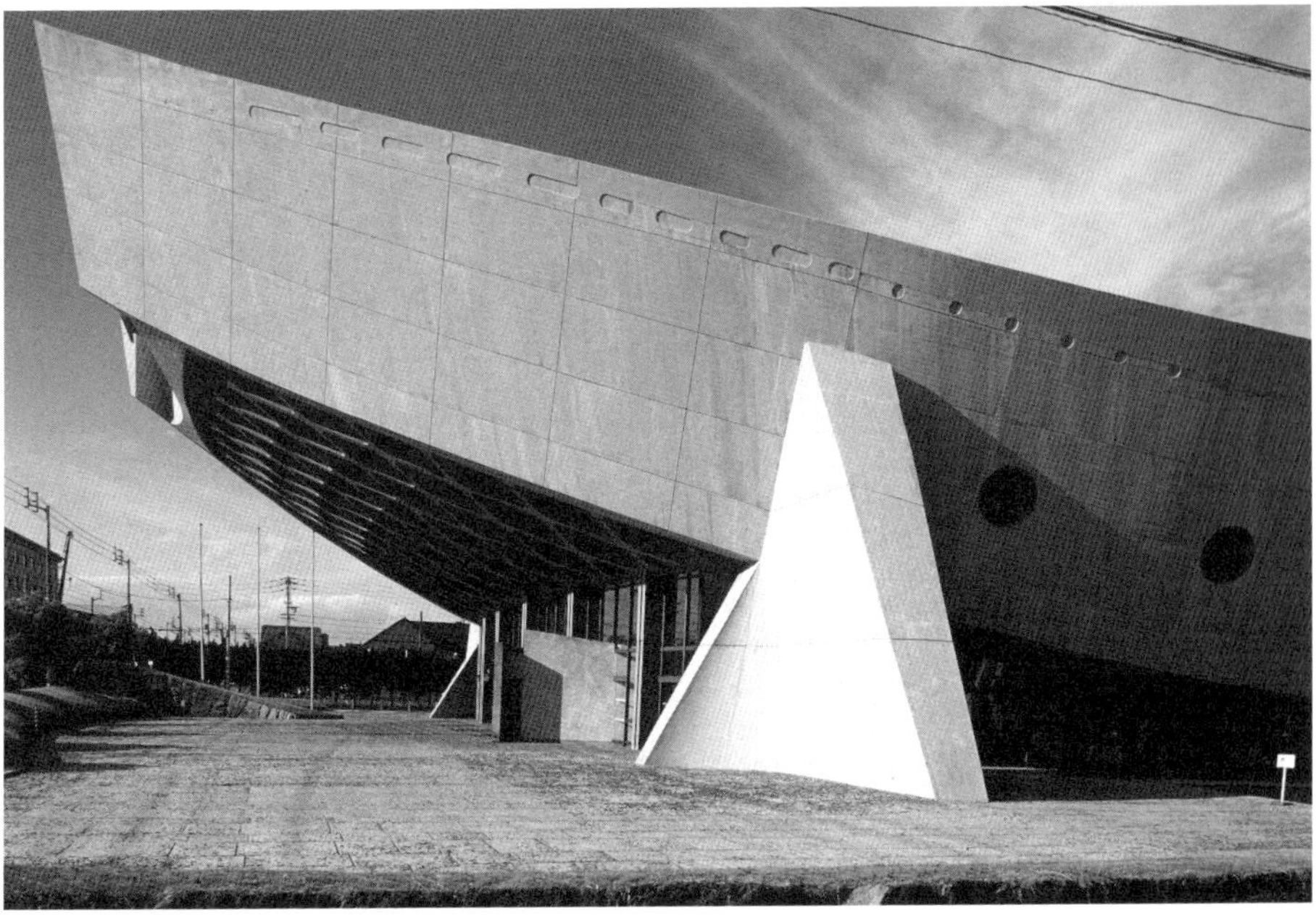

体育館、高松、日本、1965年、
丹下健三設計。
歓喜に満ちた始原への遡行

部分的に日本の例に啓発された西洋の建築家は一九六〇年代初期までにコンクリートの近代性に背き始め、より原始的な扱いをする方向へ後退したいという意志を見せた。アメリカ人建築家、ポール・ルドルフ（Paul Rudolf）はアメリカのコンクリート業者が精確さにあまりに誇りを持っているため、コンクリートに「薄い金属のような質」を与えていると不満を述べている。そうではなくて「コンクリートは泥である。私はコンクリートに逆らわずにこれを使う。私は泥が好きだ」(43)と彼は言った。ルドルフの最初の打ち放しコンクリートの建物は、ニューヘブンのテンプル・ストリート駐車場ビル（一九五八－六三）である。それは彼のそれ以前の建物における表面が平滑なプレキャストコンクリートからは明らかな方向転換だった。しかし近代と前近代の結合はルドルフの同時代の建築家であるルイス・カーンの仕事において多分最も明らかである。カーンの建築はよく知られているように全般的に古代ローマ建築を参照している。そして彼はローマの構造物が長い時を経るなかで様々な用途に使われてきた点を特に好んだ。カーンの建物は構造システムとコンクリートの仕上げに注意を払った完全に近代的なものである一方、構造体が満たすべき用途と無関係に存在するかに見える点において古色蒼然としたものである。このことは特にカリフォルニア州サンディエゴのソーク研究所において明らかである。同じ効果は例えば煉瓦でも達成できるかもしれないので、これはコンクリートとは何の関係もないと言われるかもしれない。しかし、コンクリートの一体的な量塊としての性質は、内部の営みの変わりやすさに比べれば、基本構造の見せかけの永続性を補強する。

コンクリートは建築家にとって何か特異なものを提供する。その理由は「科学的な」知識や実験に立脚する——特にセメントの開発において一番そうである——一方で、それは誰でも実験できる機会を提供し続けているからである。鉄筋コンクリートが最初に考案されたのは建設現場での試行錯誤からであったのと同様に、今日もなお、新しく独創的な結果を提示するのに、科学的な実験室が常に必要であるとは限らない。アルティ

ブリオン家墓地、
アルチヴォール、トレヴィーゾ。
1969－78年、
カルロ・スカルパ設計。
コンクリート製引き戸の門

ヴォーレにあるブリオン家墓地の仕事に携わったスカルパ(Carlo Scarpa)の元助手はこう言っていた。彼らは門をコンクリートでつくりたがっていた。しかしそうすれば重すぎて動かなくなることもわかっていた。するとある晩、仕事の後にバーで飲んでいると、彼らはバーの脇にある植木鉢に入っている軽い多孔質の材料の粒に気がつき、それをコンクリートの骨材として使うことを思いついたという。ギゴン/ゴヤー(Gigon Guyer)によるコンクリートに銅や鉄を添加する実験は、同様に簡単な応用であり必ずしも化学の博士号を必要とはしない。建築における材料の発明のほとんどは、建物との関連が通常ないような分野から――コルテン鋼は造船から、ゴムシートはウエットスーツから――取り入れて建物に応用することで成立している。しかしコンクリートにおいて建築家は自ら錬金術師となり、まったく異なる物質を生み出す機会が今もある。原始的かもしれないが、コンクリートの魅力の一部はこの性質にある。

文化一般の問題に戻ると、コンクリートの近代と非近代という二面性の歴史は何を含意するのか。コンクリートは使用に比べて発明がはるかに軽視されている技術の一例である。技術的な発明に立脚した鉄筋コンクリートの歴史は多くを語らない。鉄筋補強、シェル技術、プレストレス、ガラス繊維補強……列挙しても項目が少ないのである。肝心なのは、いつどこでどのようにこれらの発明が起こったかではなく、これらを用いた効用である。『古さの衝撃(*The Shock of the Old*)』の中でデイヴィッド・エジャートン(David Edgerton)は、偉大な社会的効果は必ずしも最先端技術がもたらしたわけではないと述べている。薬理作用の驚異ともてはやされた避妊薬ピルは、先例であり技術的には洗練度が低いコンドームより重要性が低いし、一九六〇年代後半からは自動車よりも自転車がより多く生産されている(44)。国際的に見れば、鉄筋コンクリートは「貧しさの中の新技術」の一つである。その総消費量において貧困国のセルフビルダーが占める量はおそらく他のいかなる使われ方をも上回っているだろう。世界の貧民街において、コンクリートの使用は革新よりもむしろ工夫によって特徴づけられる。コンクリート技術の進歩は、新しいものでも、あるいは比較的古いものであっても、ここでは意味をなさない。むしろ重要なのは少量の鉄筋コンクリートを最も効果的に活用するための方法である。熟練技術者でさえリオデジャネイロのファヴェーラの無駄のない建てられ方に驚かされる。ラテンアメリカではどこでも、コンクリートの製作は家庭生活に組み込まれている。サンパウロではムティローエ（mutirões）と呼ばれるセルフビルドの協同組合が低所得者用住宅のかなりの割合をつくっている。労働力は主に女性で構成され、彼女たちは平日プレキャストコンクリートの部材をつくる。多くの人手がある週末にその部材が建物として組み立てられる(45)。鉄筋コンクリートはこの手の高い技術を要さない作業に向いており、この文脈で鉄筋コンクリートをつくることは、先端技術、産業処理という意味での「近代的」では決してない。こうした条件下で鉄筋コンクリートを近代あるいは非近代として分類することは特に適当というわけではない。「貧しさの中の新技術」の一つとして、コンクリートはどちらのカテゴリーにも属さない。

他の「新しい」技術について似たような主張もできるかもしれない。例えばプラスティックが貧しい国において飲料水の供給や貯蔵に使われていることは、これらの創案者には思いもよらないことであり、人道的価値という点では西洋諸国におけるプラスティック使用をはるかに上回っている。しかしプラスティックと鉄筋コンクリートの違いは、鉄筋コンクリートは人々が自分でつくっているところにある。

先進国から見れば、鉄筋コンクリートに賛成しかねる部分とはまさにその貧しさであり、それはムンバイやメキシコシティのスラムを彷彿とさせるところにある。しかしコンクリートの世界的な使用に関する議論が注意を喚起することとは、コンクリートが「近代的」か「非近代的」かという分類に相応しくないことにある。それは単にコンクリートがどちらかのカテゴリーにおとなしくとどまることを拒否し、その間を軽やかに飛び回っているということではない。むしろ、我々が慣習的に世界の意味を獲得するための分類システムに適合しないということであり、それは疑いもなく、先進世界の中でしばしば見られるコンクリートへの嫌悪感の原因の一つである。コンクリートの柔らかさは確かに我々の信念体系への信頼を脅かすものである。しかしそれ以上に、貧困国でのコンクリートの使われ方によって、それが「近代的」か「非近代的」かを問うことは不適切になった。オーウェルが構想した分類の図式は見当違いでしかない。これによって人は次のような疑問を抱く。なぜ多くの人々が二〇世紀の長期間にわたってその図式を信じ続けてきたのか。またなぜ、建築家、技術者、コンクリート生産者、請負業者の多くの努力がこの図式を維持し、表すことに向けられてきたのか。もし我々がオーウェルの分類を捨て去り、コンクリートが近代の装いというお守りのような属性を失い、先祖返り的で非近代の状態にまで後退することなく、単に「物」、ありきたりの物質になってしまうならば、二〇世紀建築家の心を奪ったコンクリートを取り巻く言説の大部分はただただ雲散霧消するであろう。こうしたことが起こらなかった理由は、セメント・コンクリート産業がコンクリートの近代性を宣伝するのに多くのエネルギーを費やしたことと、西洋の建築という職能が「近代性」を二〇世紀の建築の教えとして迎え入れたこと——その結果として近代を表す適切な方法を発見する必要性が生じた——の二点に帰せられる。未来への問いは、コンクリートが果たして「近代性」から離れられるのかというところにある。

1 George Orwell, 'Wells, Hitler and the World State' [August 1941], repr. in *Collected Essays, Letters and Journalism of George Orwell*, vol.II: *My Country Right or Left, 1940-1943*, ed. Ian Angus and Sonia Orwell (London, 1970), p. 169.

2 Francis S. Onderdonk, *The Ferro-Concrete Style* (New York, 1928), p. 255.

3 Patrick Chamoiseau, *Texaco*, Trans. Rose-Myriam Réjouis and Val Vinokurov (London, 1998), p. 356［パトリック・シャモワゾー『テキサコ（上・下）』星埜守之訳、平凡社、一九九七年］.

4 Ipek Akpinar, 'The Rebuilding of Istanbul after the Plan of Henri Prost, 1937–1960: from Secularisation to Turkish Modernisation', PhD thesis, University of London (2003), pp. 142, 172を参照。

5 Andrew Saint, *Architect and Engineer: A Study in Sibling Rivalry* (New Haven, CT, 2007), ch. 2を参照。

6 この解釈は以下の本の特に第二章、第三章において強調されている。Cyrille Simonnet, *Le Béton, histoire d'un matériaux* (Marseilles, 2005). 以降の議論は概ねシモネの解釈に基づいている。

7 Ibid., p. 22.

8 Ibid., pp. 62–3; Gwenaël Delhumeau, *L'Invention du béton armé: Hennebique, 1890-1914* (Paris, 1999), p. 65; Saint, *Architect and Engineer*, p. 217.

9 Simonnet, *Le Béton*, p. 47.

10 Ibid., p. 58.

11 P. Collins, *Concrete: The Vision of a New Architecture* (London, 1959), p. 50; Simonnet, *Le Béton*, p. 57.

12 Collins, *Concrete*, pp. 60–61.

13 Delhumeau, *L'Invention du béton armé*, p. 102.

14 エンネビックの英国の代理店L・G・ムーシェルの会社への活動や関係は次の論考に記されている。Patricia Cusack, 'Agents of Change: Hennebique, Mouchel and Ferroconcrete in Britain, 1897–1908', *Construction History*, III (1987), pp. 61–74.

15 Collins, *Concrete*, pp. 65–7; Gwenaël Delhumeau, Jacques Gubler, Réjean Legault and Cyrille Simonnet, *Le Beton en représentation: la mémoire photographique de l'entreprise Hennebique, 1890–1930* (Paris, 1993), p. 10; Delhumeau, *L'Invention du béton armé*, p. 22.

16 Simonnet, *Le Beton*, p. 100に引用。

17 マーニュの使った言葉は*appareil*であり、英訳不能の言葉である。というのも、この語には「衣料」「衣服」という文字どおりの意味だけではなく「器具」という意味もあるからである。また建物の文脈では、より一般的な意味では例えば布など、何であれ製品の仕上げ工程に加え、石の敷き方やその「接着剤」を指している。また一般的には「見栄え」である。Réjean Legault, '*L'Appareil de l'architecture moderne*: New Materials and Architectural Modernity in France, 1889–1934', PhD thesis, MIT

(1997), pp. 213–14; and R. Legault, 'L'Appareil de l'architecture moderne', *Cahiers de la Recherche Architecturale*, XXIV (1992), p. 62.

18 Walter Benjamin, *The Arcades Project*, trans. H. Eiland and K. McLaughlin (Cambridge, MA, 2002), pp. 4, 9, 16［ヴァルター・ベンヤミン『パサージュ論（第1～5巻）』今村仁司・三島憲一訳、岩波現代文庫、二〇〇三年／H・ローニツ編『ベンヤミン・アドルノ往復書簡（上・下）』野村修訳、みすず書房、二〇一三年］また Theodor Adorno, *Aesthetics and Politics* (London, 1979), p. 118 の注釈も参照せよ。

19 Charles Rabut, *Cours de béton armé* [1910], Legault, '*L'Appareil de l'architecture moderne*: New Materials and Architectural Modernity in France, 1889–1934', p. 110 に引用。

20 W. R. Lethaby, 'The Architectural Treatment of Reinforced Concrete', *The Builder*, (7 February 1913), pp. 174–6. この引用はピナイ・シリアティクル（Pinai Siriatikul）によっている。

21 この出版物の歴史については Reyner Banham, *A Concrete Atlantis* (Cambridge, MA, 1986), pp. 11ff と Jean-Louis Cohen, *Scenes of the World to Come* (Paris, 1995), p. 64を参照。

22 Banham, *A Concrete Atlantis*, p. 15.

23 Ulrich Conrads, *Programmes and Manifestos on 20th Century Architecture* (London, 1970), pp. 36–8［アントニオ・サンテリア「未来派建築宣言」鵜澤隆訳、『ユリイカ』第一七巻一二号、一九八五年一二月、二〇四－二〇九頁］.

24 パリのサン＝ジャン＝ド＝モンマルトル教会の建築家アナトール・ド・ボドは一九〇五年、鉄筋コンクリートがそのもたらす変化、つまり建築美学においてと「現代社会が生んだ当世の大問題を解決する」ことの双方において、潜在的に「革命的」だと述べた。しかし彼は「革命」は平和裡のものであろうと強調した。*La Construction Moderne*, XX (6 May 1905), p. 375. ル・コルビュジエも同じ見方を二〇年後に『建築へ』で示した。Le Corbusier, *Toward an Architecture* [1923], trans. J. Goodman (London, 2008), p. 129［ル・コルビュジエ＝ソーニエ『建築へ』樋口清訳、中央公論美術出版、二〇〇三年／ル・コルビュジエ『建築を目指して』吉阪隆正訳、鹿島出版会、一九六七年］.

25 ペレの履歴と重要性についての英語の記述はJoseph Abram, 'An Unusual Organisation of Production: the Building Firm of the Perret Brothers, 1897–1954', *Construction History*, III (1987), pp. 75–94 を参照。筆者のペレ解釈はR・レゴー（R. Legault）の論文に依拠するものである。ここで言及している多くの情報もこの論文から得たものであるが、筆者の行った議論がルゴーによって示唆されているとしても、筆者はそれをさらに深く検討している。

26 これらの作品の詳細は、M. Culot, D. Peycéré and G. Ragot, eds, *Les Frères Perret, l'oeuvre complète* (Paris, 2000) を参照。

27 ル・ランシーのノートル＝ダム教会については、Collins, Legault and Si-

monnet らの議論に加えて、A. Saint, 'Notre Dame du Raincy', *Architects' Journal*, CXCIII (13 February 1991), pp. 26–45 と、Simon Texier, in *Les Frères Perret*, ed. Culot, Peyceré and Ragot, pp. 124–9 を参照。

28 Marcel Mayer, *A. et G. Perret* [1928] (Paris, n.d.)、Legault, *L'Appareil de l'architecture moderne*: New Materials and Architectural Modernity in France, 1889–1934', p. 360 に引用されている。

29 Legault, *L'Appareil de l'architecture moderne*: New Materials and Architectural Modernity in France, 1889–1934', pp. 236 and 341 を参照。

30 Gwenaël Delhumeau, 'De la Collection à l'archive: les photographies de l'entreprise Hennebique', in Delhumeau, Gubler, Legault and Simonnet, *Le Béton en Représentation*, p. 44 に引用。

31 以下を参照。Felicity Scott, 'Bernard Rudofsky: Allegories of Nomadism and Dwelling', in *Anxious Modernisms*, ed. Sarah Williams Goldhagen and Rejean Legault (Cambridge, MA, 2000), p. 216; Felicity Scott, '"Primitive Wisdom" and Modern Architecture', *Journal of Architecture*, v/3 (Autumn 1998), p. 253; Andrea Bocco Guarnieri, *Bernard Rudofsky: A Humane Designer* (Vienna and New York, 2003), pp. 17, 184–7; Wim de Wit, 'Rudofsky's Discomfort: A Passion for Travel', in *Lessons from Bernard Rudofsky: Life as a Voyage*, ed. Architekturzentrum Wien (Basel, 2007), pp. 98–122; Andrea Bocco Guarnieri, 'Bernard Rudofsky and the Sublimation of the Vernacular', in *Modern Architecture and the Mediterranean: Vernacular Dalogues and Contested Identities*, ed. Jean-François Lejeune and Michelangelo Sabatino (London and New York, 2010), pp. 230–49.

32 Giuseppe Pagano and Guarniero Daniel, *Architettura rurale italiana* (Milan, 1936). Michelangelo Sabatino, *Pride in Modesty: Modernist Architecture and the Vernacular Tradition in Italy* (Toronto, 2010)、特に第四章を参照。M. Sabatino, 'Ghosts and Barbarians: The Vernacular in Italian Modern Architecture and Design', *Journal of Design History*, XXI/4 (2008), pp. 335–58 も参照。

33 リドルフィは、特に伝統的な建設プロセスに関する別のマニュアルも作成した。それは彼の存命中には出版されなかった。Mario Ridolfi, *Manuale delle techniche tradizionali del costruire, il ciclo delle Marmore* (Milan, 1997).

34 Francis S. Onderdonk, *The Ferro-Concrete Style* (New York, 1928, repr. Santa Monica, CA, 1998), p. 11 に引用されている。

35 *Le Palais Idéal du Facteur Cheval*, guidebook (2001), p. 14.

36 Reyner Banham, 'The Master Builders'[1971], repr. in Reyner Banham, *A Critic Writes* (Berkeley, CA, 1996), p. 173.

37 A. Deplazes, *Constructing Architecture: Materials, Processes, Structures, a Handbook* (Basel, 2008), p. 59.

38 J. Quost, 'Des Systèmes de béton de ciment armé et des travaux d'architecture', *L'Ingénieur constructeur de travaux publics*, 61 (October 1911), p.

493, Simonnet, *Le Beton*, p. 103. に引用されている。

39 *Le Ciment-roi, réalisations architectural récentes* (Paris, 1926) に引用され、Legault, 'L'*Appareil de l'architecture moderne*: New Materials and Architectural Modernity in France, 1889–1934', p. 240, n. 185 に引用されている。

40 Le Corbusier, *Oeuvre Complète*, vol. V: *1946–1952*, ed. W. Boesiger (Basel, 1953), p. 191［ル・コルビュジエ『ル・コルビュジエ全作品集 Vol. 5 1946-1952』ウィリ・ボジガー編、吉阪隆正訳、A.D.A. EDITA Tokyo、一九七八年］. ル・コルビュジエのコンクリートに対する態度の変化については Flora Samuel, *Le Corbusier in Detail* (Oxford, 2007), pp. 18–20; James Stirling, 'The Black Notebook' in *James Stirling Early Unpublished Writings on Architecture*, ed. M. Crinson (Abingdon,2010), p. 53 を参照。

41 M. Mostafavi, *Approximations: The Architecture of Peter Märkli* (London, 2002), p. 64 を参照。ラ・コンギウンタはいくつかの建築サークルの中でアイコニックな建物となった。例えばグローリアン・ビーゲルにとって、その特徴とは、示唆しているのが「壁」であって「機械的に固定されたパネル」ではない点にある。*Architects' Journal*, CCXXI (5 May 2005), pp. 27, 31 参照。

42 ユニテの建設に関しては Jacques Sbriglio, *Le Corbusier, l'Unité d'Habitation de Marseilles* (Marseilles, 1992), p. 126 を参照。ル・コルビュジエのコメントについては Le Corbusier, *L'Oeuvre Complète*, vol. V: *1946–1952*, p. 191［ル・コルビュジエ『ル・コルビュジエ全作品集 Vol. 5 1946-1952』ウィリ・ボジガー編、吉阪隆正訳、A.D.A. EDITA Tokyo、一九七八年］から採った。カーペンターセンターについてのコメントは D. Leatherbarrow and M. Mostafavi, *Surface Architecture* (Cambridge, MA, 2002), p. 112 を参照。

43 R. Pommer, 'The A&A Building at Yale, Once Again', *Burlington Magazine*, CXIV (December 1972), p. 860; and *Progressive Architecture*, XLVII (October 1966), pp.169, 184.

44 David Edgerton, *The Shock of the Old: Technological and Global History since 1900* (London, 2006), pp. xii, 22–5.

45 Pedro Fiori Arantes, 'Reinventing the Building Site', in *Brazil's Modern Architecture*, ed. Elisabetta Andreoli and Adrian Forty (London, 2004), pp. 194–7 を参照。

ゾーイ・レオナルド、《無題》、
2002年、C-プリント、
37.8×50.8cm

TWO

NATURAL OR UNNATURAL

第二章

自然または不自然

コンクリートは自然ではない――しかしそれは「不自然」と言うことでもない。自然ではないというのは長所であると同時に短所でもある。その長所とは人工的な材料として、特に鋼で補強されたとき、それはいかなる天然材料でもかなえられないことを達成できることである。それは自然（重力、海、気候）に抵抗する潜在能力を持っていて、他の材料より自然を制する力をより多く与えてくれる。一方その短所とは、いわゆる「自然」材料に見られる性質の欠如が感じられ、人々を自然から遠ざけるもの、あるいは自然を破壊するものとしばしば見なされてしまうところにある。「コンクリートで覆う」ことは自然の痕跡をすべて消し去ることである。自然を抑える力は有益ではあったが、それによる評判の向上と同程度に評判を落としたのであった。

すべての単純な分類と同様、コンクリートを非-自然あるいは人工と見なすことは見かけより複雑なことである。コンクリートの主要な成分で、骨材や鉄筋をつなぎ合わせる作用のあるセメントは、石灰を熱して高い温度で粘土を混ぜることでつくられる人工的な製品である。しかし自然界に存在するセメントもある。そのなかで最も知られているのはポッツォラーノでありローマ人にはなじみ深く使われていた。コンクリート生産の過程であるセメント、砂、砂利、水の混合は一般に人間の労働によって行われるが、地質形成の過程においても行われる。自然に生成されるコンクリートの堆積物は世界の多くの場所に

――カリフォルニアのポイント・ロボスのように――見られる。そして結果としての化合物は広範囲で切り出され、建築材料として加工される（1）。

地質学的な証拠にもかかわらず、一般的な見方ではコンクリートは自然材料ではない。そしてある意味これは正しいはずで、なぜならコンクリートはつくる人間の労力に頼っているからである。近代建築やインフラのコンクリートは構成成分であるセメント、砂、骨材、鋼が一カ所――建設現場であれプレキャスト工場であれ――に集められる前には存在しない。そして人間の労働がそれらを結合させて初めてそれらはコンクリートになる。この点において、コンクリートを材料としてではなく過程として説明するほうがより正確である（2）。もしこれによってコンクリートが非自然なものとなるのであれば、我々は石、木材、煉瓦などの他の建築材料を自然と記述する慣習を再考する必要が出てくる。これらも人間の労働を介して初めて建設材料となる。地面に横たわる岩は切り出され刻まれるまでは建築用の石ではない。同様に丘に育っている木は、切り倒され、乾燥され、使える大きさに切り出されるまでそれらの木は木材ではない。「自然」素材といえども建設資材としての価値を得るためには人間の労働に頼るのである。これらの自然素材とコンクリートの違いは唯一いつどこで人間の労働が施されているかという点にある。「自然」素材に関して言えば、その価値のかなりの部分が現場に届けられるまでの準備作業にあるのに対し、コンクリートでは、作業のほとんどがコンクリートが形となる場所で発生する。自然素材の「苦労して手に入れた」側面がしばしばそれらをコンクリートよりもっと価値のあるものと見なされる理由となっている。これから見るようにコンクリートの生成はしばしば「あまりに簡単」と思われている。すべての素材が人間の労働が関与した結果であるという議論を受け入れたうえで、もしコンクリートが「非自然」であるなら建築を生み出す他のほとんどの材料も同じであることは明らかである。ある素材が人工的でその他は自然であるということではなく、人間の制作に依存している点においてすべてが非-自然なのである。

それにもかかわらず、コンクリートが他の素材とは異なるという見方は、消えてなくならない。その表れは一九世紀中頃のコンクリートの発明以来、この新しい素材を一般的には石や木のように似せて「自然化」させるために費やされてきた多大な努力に見て取ることができる。一九世紀のいくつかの試みは今の視点から見ると馬鹿げて見えるかもしれないが、その点では、昨今広く普及した木製型枠の痕跡をコンクリートの表面に残す用法も同様である。これらすべては「非自然」として受け取られる素材を自然の世界につなげる方法である。多くの西洋の国において、打ち放しコンクリートに対する反発が一九七〇年代初頭に起こり、セメントやコンクリート生産者の生計が脅かされたとき、彼らの多くはその対応としてコンクリートを「人工石」と呼び替えて、こうした「自然」材料との結びつきによってコンクリートが非難から解放されることを望んでいた。これは新しいことではなかった。なぜなら一九世紀における初期のコンクリートの使用時から、コンクリート建設者は新しい製品を「言い表す」際に既存の伝統的材料に関連する実践や形態用語に頼りがちだったからである。確かにコンクリートを「示す」のに石のようなものという以外の方法があっただろうか。二〇世紀の初頭、他の方法を探す建設者もいたのだが、多くの秀逸で尊敬されている鉄筋コンクリートのデザイナーは石の一種としてこの材料を考えることに固執した。オーギュスト・ペレは「コンクリートは我々がつくる石であり、それは自然の石より美しく気品がある」あるいは「若返った石」と主張した。それは別の言葉で言えば石のようだが、よりよいものなのだ(3)。ペレはコンクリートが打ち放しの時に豊かな色合いを放つ骨材を選ぶためにはいかなる手段も厭わなかった。そしてコンクリートを仕上げるために熟練した石工の技術を用い、石のような質感を強調した。ペレはコンクリートをその継ぎ目ない量塊性によって石より優れたものと考えていたが、石を参照することはやめなかった。

二〇世紀初頭の鉄筋コンクリート建設者の間では、コンクリートは鉄や鋼との類似性で語られることのほうがより一般的であった。金属の建設は鉄筋コンクリートの直前にもたらされた技術革新だった。そして少なくとも当初鉄筋コンクリートは単に鉄鋼をコンクリートで覆った鉄骨建設の一形式として考えられた(4)。これにはある種の論理的整合性があった。なぜなら初期の鉄筋コンクリートの魅力の多くはそれが耐火性能を持った建設方法であるところにあった。被覆を施さないまま高熱にさらされると曲がったり亀裂が入ったりする傾向のある鉄や鉄鋼の部材に勝る選択肢だった。鉄筋コンクリート建設の問題の一つはどのようにして内包された鉄の存在を外に表すかということだった(5)。二〇世紀初頭におけるこれに対する方策はこれと言った成果を出していないが、より最近の建物において金属のように鉄筋コンクリートを表現する建物は注目に値する。例えば、リチャード・ロジャース・パートナーシップ(Richard Rogers Partnership)のロンドンのロイズ・ビル(一九七八—八六)で、コンクリート柱やブレース梁はその形とディテールにおいてあたかも鋳物のようである。この場合、ここで複製されているものは「自然」材料でなく、コンクリートに比べ視覚的により把握しやすい構築の形である。物質内での力の伝達方式が顕在化しない鉄筋コンクリートと異なり鉄骨造の場合は部材の位置や寸法はその負荷に概ね応じたものとなる。ロイズビルの構造を担当した構造家、ピーター・ライスが記したように「我々の目的は一般的に鉄鋼と結びつく視覚的分節と判読性を獲得しつつ、コンクリート本来の性質を活用することにあった」(6)。ライスが「コンクリート本来の性質」という言葉で意味したことはさておき、金属が内包された力をより現実的に表現することからコンクリートをあたかも金属のようにデザインする戦略は、模倣された材料がそれ自体「自然」なものでないとしても、コンクリートを自然化する一つの方法であったとも言えよう。

コンクリートを「自然化」する努力は尽きない。——磨いた大理石の平滑性やライムストーンの緻密さや木材の複層性をコンクリートに与えるために施される仕上げの努力すべては、さもなければ形も分節もない結果を招いてしまうプロセスを「自然」として表現する試みである。それらすべてから確実なことはコンクリートは「非自然」という分類から抜け出ることを永

ロイズ、ロンドン、
1978－86年、
リチャード・ロジャース・パートナーシップ設計、
鉄鋼や鋳物の形をしたコンクリートフレーム

遠に待ち続けているという点である。

コンクリートと石

建築家は石とコンクリートを同時に見られる場所に設置しないように言われたものであった。例えば、デンマークの建築家、スティーン・アイラー・ラスムッセン（Steen Eiler Rasmussen）は広く読まれている一般向けの建築美学についての著書『経験としての建築（*Experiencing Architecture*）』（一九五九）の中で次のように観察している。「デンマークでは、今日、しばしば花崗岩の玉石の列によって分離されたコンクリートの平板を数列並べて歩道が舗装されています。……この二種の材料の組合せは、奇妙に調和しない表面をつくります。花崗岩とコンクリートはうまくなじみません。靴の底を通じて、不愉快ささえ感じるでしょう」。さらに彼は煉瓦や石とセメント板を組み合わせることの「致命的な」影響や、コンクリート造の建物を「本物の」建物の隣りに建てることに対して警告を発した（7）。石とコンクリートを並べるのはコンクリートの貧しさに注意を向け、石の気品を貶めるだけだとラスムッセンは考えていた。

言うまでもなく、すべての禁止事項同様、これも破られる必然の中にあった——戦後のイタリアに始まり建築家は恥ずかしげもなくそのようにふるまった。フィジーニ＆ポリーニ（Figini & Pollini）が設計したミラノの清貧なるマリア聖堂（一九五二－四）では、孔のあいたトリフォリウムがコンクリートと石が交互に用いられた段によってできている。ともすれば粗野に見える建物で唯一石が使われている箇所である。コンクリートの帯は連続的であるが、石のブロックは身廊に光を入れるための隙間をつくるために間隔をあけて配置されている。どの材料が最大の負荷を受け持っているかは一目見ただけではわからない——部分的にコンクリートは石に取って代わって構造的な連続性を与えている。一方、石は圧縮力を負担し図像的な機能を担っている。イタリアの建築家はこういった材料の序列をかき乱し、石やコンクリートに優劣をつけがたくすることに喜びを見出した。ガルダ湖畔のバルドリーノ近郊の個人住宅、オトレンギ邸でカルロ・スカルパは、屋内外双方にある巨石積みの柱において円筒形のコンクリートと石の円盤を交互に積み重ねた。ここでコンクリートは、より高貴な材料としての歴史的な役割を主張することがもはやできなくなっている石を模倣し、スカルパは構造的に、また象徴的にもどちらが良いかというすべての判断を断念した。一九五〇年代のテルニの再建において、リドルフィ&フランクルによって町のために設計された新しい建物の多くは石とコンクリートを混ぜていた。彼らの定式はたいへん簡単であった――コンクリートのフレームはしばしばとても荒い仕上げの打ち放しでつくられ、そのなかのパネル部分は、必ずテラコッタやセラミックなど他のよく吟味された材料によって埋められている（時折被覆の場合もあった）。石の壁がしばしば煉瓦やタイルの帯を持つウンブリアのこの地域におけるヴァナキュラー建築とこのシステムはある関係性を持っていた。

石とコンクリートの組み合わせは一九六〇年代、七〇年代の先進的建築の一般的特徴となった。何百もの提唱者の中で最も有名な一人はアメリカの建築家、ルイス・カーンであった。彼

オトレンギ邸、バルドリーノ、ヴェローナ、1974－9年、カルロ・スカルパ設計。石とコンクリートによる柱のディテール

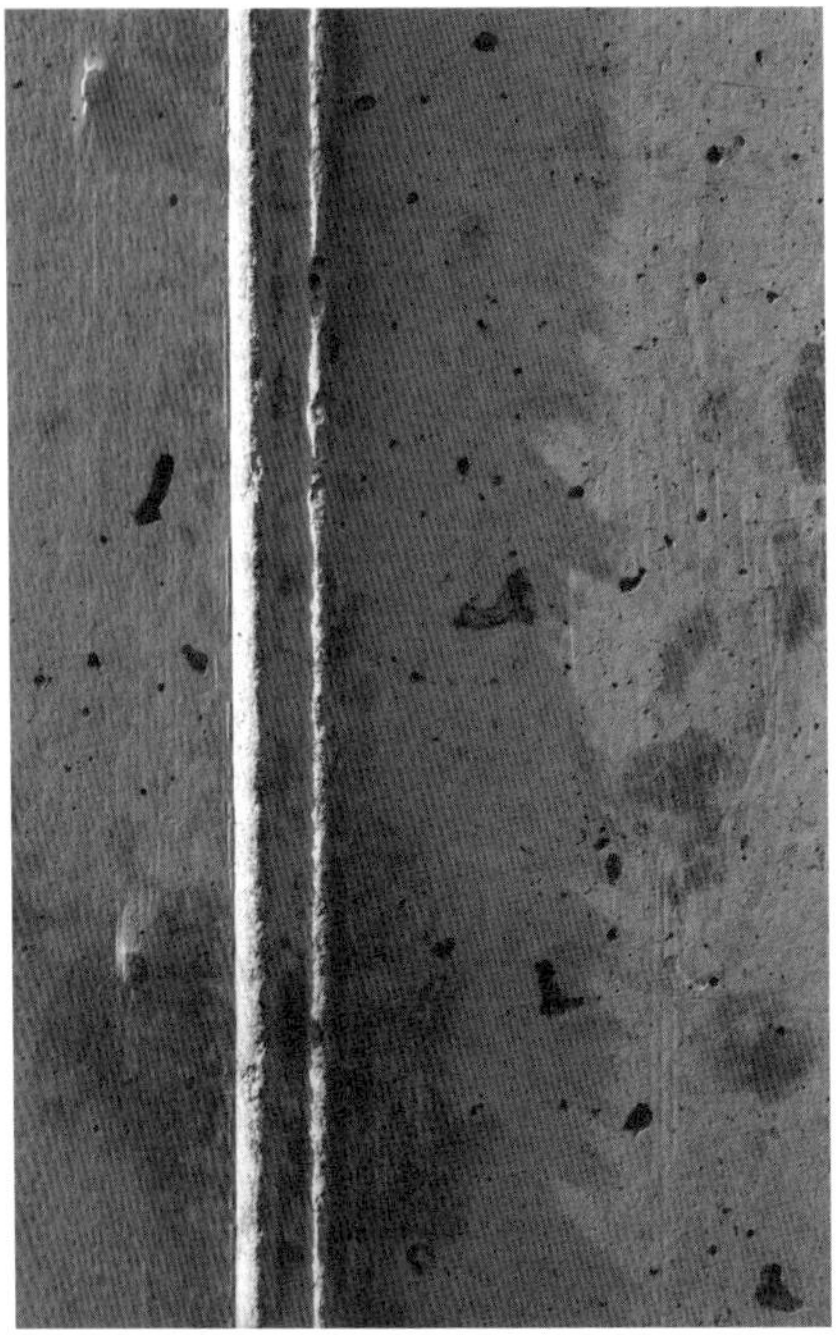

ソーク研究所、
カリフォルニア州ラ・ホヤ、
1965年、ルイス・カーン設計。
コンクリートの接写に気泡が
表れる――それは液状の
コンクリートに空気が入り込む
ことで起こる不完全性である。
ディテールとして
石ではまったくありえない、
突出した目地(型枠の中の
溝によって形作られる)は、
光を捉えて影を落とす

ソーク研究所、列柱の下。
トラヴァーチンの舗装と
コンクリートの構造体

のこの着想の採用がイタリアの実践に影響されていたことはほぼ確実である。カリフォルニア州サンディエゴの海辺にあるソーク研究所において、カーンはこれらの材料のより慣習的な関係性を逆転させた。舗装はトラヴァーチンで、かたや慣例的に人が石という高貴な材料を期待する建物の直立面は打ち放しコンクリートなのである。カーンによれば、

トラヴァーチンとコンクリートは美しい取り合わせである。なぜならコンクリートは流し込まれるときに起こるいかなる不規則性や偶然性もコンクリートを表すものとして受け止めなければならないからである。トラヴァーチンは極めてコンクリートに近い――その属性においても同じ材料のように見える。これによって建物の諸要素（もの things）が分けられることなく、全体が再び一体化される。（8）

カーンはイェール大学メロン英国美術センターの階段で似たような組み合わせを使った。踏み面と踊り場をトラヴァーチン、そして円筒形の階段室の壁をコンクリートとした。石とコンクリートが組み合わされて使われた英国の例は、アラップ・アソシエイツによってデザインされ一九七六年に完成したオックスフォード大学セント・ジョンズ・カレッジのトーマス・ホワイト卿記念寮である。この建物の主たる特徴はプレキャストコンクリートのフレームである。一方そのグリッドフレームの内側に挿入された居室の壁はオックスフォード石によるものである。この建物の主任建築家であるフィリップ・ドウソンはカーンが着想源の一つであると言っていたが、素材の組み合わせ、繊細に面取りされた細部、建物表面の多重の層は一九五〇年代のイタリアでの実践と共通するところが多い（9）。ここでは、多くの他の場合同様、正しい礼儀作法（decorum）、すなわち古い周辺建物へ敬意を払うという理由から、石が建物表面においてコンクリートと組み合わされて使われた。

石の気品をもっとあからさまに軽んじる場面は、石がコンクリートを模倣させられる時に起こる。コンクリートが他の材料、特に石を真似るのは常だが、他の材料がコンクリートを真似る

証券取引所、トリノ、
1952－6年、
ガベッティ&イソラ設計、
玄関ホール。
石によるコンクリートを
装った表現

ということはめったにない。しかしこのことは確かに起こり、最も初期の例は再びイタリアにある。第三章でさらに検討するが、ガベッティ&イソラ（Gabetti & Isola）によって設計された、トリノの証券取引所（ボルサ・ヴァロリ）には、灰色の材料が並べられた玄関ホールがある。実際のところそれはセレナ石（*pietra serena*）なのだが、その表面のしつらえ、各ブロックの大きさ、その取りつけられ方などからコンクリートブロックに見える。そして近くでよくよく見るまで、私にはそれがコンクリートブロックでないということがわからなかった。

コンクリートと石を並置する、あるいはコンクリートとして見えるように石を偽装するという着想は、自然と人工の分類区別が確立されていることに依拠している。その着想の原動力は自然と非－自然の慣習的な区別を取り違えることから生じる。その結果として、これらの建築家がほぼ確実に意図していたように、我々はこの区別自体がどれほどのものかを考えさせられることになる。

不完全性

もし我々が、コンクリートの視覚的な外観からその性能に目を向けると、コンクリートの「自然」と「非自然」との間の位置づけの曖昧さはさらに明らかになる。材料として鉄筋コンクリートは、それでできている作品から切り離すことはできない——鉄筋コンクリートの一片、いわばサンプルを掲げてそれを建物の構造として示すことができない。なぜなら鉄筋コンクリートが成立するのは、打設されて、鉄筋とコンクリートの力の連携が生まれたときだけだからである。鉄筋コンクリートは使用、すなわちそれでできている作品を通じてのみ存在するのである。この状況は自然界に存在する材料とはだいぶ異なる。例えば、石の塊、木の梁などは建設前に完全な状態で存在し、建設過程でその組成が変わることはない。木材の場合はそれらを製材して加工する前に、その一片を見て、触ることができるが、コンクリートではそれができない。コンクリートと同様に「素」の状態がない人工素材としてのプラスティックについてロラン・バルトは、次のように記した。それは「使用されているという事実の中に丸飲みにされ」、そこにはいわゆる材料としての喜びは見つかるべくもない。なぜならそれはすでに決められた用途を満足させるためのみに存在しているからである(10)。この特徴は、この先で検証していくように、コンクリートにとっていくつかの意味合いをもち、コンクリートが明確に、合成的で、人工的で、非-自然的な材料の分類に属することを確かなものとする。しかしコンクリートは完成度が低いという点で合成材料の期待に完全には一致しない。合成された材料の美的な存在理由は、自然界の素材に欠けているシームレスな仕上げの達成度や肌理の均一性や均質性にある。一方で肌理や木目の多様さは自然界の素材の一つの持ち味、魔力の一部かもしれないが、逆に人工的な素材の価値は、欠陥や欠点がなく全体として一貫しているところにある。しかし、この点におけるコンクリートの未達成ぶりは際立っている。仕上げの完全さを達成するのが困難であることが多くの建築家や構造家を悩ました。しかし、カーンが認識したように、それが喜びの源になるときもあった。フランス人建築家、ポール・アンドリューが言うには「もしコンクリートが完璧であったならば、面白みに欠けるだろう」(11)。人工的な製品の中で、コンクリートは異質である。なぜならその欠点は逃れようがないだけでなく、本質的なものだからである——鉄筋コンクリートにおける鋼材が効力を発揮するには、ほんの微細なものであれひび割れを起こさざるを得ない。コンクリートという材料はその成功をその不完全性に負っている。より直接的な実務レベルで言うならば——アンドリューが触れているように——コンクリートに欠陥はつきものである。時として、これらの欠陥がコンクリートの不人気の責任をとらされている一方、それらが本当に問題の原因であるようには思えない。それよりもコンクリートという非-自然な、工業的な成り立ちの製品が、我々が人工的な製品に期待するものとは一致しないということなのかもしれない。もしコンクリートを余すことなく完璧なものとすることに成功しようものなら、アンドリューが言うように、それは「面白みのない、プラスティックのようなものになるだろう」。したがって我々が目の前にしているのは、それが使われる場面でしか存在しえない点で非-自然的である一方、完璧を達成できないという点で自然素材により近いものである。コンクリートの不快さは、その不完全性そのものではなくこの対立性に起因しているのではないかと思われる。

風化作用

コンクリートは「自然」素材のように齢を重ねたり、風化したりはしない。コンクリート建造物は仕上がる前から古く、荒れて見えるときもあれば、五〇年経っても型枠が取り払われた日と同じくらい真新しく見えるときもある。時間が経ったときのふるまいが予測できない点が、コンクリートが「非自然」と認識され、一般的に評判が悪い主たる理由の一つとなっている。極めて代表的な意見としては歴史地理学者、デイヴィッド・ロウエントホール(David Lowenthal)の次のコメントがある。「ある物質は他より歳の重ね方がうまくいかない。コンクリートは年々醜さを増していく。表面が平滑ならば油っぽく見え、粗面であれば汚らしく見える」。このコメントの隣りには「不愉快な腐敗」とキャプションのついた、使われなくなったセメント工場の写真が付されている(12)。コンクリートの時間経過に伴う不規則なふるまいは人々をこの材料から遠ざけるだけではなく、建築職能の慣習的な信条のいくつかを阻害している。シリル・シモネは「コンクリートが我々の伝統的な美的区分に関して予期せぬ困難をもたらすのはそれが廃墟になっていかないからである」と書いている(13)。シモネはフランス建築サークルにおいて長く受け入れられていた考え方についてほのめかしていた。それはオーギュスト・ペレの言葉を借りると「美しい廃墟となるものが建築である」(14)ということである。しかし廃墟化したコンクリートは、時として崇高かもしれないが、美しくはないので、建築を裏切ってしまう危険性をはらんでいる。これらすべての背後には、建築は有機的なもののごとくふるまうべきであるという——自然を起源とするものは自然に帰するべきだという——期待がある。とはいえ、コンクリートがその期待を満たすことはまずないだろう。コンクリート構造が望めることはせいぜい高速道路の基盤となることくらいである。

自然素材は時間と使用の中で良くなっていくというのが慣例である。日本の小説家、谷崎潤一郎は、いかに「木は、経年によって色味が濃くなり、木目がより繊細になるにつれ説明し難い落着きと癒しの力を持つようになる」かを説明した(15)。こうした情緒や、影響力のあったラスキンの「記憶の灯（The Lamp of Memory）」における時間や経年化についての考えから、デイヴィッド・レザボロー（David Leatherbarrow）やモーセン・ムスタファヴィ（Mohsen Mostafavi）は、建物は風化によって「完成」するまでは未完成である——すなわち人間が始めたことが自然によって仕上げられるという議論を展開した(16)。しかしほとんどの合成材料はこのようにはふるまわない——それらはしばらくの間はよく見えるが、その後劣化するだけである。いくつかの例外もある——例えばコルテン鋼は、あるアメリカの建築家が過剰な熱意で説明するには「ワインや革のように良い加減に熟成し、あたかも愛人の肌の上の真珠のような美しい艶を持つ」。しかし彼は「これはコンクリートには当てはまらない」と残念に思った。コンクリートでは染みや筋がつき、カビが育ち、そしていずれは砕けてしまう(17)。しばしば不安になるほど早くその輝きを失う傾向は、コンクリートが最初から背負っていた不利な条件である。一八六四年にフランソワ・コワニェによって建てられた、ル・ヴェジネの教会はコンクリートの汚れで台無しになった。そのせいでフランスの建築家たちはその後四〇年間コンクリートを遠ざけるようになった(18)。ほぼ一世紀後に、第二次世界大戦後の復興における建設素材について助言するために招集された王立英国建築家協会の委員会は、こう忠告した。「ポルトランドセメントの天然の灰色は冷たくて、憂鬱であり、煉瓦や石は時間と気候によって熟成されるが、仕上げのないコンクリートはこれによってよりいっそう汚く、暗く、乱雑になり、ただでさえ光沢のさほどない表面が急激に鈍くなる」(19)。しかしこれら以外の多くの忠告や現存する古いコンクリート構造の実例にもかかわらず、戦後の建築家は同じ運命が自ら設計した建物にも降りかかるということを信じたがらなかった。フィンランドの建築家、ペッカ・ピトカネンは自らの仕事を振り返り二〇〇三年にこう言った。

一九六〇年代にコンクリートは、見た目どおりの半永久的な素材と我々は考えていた。表面には「偽りの」被膜は必要なかった。灰色のコンクリートは微妙な差異に満ちていて、我々を魅了した。六〇年代のコンクリートの実際の問題は、コンクリートは最終的に我々が信じていたほどの、湿気や凍結に対する長期的な耐久性がなかったということである。(20)

一九三〇年代にル・コルビュジエは建物を元のきれいなまま維持する難しさに気がつき、初期の白い平滑な仕上げを放棄し始めた。そして戦前の小さな住宅ではより粗い仕上げを採用した。しかし一九五〇年代における本格的な打ち放し《ベトン》コンクリート《ブリュ》は天候の影響を隠す点では効果がなかった。ずっしりとしたコンクリート様式の初期の象徴の一つである、ミラノのバッジオ(Baggio)にあるマルキオンディ研究所は一九五九年に完成したが、二年後には激しく傷んでいた。『アーキテクチュラル・デザイン（*Architectural Design*）』はこう論評している。「それは極めて悪い形で風化していった。そして打ち放しコンクリートに染みや筋がついてしまった今、それは訪れる人にとってひどく不快である」（21）。一〇年後、ロンドンのブランズウィック・センターの打ち放しコンクリートは建物が仕上がる前でありながらすでにひどく汚れていた。セオ・クロスビーはこともなげにこう述べた。「そこには普通の染みや筋があり、それは斜めの汚れやすい表面を雨水が避けるように導く霧よけの不在から生じている。しかし一方で、それが新しい建築の本質的とも言える部分でもある」。時間の影響についてのコンクリートの欠点は避けようがなさそうだ（22）。

すでに一九五〇年代末期には多くの建築家はコンクリートの不愉快な古び方を心配するようになっていた。そしてもしその材料《メディア》を使うのならばその風化を制御する方法を見出さなければならないという考えを持つ人が増えていった。時間や天候に耐えるコンクリートの探求は二つの異なる方向性を持ち、一九六〇年代の初期から半ばにかけて、驚くべき量の建築家の時間と注意が注がれた。一つの戦略はプレキャストコンクリートの利用の促進であった。それによってこの材料の配合に対してより徹底した管理が可能となった。また、より密実で気泡の少ない、より完璧で染みのつきにくい表面が可能となった。このやり方は多くの先進国において建築生産を敷地から工場へ移そうとする要請に偶然一致した（同時にそれに更なる正当性を与えた）。もう一つの方法は建物とそのディテールのデザイン——クロスビーがブランズウィック・センターに欠けていると指摘した類いのもの——に注力し、天候の影響を受けにくくすることであった。この方法は様々な結果を生み出し、そのいくつかは建物全体の形に影響を及ぼすようなものであった。わずかの例でもこうした実験の多彩さと独創性を概説することができるだろう。アメリカの建築家、ポール・ルドルフによって開発された打ち放しコンクリートの「コーデュロイ」効果とは、コンクリートに縦リブをつけて打ち、さらに骨材を露わにするために表面をハンマーで斫《はつ》り取るもので、これは部分的にコンクリートの風化への対応であった。ルドルフの最初の打ち放しコンクリートの建物であるニュー・ヘイブンのテンプル・ストリート駐車場ビルは、型枠板の継ぎ目のはっきりと盛り上がった筋以外は平滑な仕上げであった。打ち放しコンクリートの欠点を知ったルドルフは、彼の次の建物であるイェール大学芸術・建築学科棟（一九五八－六四）において異なる方法を用い、後に次のように説明した。

イェール大学
芸術・建築学科棟。
リブ付コンクリート表面のディテール。
打たれたコンクリート表面にある隆起した畝をハンマーで削ることで生まれた

　コンクリートの捉え方やそれがどのように扱われるべきかということはコンクリートの風化の仕方に由来する。私の考えでは、もしコンクリートの肝の部分である骨材やその色にまでいたって、それを露出させ、そして染みを発生させるための溝をつくれば、コンクリートはよりきれいに風化するだろう。(23)

縦リブはモントリオールのさらに巨大な施設であるプラス・ボ

ナヴァンテュール（一九六四―八）でも使われ、打ち放しコンクリートは厳しい気候の中で試された。そこでは、外壁のリブは低層部を除いて叩き仕上げではなく、プレキャストパネルでつくられた。パネル間はオープンジョイントになっており、雨水はパネル背後で排水するようになっている。より繊細なプレキャストの外装パネルの事例はロンドン、オルドウィッチに隣接したアランデル街にあるオフィスに見られる。そこでは三種類のパネルが使われている。一つは上層部のスパンドレルに使われている浅いピラミッド型の平滑なパネル、二つ目は平滑で斜めの溝が入ったもので、三つ目は縦の溝が入ったものである。『フィナンシャル・タイムズ』の記者が言うには、その目的は、「洗われる面と保護される面をつくるように雨水を散らして、天候を味方につけるものである」(24)。雨水の流れを制御するために外装表面に斜めの溝を入れた他の実験としては、ジェームズ・キュビット&パートナーズ（James Cubitt & Partners）によるダブリンのバリーマン集合住宅計画やジェームズ・スターリング（James Stirling）によるスコットランドのセント・アンドリューズ大学学生寄宿舎（一九六四―八）がある。より極端なやり方はハウエル・キリック・パートリッジ&アミス事務所（Howell Killick Partridge & Amis）の建築家、ジョン・パートリッジ（John Partridge）によって採用された。彼の関心は、彼の言葉を借りると、「［風化の］影響が無視できるほどのものとなり、デザイン全般を損なうことのないような防御を目指すこと」にあった。パートリッジは窓台から水が落ちる「壁の孔」のような伝統的な開口部を汚れの避けがたい要因と見なし、それを防ぐために、従来のものとはまったく異なる形の「フード付き」窓を考案した。この方法と表面を流れる水を制御する多くの複雑なディテールによってパートリッジは彼が設計した二つのオックスフォードのカレッジ、セント・アンとセント・アンソニーにおいてコンクリートが気候に侵されないことを確実にしようとした。しかし、汚れを防止し、建物を時の流れから逃れさせるあらゆる巧妙な努力にもかかわらず、彼は重たい口ぶりで「風化は未だに一つの賭け」(25)と認めていた。

時間や気候の及ぼす偶然な影響を最小限にするこれらの実験

ルダン邸、
レイマン、オー＝ラン、フランス、
1996－7年、ヘルツォーク&
ド・ムーロン設計。
雨水はコンクリート外壁を
流れ落ち、汚すように
意図されている

は、一九七〇年頃に打ち放しコンクリート人気の凋落とともに突如として終結を迎えた。一九九〇年代に打ち放しコンクリートが復活したとき、コンクリートを再び使い始めた建築家にとっての魅力の一部は、まさにそれが汚れることであり、予想できない風化の影響を受けざるを得ないことであり、その意味で賭けであることであった。打ち放しコンクリートを復活させた先駆者の一人であるスイスの建築設計事務所、ヘルツォーク&ド・ムーロン（Herzog & de Meuron）のジャック・ヘルツォークはこう説明する。「僕らは石の表面に育つコケや地衣類に興味がある……自然の鉛筆（フォックス・タルボット[Fox Talbot]は写真のことを[光の作用を記録したものとして]そう称した）は建築の鉛筆にもなるだろう」(26)。風化による被害は欠点とは見られなくなった。そして建築家にとっての評価すべき対象となった。レミー・ザウグのためのスタジオ、あるいはバーゼル郊外レイマンのルダン邸（一九九六－七）などの建物では、建築家は雨水を制御しようとはせず、外壁面を自由に流れ落ちるに任せている。レイマンの住宅では軒樋がないので雨水は打ち放

学生寄宿舎、スコットランドの
セント・アンドリューズ大学、
1964－8年、
ジェームズ・スターリング設計。
プレキャストコンクリートに
彫られた斜めのリブは
表面の雨水を斜めに流し、
外観が汚れるのを
防ぐためのものであった

しコンクリートの外壁面を流れ落ちる。その明らかに意図された結果は、外壁表面が濡れているか否かによって建物外観が常に変化することである。自然の鉛筆が痕跡を残している。風化を誘発する別の類似事例は、もう少し制御的ではあるが、別のスイス人建築事務所、ギゴン／ゴヤーによる、ヴィンタートゥールにあるオスカー・ラインハルト美術館（一九九七－八）の増築においてである。そこではコンクリートに銅を混入し、頻繁に濡れる部分に不規則な緑青の縞が現れるように仕掛けられている。チューリッヒのシグナルボックス（一九九六－九）ではコンクリートの一体的な塊に酸化鉄が混入され、時が経つにつれてさび色の艶を帯びるようになった。これに匹敵する、風化を「強化」あるいは「加速する」試みは、第九章で詳述するが、北ロンドンのストック・オーチャード街にあるサラ・ウィグルズワース建築事務所の建物である（一九九六－二〇〇〇）。ここでは鉄道に隣接する側の建物壁面は砂、セメント、石灰のつまった袋で覆われている。袋の布が腐ってなくなると、中のコンクリートが露わになり、表面の小さな穴や窪みに泥がたまり、露わになった表面には亀裂が入り砕けていく。

これらの最近の試みはコンクリートのふるまいを自然のようにとまでは言わないまでも、少なくともそれに即したものとしてデザインしている。発揮されるべきコンクリートの性質を、自然に抗い、または克服する能力と捉えていたかつての方法とは異なる。これらの試みはすべて比較的小さなスケールの建物であり、現在では我々の都市の中に意図的に汚れるようにつくられた打ち放しコンクリートの大きな構造物を見ることはほとんどないだろう。確実に一九六〇年代のコンクリート造メガストラクチャーと見間違えられてしまうだろう。

ここで問いかけたいのは、建物が時間とともに「自然」にふるまうことに関してどんな期待があるのかである。風化に対する伝統的な態度は、建物は人間のように歳が外見に現れるという考えに基づいているようである。人間の皮膚の皺は、視覚的に複雑になって味わい深くなる。人相は生きざまを垣間見せる――レンブラントが若さではなくむしろ老いた肉体を描く対象とし、そして時として、椅子に座る老人の手や顔と壁の朽ちた石との類比に光を当てたことは、理由がないことではない。しかしコンクリートはこの老化のパターンに沿うものではなく、コンクリートの表面は内側の状態を示すものとしてはあてにならない。鉄筋コンクリートは中から劣化する。水の侵入によってアルカリシリカ反応が起こり、中性化作用が始まり鉄筋が腐食する。これらすべてはかなり進行して、腐食や崩壊が起こり表面部分が落下するというような状態にいたるまで目に見えぬところで起こっている。コンクリート保全の修復作業の多くは表面下で起こっていることを探査し、化学的な変化が起こっているかどうかを判断することである。表面の見えがかりはその内部状態を示すものではない。腐食が外部から始まり内部に入っていく伝統的な材料と異なり、コンクリートの腐食は内部に始まり外部に進む。不適切かもしれないが、あえて生物学的な類比で考えるなら、この経過はがんのようであり、「自然」材料の劣化には対応しない。コンクリートの予測不能な劣化による不快感によって、我々が着目するのは、その「不自然さ」ではなく、むしろ我々が材料を評価する際の美的基準として、人間の皮膚の見え方に過度に頼っているという事実である(27)。コンクリートの最近の実験は主に動かし難い時間を操作し、コンクリートの偶発性を認識し、建築に適合させることに関心を寄せてきたが、それは自然と「非自然」の分類を疑問なく正常のものとして受け入れている文脈の上に成り立っている。もしコンクリートが不快感を与えるなら、その理由はコンクリートが「不自然」だからではなく、むしろ、コンクリートが慣習的な自然と非自然との分類を脅かしているからなのである。

自然の再加工(再構築)

コンクリートは自然の影響を受けるが、それだけではなく「自然」はコンクリートで変化する。ジョン・ブアマン(John Boorman)監督の映画『殺しの分け前/ポイント・ブランク(*Point Blank*)』(一九六七)はサンフランシスコとロサンゼルスを舞台にリー・マーヴィン(Lee Marvin)演ずるウォーカーが、自分を裏切った彼の妻と共犯者リースから窃盗の分け前を取り戻すためのひたむきな決意を追っていく。ウォーカーはまず

『殺しの分け前／ポイント・
ブランク』
（ジョン・ブアマン監督、
1967年）。
ロサンゼルス川岸の
ウォーカー（リー・マーヴィン）

リースを追い詰め決着をつける。そして、この映画のほとんどすべての登場人物に関連する裏世界組織で彼の上にいる人物全員を追い詰め決着をつけていく。映画には多くのコンクリートが登場する。ウォーカーが他の登場人物と出会う多くの場所は、高速道路、橋、水路などのインフラストラクチャーの上か中か下である。これらの場面の空虚感はウォーカーの強固さや不死身さを再現したものに見えてくる。ウォーカーは無表情で不可解なので彼が本当に生きているのか、あるいはすべては死ぬ間際の妄想にすぎないのではないのかと思いを巡らせてしまう。コンクリートの光景におけるこうした遭遇の中で、最も劇的で長大なものはロサンゼルス川におけるものであった。ウォーカーはリースを殺した後、リースの組織における上役のカーターを追跡する。カーターはウォーカーに九万三〇〇〇ドルを支払うことに同意し、包みに入った金を手下に持たせロサンゼルス川で落ち合うように送り出す。如才なく罠だと疑ったウォーカーは、カーターに同行するよう強いる。そして銃を突きつけ川底の包みを取りに行かせる。するとすぐに、カーターによって橋に配された狙撃者がウォーカーと間違ってカーターを撃ち殺す。ウォーカーは川底に向かって歩き、包みを広げる。しかしそこにあるのはドル札ではなく何も印刷されていない紙切れである。彼はそれらが散乱し、川を流れていく様を無表情に見つめるのである。

コンクリートを背景にしたこのような、あるいは似たような映画のシーンにおいて人は試され、時に破壊される。西部劇やロサンゼルスのコンクリートの光景は砂漠の代わりを果たす。ユダヤ・キリスト教神話において砂漠では、人間は乾きや飢えの中で限界まで追い詰められ、内面の本性を明らかにする。しかし一方で砂漠の試練という、西洋あるいは聖書起源の象徴主義において砂漠は都市から隔絶され、その語義において「自然」な場所であるが、『殺しの分け前/ポイント・ブランク』の舞台は都市の中の脱自然化された自然である。クライマックスシーンの舞台であるロサンゼルス川は、アメリカ陸軍工兵隊が三〇年以上かけて行ってきた治水の復旧大事業であり、アメリカにおいて実施されたこの手のプロジェクトとしては最大のものである(28)。二〇世紀の初頭においてこの川は氾濫しがちで、ロングビーチで海に流れ込むあたりの流域に大被害をもたらしていた。一九三〇年にF・J・オルムステッド・ジュニア(F. J. Olmsted Jr.)とハーランド・バーソロミュー(Harland Bartholomew)は氾濫した水を吸収するための氾濫原を土地の用途指定によってつくることを提案した。対象の土地は一〇万エーカーあり、ロサンゼルスのリクリエーションの場を提供するはずであった。しかし建設のための開発を望んだ土地所有者からの反対によってこの計画は放棄され、その代わりに一九三八年に、川をコンクリート水路に封入する作業が開始された——その一部分が『殺しの分け前/ポイント・ブランク』に登場する。ロサンゼルス川のプロジェクトを自然の強奪として見る向きもあった。流れる水が水路に流し込まれ制御され、そして生き物の兆候はすべて、土地の開発ポテンシャルから利益を得たいという欲望を満たすために消去された。しかし『殺しの分け前/ポイント・ブランク』が示唆するように、一種類の自然が失われる一方で別のものが生まれたということも確かである。この現象を記した人々に従ってこの新しい自然を「都市的自然」と呼んでみよう——多くの場合と同様、これはコンクリートを媒介にしてつくられる(29)。

映画製作者や作家にとって、コンクリートで再加工された自然は豊かな素材だった。ブアマンのように、スタンリー・キューブリック(Stanley Kubrick)はロンドン南東のテムズミードのコンクリートの風景に『時計じかけのオレンジ(*A Clockwork Orange*)』(一九七一)の暴力の舞台としての可能性を見出した。文学では例えばJ・G・バラード(J. G. Ballard)の「終着の浜辺」(一九六四)〔『終着の浜辺』(伊藤哲訳、創元SF文庫、一九七〇年)所収〕で、廃棄された軍の研究拠点のコンクリート構築物は自然の代替物となっており、この小説はこの背景が生み出す雰囲気に支えられている。しかし自然と文化の関係性のこのような変化はあらゆる所に存在する——平たく言えば、まさに「コンクリートジャングル」である。

この過程への抵抗の瞬間がこうした自然の再構築において最も啓発的である。西洋社会においてこの緊張関係が集中する場

ヨンヌ谷を横切る水道橋。
ヴァンヌ河からパリに
新鮮な水を供給するために
無筋コンクリートで
建設された。
1870－3年、
フランソワ・コワニェ施工

は土地排水、灌漑、上水供給、道路建設などの巨大な水文《すいもん》学プロジェクトをめぐるものであった。すでにロサンゼルス川の事例を通して水文学が自然を再加工する様子を見たが、ことさら水を都市に供給するこの必要性によって、西洋文化においてあまりにも重要視されてきた「都市」と「自然」の境界は、思われている以上に明確な分類ではなかったと認識されることになった。都市は成長するにつれ、よりいっそうの水が必要となり、その水は都市の外のどこかから来ざるを得ない。場合によっては数百マイルも離れたところからである。パリで水栓をひねると人は自動的にシャンパーニュの白亜の泉につながる。パリの近代化に向けたオスマン男爵によるプロジェクトのうち、有名ではないもののかなりの成功を収めたものの一つは、パリ南西八〇マイルにあるヴァンヌ河にそそぐ泉の水をパリに供給するというものであった(30)。その建設を通してめざましい技術が生まれた——ヨンヌ谷に架けられた二マイルに及ぶ水道橋はコンクリートでつくられ、一八七三年に完成した。これはおそらくこの新素材を使用してつくられた最初期の大規模なインフラであり、コンクリートの企業家であるフランソワ・コワニェによって実現された。コワニェは工業化学者であり、セメント生産の実験からこの新しい製品の商業的活用の探求に導かれ、コンクリート請負業者の先駆けとなった人物である(31)。鉄筋補強の発明の前だったことで、補強材がなく密実なコンクリートでできている巨大な構造物は、打ち放しのままで他の素材で被覆されることはなかった。コワニェは、この都市プロジェクトにコンクリートを被覆することが必須であると考えた。しかしここでは経済的要因がそれを妨げたが、その点について当時何の批判も起こらなかったようである。

そうとはいえ、後の水工学プロジェクトでは都市の田舎への侵入は非常に慎重を期する問題であり、以前からあった人間社会と、都市の外部にある「自然」の位置づけに関する課題を提示した。一九二〇年代後半にアテネに水を供給するためにつくられたマラソンダムはアメリカからの融資でアメリカの土木会社によって完成した。それはマリア・カイカ(Maria Kaika)が示したように、ギリシア古代との関連に基づいてギリシア人に「売り込まれた」のである。ダムの底部には古代神殿、「〈アテネ人の宝〉」の複製が建てられた。原物は紀元前四九〇年にアテネ人が「野蛮人」ペルシア人に勝利したことを記念したものであったが、複製は文明が原生地に勝利したことを祝うものであった。コンクリート製のダム本体はペンテリアン大理石［ペンテリコ山で採れる大理石］――パルテノンに使われたものと同じである――で覆われ、建造物をこの地の歴史的な文脈と物理的な景観の双方に溶け込ませようとした(32)。コロラドのフーバーダムは、その近代性が明白に、かつ視覚的に誇示された最初の大規模な水力利用のプロジェクトであった。ここでは打ち放しコンクリートは遠隔の地にあるという理由で正当化された(p. 347)。しかしながらほかの所、特に水供給プロジェクトが政治的に物議をかもす場所ではダムの「不自然」な建造物を自然素材で隠蔽する傾向があった(33)。

道路、特に田園を走り都市をつなぐフリーウェイ、モーターウェイ、アウトストラーダやアウトバーンの建設は都市の「自然」への別の形での侵入である。地方にあっても、これらの道

イルシェンベルクの
山に向かって登り坂となる
ミュンヘン・ザルツブルク線。
このルートは「景色の体験を
強めるために」選択された

路は地方のものではなく自然とは異質の都市の動脈である。しかしそれにもかかわらず、これらによって旅行者は自然を体験できるのである。ドイツのアウトバーン計画は、一九三三年に〈国家社会主義労働者党（ナチ党）員〉たちによって始められ、この関係から起こるジレンマを特によく示している(34)。アウトバーンは娯楽としてのドライブのためにつくられた――前提として貨物は鉄道で運ばれ道路を通行するのは自家用車だけということになっていた。道路が提供する田園の経験は優先度の高い重要なことであった。なぜなら、都市に敵対し自然を希求するナチ党のイデオロギーは、ドイツ国民が再度土地あるいは土につながる方策を模索していたからである。アウトバーンを走れば、都会の人々はドイツの風景を楽しめるだけではなく、とりわけそれを鉄道の旅行者にも馴染みのないまったく新たな作法で体験する機会を与えられる。アウトバーンの経路は必ずしも最短ではなかったし、道路勾配からみて最も効率的に考えられていたわけでもなかった。むしろ最高の風景を見せるために経路選択がなされた。アウトバーン設計者の一人、ヴァルター・オストヴァルト（Walter Ostwald）はこう説明した。「我々がつくるべきものは、二地点を最短ではなく、最も高貴に結んだものなのだ！」(35)。ミュンヘンとザルツブルクを結ぶアウトバーンは、谷筋を行くのではなく、多様で変化に富んだ景観を提供するためにアルプス山麓の丘陵地に沿ってつくられた。アウトバーンの責任者の多くがワンダーフォーゲルの背景を持っていたという話と一致することとして、コースは帝国道路総監であるフリッツ・トート（Fritz Todt）が、「数人のエンジニアとスキー仲間」と一緒に山の中をハイキングした後に設定された。そしてこう書いた「これほどの多様でインパクトの強い体験を構成できるコースは他にない」(36)。この道はイルシェンベルクを登り、頂上に達すると見事な遠方のアルプスの眺望が開ける。けれどもこの効果を得るために必要な道路勾配によって車のスピードが落ちてしまい、今日でも頻繁に渋滞を起こしている。一方でこの経路は最高の景色を提供するために選択され、動く車からの眺めを最良にするために曲線を描いているが、他方でアウトバーンのコンクリート製の物理的な構築物が技術による自然風景に対する侵害であることが露わになってきていた。景観への影響を最小限に抑えるべく、多くの注意が植栽やデザインに向けられた。しかし同時に技術者たちは、建設の技術的成果をすっかり隠蔽して誰からも評価されないような状態にはしたくなかった。なぜなら自然と技術の矛盾を乗り越えるということは、ナチ党のイデオロギーの一部だったからであった。道路で最も目立つ要素である橋梁、陸橋はそれゆえ、自然と技術の関係をうまく解決した重要なシンボルとして扱われた。全体の中で最も重要な地点はアウトバーン同士が立体交差する場所である。一般に道路における技術は運転手の下方にあるので見えないものだが、立体交差では運転手は道を進みながらも自らの移動を可能としている工学的技能を十分に認識することができた。それゆえ、これらの交叉する橋の外観には特別な注意が払われた。広大な田園風景の中で橋がアウトバーンを横切る際、道路建設局の美観アドバイザーとして橋の多くを設計したポール・ボナッツ（Paul Bonatz）が推し進めた方針は、橋の量感を最小限とすることで可能な限り透明とし、「利用者

1930年代後半の
アウトバーンにかけられた橋。
石張りのコンクリート造で、
細長いシルエットが
橋の向こう側の景色を
最も効果的に見せている

のために最大限の開けた視界」を確保し、遠方の風景の眺めを遮ることのないようにすることであった(37)。したがって彼らは視界を遮る橋台を使ったトンネル状の橋は避けた。そしてコンクリート、またその後には新しく開発されたプレストレストコンクリートを最も細身の構造物を実現する手段として好んだ(鋼は工学的合理性を暗示し、過度にアメリカ的性格を持ち、記念碑性に欠けていたために除外された。さらにいずれにしても、一九三六年の再武装化計画開始以降、土木工事において十分な量の鋼は手に入らなくなった)。初期の橋は打ち放しコンクリートでつくられたが、「単調で無表情な」表面を避け、地域の景観とつながるために、その地域で採れる骨材を使い、打設後に表面のセメントを石加工の技術であるびしゃんたたきで取り除き、骨材の元来の色を露わにすることでコンクリートに「材料としての具体的表情をまとう」ことを可能とした(38)。しかし打ち放しコンクリートをアウトバーンの構造に使うことはアウトバーンの別のプロパガンダ的主張、すなわちアウトバーンによって、大恐慌で苦しんだ伝統的な職能、とりわけ石工職人に再雇用の機会を提供するということと齟齬をきたした。そうしたことと、構造物が風景と調和することへの感受性の高まりが理由で、一九三六–七年以降につくられた橋は自然石で覆われるか、石そのものでできていた。さらなる理由があるとすれば、それは特に一九三六年に再軍備が始まることで発生したアウトバーン建設における技術と労働力の慢性的な不足によって良質な打ち放しコンクリートをつくるのがあまりにも困難になり、石で仕上げるほうが簡単だと判断されたからかもしれない。コンクリート構造物を石で覆う方法はアメリカのパークウェイに倣ったものでもあった。そこでも橋は同じように石で覆われ、運転しているとき、あたかも「自然の中」にいるという錯覚が保たれるようつくられていた。ドイツの高速道路のスケールはアメリカのパークウェイをはるかにしのぐ規模だったが、トートはそれらの事例を詳細に調べ、アメリカのパークウェイに関連するあらゆる出版物を技術者たちのためにドイツ語に翻訳させた(39)。

アウトバーンのプロパガンダのあらゆるところで、技術が風景を覚醒させ、ドイツ国民にその姿を提示したとの考えが引き合いに出された。しかし技術が新たな自然を実現させた一方で、技術が自然を圧倒することは許されなかった。一九四一年に出版されたアウトバーンについての小冊子には次のように書かれている。

しなやかな曲線を描く、広くかつ明確な帯としてのアウトバーンは、ドイツの自然の姿や文化的なランドマークに新たな要素として、技術の時代の創造物を加える。それら自身の技術法則に従いながら、アウトバーンは森、野原、平原などの見慣れた風景に対して負担をかけるものの、その景色の味わいを損ねることはない。町、村、道、運河、鉄道などのようにそれらは田園地帯に足跡を残したいという人間の意志を表しているが、アウトバーンはその経路が、人口の集中するところを避けるように計画されているので、それらよりもいっそう密接に自然と関わりあっている。それらは自然と関わりのない、純粋に技術的なプロジェクト

アウトバーン、ミュンヘン・ザルツブルク間線、キーム湖畔の給油所。フリッツ・ノルカウワー設計。長い庇の伝統的なアルプス風木材フレームの屋根が打ち放しコンクリート独立柱の上に据えられている

のように風景から荒々しく屹立するということはない。むしろ芸術家の仕事のようにそれらは風景に合わせて念入りに調整されている。山の中では、アウトバーンのコンクリート橋脚は周囲の環境に合わせるために地元で採れた石で覆われている。このようにして新しい技術を有機的に風景に調和させるためにまさに最善が尽くされている。(40)

この段落に含まれている自然と技術の調停への言及は国家社会主義労働者党(ナチ)政権下におけるドイツ技術の考え方の核心であった。アメリカにおける実践が純粋に効率によって導かれたものと見なされていた一方で、ドイツ技術の目的は「文化」を創造し人間の潜在能力を実現するところにあった。アウトバーンの主任ランドスケープデザイナー、アルヴィン・ザイフェルト(Alwin Seifert)は一九三五年の高速道路の一期工事開通式で述べたように、「自動車や自動車のための道路そのものを目標として思い描くことは良く言っても文明止まりである。さらに深い経験と新たな見識を得る手段としてそれらを使うこと、そ

れこそが文化であるのだ」(41)。アウトバーンに関して言えば、コンクリートこそがドイツ的な風景とドイツの国民の実現を、それぞれ別のものに変えることで可能にした素材《メディア》である。アウトバーンのデザイナーや彼らの手による、給油所やレストランといった付属的構築物が直面していた、コンクリートを見せるか否かというジレンマは、こういった文脈の中で理解する必要がある。もしコンクリートが「文化」を表象するのであればコンクリートと「自然」との関係は見えるものでなければいけない。しかし同時に、それがあまりにあからさまであると、それは自然への許されざる侵略と見なされ、「新しい」自然の創造を危うくする恐れがあったのである。

　ドイツのアウトバーンや大きな水道事業に現れるコンクリートと自然の二面性は「自然」の特性を明らかにする難しさに注意を向けることとなる。伝統的な見方では自然とは人が不在の、人が到着する以前の場所であり、人が発生してきたところである。自然とはそれ自身の力、人に欠如した力を持ち、それゆえに人は自然に依存し、その資源を利用することを余儀なくされるのである。この世界観においては人が建設した都市とは自然に立ち向かうものである。主として一八世紀に起源を持つこれらの自然に関する考えは長い間批判にさらされてきた。それは主にマルクスによってであり、人は自らの必要を満たすために「自然」を創作したのだと彼は主張した。それにもかかわらず、古い自然の概念には驚くべき持続力があり、それは近代の政治的概念としてのエコロジーにおいて、「自己中心的」な人間の搾取と対立し、優しく、始原的で、癒し効果のある存在として、最も根強く残っている。コンクリートは我々の自然に対する考え方の混乱や矛盾の中に完全に巻き込まれてしまっている。コンクリートは一方で自然から奪い取った人工的な産物であり、自然に抵抗し、自然を排除した、「非自然化された」環境を生み出す。他方コンクリートが可能にし、出現を促すものは、有機物を欠いたなかでの自然状況の類比物なのである。同時にそれは、人間の知覚の中で、伝統的に自然によって果たされてきた役割の多くを担う場所や状況なのである。

　コンクリートの「不自然性」に関する混乱が最も如実に現れ

ているのは、環境に対するコンクリートの重要性の合意の欠如においてであると言えよう。

持続可能性

私にとってコンクリートは問題である。なぜならそれは実際のところ持続的な建築材料ではないからである。

——マーティン・ウィリー（Martin Willey）、王立都市計画協会会長、二〇〇九（42）

コンクリートは……環境的な持続性を有し、環境負荷に関しては、鋼や木材よりも優れている。

——コンクリート・センターホームページ、二〇〇九（43）

一九八〇年代の終わり頃、自然とコンクリートの関係についての議論はコンクリートが地球の自然資源、惑星の生態系に与える影響といった、今までの美的関心が取るに足らないものに見えてしまうような壮大なテーマへと移行していった。コンクリートは地球資源の相当量を消耗している。コンクリートは水を除けば最も広範に使用されている材料であり、その量はこの惑星上の人間一人あたり（老若男女を問わず）年間二・五トンを超えている（44）。コンクリートの製造は毎年八〇億トンの原料を消費していると推定される。それらは主として砂や骨材だがセメントの主成分である石灰石も含まれている（45）。その痕跡は採掘過程における自然の傷跡としてあらゆるところに見ることができる。例えば砂利採掘場、白亜採掘抗、飽くなきセメント需要を満足させるためになくなってしまった山全体などである。これらの材料はとても豊富でそれ自体が尽きる事態はなさそうなので「成長の限界」に対する警告が聞かれるようになった一九七〇年代半ばにおける自然資源の枯渇についての当初の警鐘にコンクリートは含まれていなかった。

しかしこの惑星を人間が占有することに対する最大の驚異がエネルギーや材料の蓄えを使い切ることではなく、二酸化炭素の放出による地球温暖化であるという、一九八〇年代に高まった認識によってコンクリートに注目が集まった。コンクリート、より具体的に言えばセメントの製造は特筆すべき、容易に特定できる大気中炭素の源であった。普通コンクリートにおいて重量比でほぼ一三%を占めるセメントは、異常に大量の二酸化炭素を生み出す。一トンのポルトランドセメントの製造で約一トンの二酸化炭素が生み出されるのだ。しかしこれから見ていくように、非セメント系の混和剤によってこの数量を減らす方法は存在する。ちなみに世界の巨大セメント会社一八社で構成される協会は、一トンのセメント生産で放出される二酸化炭素量を異常なほど小さい六七〇キログラムと主張しているが、これは上記の混和剤を多く使うことを前提としたものとしか考えられない(46)。セメント生産ではクリンカーと呼ばれるガラスのような粒を生成するために石灰石や粘土を一四五〇度で焼成する過程が必要とされる。これらはその後すりつぶされ粉末にされる。炭酸ガス放出の起き方には二通りある。一つは石灰石焼成時の化学反応によってであり、もう一つは窯を熱するため、あるいは材料の採掘や運搬で使われる燃料からである。炭素放出の約五割は化学反応からであり、約四割は窯を焼く燃料の燃焼によるものである。そして約一割は原材料の採掘と運送のための燃料による。化学反応によって生まれる二酸化炭素は避けようがなく、これを変更する方法はない。しかし燃料燃焼時に発生する二酸化炭素を減少させる見通しは存在する。一つはもっと効率のいい窯を使うことであり、もう一つは燃料として、古タイヤのような埋め立てゴミになってしまうような廃物を使うことで、炭酸ガス炭素放出を補てんすることである。しかし結果がどうであれ、ポルトランドセメント生産における二酸化炭素量をセメント一トンあたり九〇〇キログラム以下に減らすことは不可能に思われる。したがって、セメント生産における炭素放出の総量は膨大であり、世界の二酸化炭素放出量の五−一〇%を占めると推測される(この大きな差異は出典によるものだが、コンクリートの持続可能性についての「事実」の多くが不正確だという特徴に起因する。その一つが世界の年間のセメント生産量であるが、その推測値は一五億トンから二五億トンというものである)(47)。

先進国のセメント生産者は自らの燃料効率の優位性を理由に、「セメント製造業における二酸化炭素放出の八割は発展途上地域からのものである」と主張している。それは主に世界のセメントの半分を生産している中国ということである（48）。しかしこの主張は全体的に説得力を持つものではない。なぜなら実際のところ北アメリカには最も燃料効率の悪い窯がある一方で、最も燃料効率の良い窯はそれほど開発が進んでいない国々にあると言われているからである。例えば世界第二位のセメント産出国であるインドには、世界で最も燃料効率の良いセメント工場があると報告されている。しかしセメントから生まれる二酸化炭素放出の多大な分量が中国からのものであるということは反論の余地がないように思えるし、昨今の中国全体の二酸化炭素放出量にも整合することである。それは二〇〇九年において世界の二酸化炭素放出の二四％で、二二％を占めるアメリカよりわずかに高い数値である。中国のこの数値への反論として中国の産業は概ね輸出品の生産に従事しており、二酸化炭素放出の責任は消費者が分担するべきであって生産者が負うべきものではないという主張を展開している（中国の放出量の六％はヨーロッパへの輸出、九％はアメリカへの輸出と関係している）（49）。製品をつくるインフラストラクチャーも大部分はコンクリートでつくられているので（三峡ダムに使われたコンクリート量を考えてみるがよい）中国におけるセメントに起因する二酸化炭素放出も同じ論法で西洋諸国にその責があるとされる可能性もある。

二酸化炭素放出の責任を押しつけあうゲームにおいて、逃れようがないことは、世界規模で見たときにコンクリート生産による二酸化炭素放出の割合は全体の中で憂慮に値するほど高いということである——よく知られた落ちこぼれである航空搬送が四％を占めるのを超えて、最小に見積もっても全体の五％は占めているのである。この実態やセメントに対するとてつもなく貪欲な要求——現在、消費量は二〇四二年までには倍増すると推測されている（50）——を前にすれば、コンクリートの環境への影響について憂慮する十分な理由が生まれてくる。この時点で議論は、より少ないセメント、あるいはセメントなしでコンクリートをつくる可能性へと移行する。かねてから、セメントにある種の化合物を加えることによって高強度コンクリートのセメント含有量を減らせることが知られている。最も効果のある添加物はフライアッシュと高炉スラグ微粉末（ＧＧＢＦＳ）である。前者は石炭を燃料とする火力発電所の煙突のフィルターにたまった灰塵であり、後者は鉄鋼を生産する際に生まれる廃棄物である。コンクリート中のセメントの八割までをフライアッシュやＧＧＢＦＳに置き換えながら強度を保つことは可能である。しかしこれには不利な点もある。それは水を加えると熱を発し、凝固が早まるセメントとは異なり、これらの添加物はこうした反応をしないので、コンクリート強度を達成するのにより時間がかかり、結果として施工速度を落としてしまうことである。実践では、二酸化炭素排出量の半減に相当する、セメントの六割を代替物に代えた事例で満足いく結果が得られている。シェフィールドにある、フィールデン・クレッグ・ブラッドリー（Feilden Clegg Bradley）の設計で二〇〇三年に完成した、パーシステンス・ワークス（Persistence Works）と命名された打ち放しコンクリートの芸術文化（arts）スタジオの建物は六割のＧＧＢＦＳと四割のポルトランドセメントを混ぜたコンクリートを使って建てられた（51）。

内包二酸化炭素量［製品が製造過程及び建設現場内双方で排出する二酸化炭素量］を縮減させるより革新的な方策は、ポルトランドセメントをまったく使わない方法である。それには、セメントのようにふるまいながらそれ自体はセメントではない非セメント系結合物質を使うか、石灰や版築あるいは日干煉瓦などの伝統的な材料や工法に戻るという方法がある。前向きな方法においては、ポルトランドセメントの様々な代替品が開発されてきたが、今のところ必要な検査と検証を合格したものはないので、舗装石、排水パイプ、海洋堤防などの非構造的な使われ方に限られると思われる。これらセメント代用品の最初のものはフランス、サン＝カンタンにあるジャン・ダビドビが主宰するジオポリマー研究所が開発したジオポリマーである。これらはシリコンとアルミの化合物でポルトランドセメントよりはるかに低い温度で合成されるので、二酸化炭素放出量はポルトラン

パーシステンス・ワークス、
シェフィールド、2003年、
フィールデン・クレッグ・
ブラッドリー設計。
コンクリートには大きな割合の
高炉スラグ微粉末が
配合され、それが建物の
セメント量を減らし、
同時に内包二酸化炭素量も
減らしている

ドセメントの約三分の一となる。特有の謙虚さでダビドビはこう言う。「現在、地球環境を救うのにこれだけの希望を与えてくれる実績のある方法は他には存在しない」(52)。それに匹敵するエコセメントは、タスマニア州都ホバートのジョン・ハリソンが開発したものであるが、それは、炭酸マグネシウムを主成分とするもので、これも、六五〇度とかなり低い焼成温度で生成される。さらにこの製品は炭素を吸収すると言われている。このことは時間の経過の中ですべてのセメントにおいて一定程度起こるのだが(実際それが鉄筋コンクリートの劣化の主要因である)、炭酸マグネシウムのセメントにおいてはより速く起こると言われている。三つ目のセメント代用品は石油精製過程における重質残油からつくられる。これは伝統的により軽質な油と混合し燃やすことで処分されてきたが、シェルとデルフト工科大学によって共同開発された方法は、この廃棄物からいわゆる「カーボンコンクリート」の元となる「c-fix」という結合剤をつくりだした(53)。これらのいずれにも構造体としての使用の許可はおりていないので、ポルトランドセメントの市場に

与える影響は今のところ微々たるものである。

ポルトランドセメント以前の古い材料や方法を支持する論拠は次のようなものである。それらの材料は鉄筋コンクリートにおけるポルトランドセメントの構造的な役割の代替はできないが、その一方でポルトランドセメントが単に便利だと言う理由で不必要に使われる場面が実に多いということだ。骨材と混合したとき、セメントよりはるかに内包二酸化炭素量が少ない石灰は、例えば基礎といった多くの使い方において十分な強度を持つ。新しい開発として（それは事実上、近代以前の建築技術を工業化したものにすぎないのだが）みじん切りにした麻のような植物骨材と石灰を混合し、軽量の非構造的な「麻コンクリート」という製品をつくることができる。それは吸音性、保温性が高いので内壁および適度な対候処置を施せば非構造的な外壁にも適している。この製品は英国とフランスで開発され使用されてきた。その使用例としてサフォーク州サウスウォルドの郊外のアドナムスビール醸造所のために二〇〇六年につくられた配送センターが挙げられる。ここでは外壁は「麻コンクリート」のブロックでつくられ、その下部は保護のための煉瓦で覆われている。麻コンクリートの大きな利点は麻という成長の速い作物を採用することで、大気から二酸化炭素を吸収することが可能となる。つまり二酸化炭素をコンクリートの中に抑え込むことでマイナス値の二酸化炭素放出の構築物をつくることができる。収穫された一トンの麻は、成長の間に二トンの二酸化炭素を吸収し、麻コンクリートはこの蓄積を建物に手渡すことになる。この規模の建物では一般的な約四五〇トンの内包二酸化炭素放出に対し、アドナムスビールの配送所は、八〇トンの炭素クレジット（預金）を生み出している(54)。

さらに古い技術である版築や日干煉瓦にいたると、我々は極めて基礎的な技術を扱うことになる。それは数千年来使用されてきたものであり、多くの場合長い耐用年数とともに、満足いく結果を残してきた。ここでの主張は、世界の隅々にいたるあらゆる種類の建設行為へのセメントの容赦ない進出が、製造にあたってほとんどエネルギーを消費せず、居住においても極めて優れたエネルギー効率を発揮しうるこれらの古い方法を、もしかすると、不必要に追いやってしまったのかもしれないというものである。世界の多くの地域で、日干煉瓦は使われてきたし、使われ続け、二階建てまでなら完全に満足いく建物を実現しており、世界では石や木の建物より、日干煉瓦や版築の建物のほうが多いと推定されている。しかしセメント産業は、発展途上国での確立に伴う、新しい市場の追求によって、ローテク住宅の分野への進出をさらに増すことになった。二つの点でセメントは有利である。まず一つ目はその挙動が予測可能な点である。つまりセメントが確立された基準で製造されるのに対し、泥や版築は製造基準がないため挙動が予測できない。請負業者、建築家、構造技術者といった第三者が建設過程に加わると、彼らに課せられたプロジェクトに対する責務、すなわちいかなる失敗の不利益も避けなければならないという責務によって、彼らは予測不可能で認定されていないものを避けて、実績のある保証された材料や工法の方向へ常に向かう。特に地震の起こりやすい地域における日干煉瓦建設に対する懸念には十分な根拠

ペルー、
乾燥されている日干煉瓦。
2006年において、
煉瓦1000個の値段は
約70ポンド。
6000個の煉瓦で
小さな家が1軒建つ

がある。なぜなら日干煉瓦は地震の被害を受けやすく、しばしば致命的な結果を招くことで知られているからである。二つ目は「近代的」であろうとする欲求が、伝統的な方法を不利な立場へ追いやることである。ポール・オリバーは次のように記した。「土が使われる世界のあらゆる場所で、鉄、コンクリート、ガラスなどの西洋規範への憧れがある」。二五年前に彼は、これから脱する方法の一つが、発展途上の国々の模倣の規範となりうるように、西洋において土の建物に魅力をまとわせることかもしれないと提案している(55)。しかし我々が忘れてはならないのは、この変化が誰にとって利益をもたらすものであるかという問いかけである。地理学者であるデヴィッド・ハーヴェイが我々に再認識させてくれることは「環境希少性、自然の限界、人口の過剰、サステナビリティといった事柄に関するすべての議論は自然それ自体に関する議論というよりは、ある特定の社会的秩序の維持に関するものだということである」(56)。発展途上国の人々に住宅をコンクリートでつくることを思いとどまらせることは二酸化炭素の放出量をいくらか抑制しているかもしれない。しかしそうすることの目的は単に西洋人が自らの慣れ親しんだ生活を享受し続けるためなのではないか。ブラジルの建築家、リナ・ボ・バルディは国際支援団体が発展途上国において土や未焼成煉瓦の建設を熱心に推進していることを痛烈に批判してこう言った。「第三世界には泥、赤道以北はコンクリートや鉄ということなのか」。これは単に第三世界を「クラブ」から閉め出しているにすぎない(57)。西洋における炭素放出量がわずかでも減少すれば、発展途上国の建設実践のあらゆる変化と同等かそれ以上にこの惑星において大きな結果を及ぼすはずだが、それは大きな政治的、社会的な変化なしには簡単に達成できるものではないのである。

　ここまで我々は構造物、建築物、あるいはそれらを構成する材料の生産の結果として発生した二酸化炭素、いわゆる「内包二酸化炭素」に着目してきた。コンクリート擁護者は、コンクリートの内包二酸化炭素の量は他の建築材料よりも多いかもしれないが、建物の長期にわたる使用において二酸化炭素放出を減少させる潜在力を持っていると主張する。この議論はエネルギーを消費する建物にしか適用できず、橋のような土木構築物には適用できない。建物のライフスパンにおける冷暖房と照明のエネルギー消費量は、建設時にかかるものをはるかに上回ることから、エネルギー消費のわずかな節約でさえも建設時の大きな節約に比べはるかに大きな長期的な影響となる（英国のコンクリート・センターの推計では、建物の「典型的な」六〇年のライフスパンにおける二酸化炭素放出量のうち約一〇パーセントが建設によるものであり、約九〇パーセントは冷暖房と照明によるものであった）。

コンクリートは高い熱質量を持つ。すなわち、熱の蓄積に秀でており、この属性によって建物内の温度を均一に維持することが可能となり、それによって空調や暖房の必要性は軽減、あるいはまったくなくなる。これによってコンクリートは他の建築材料より優位に立つことになる。温暖な気候、あるいは温帯気候の夏の間、建物内の打ち放しコンクリートの表面は熱を吸収し、夜になって涼しい外気がそこに流れると再度冷やされ、次の日に再度熱を吸収する準備を整える。冬になるとその過程は逆になる。コンクリートは昼間に太陽光、利用者、電気機器、暖房から熱を吸収する。そして夜間、建物が冷えるにつれて、この熱を放出する。これによって次の日建物を再度温めるのに必要なエネルギーは減ることになる。この昼夜の気温の平準化の過程が最も効果的なのは温帯気候においてであり、またオフィスや学校のように内部のピーク温度が在室人数の最大値と一致するような建物においてである。コンクリートの熱質量を効果的に利用するためには表面は打ち放しでなければならない。この場合、下向きの面が露わになることで最大の効果が期待でき、垂直面では多少の効果があり、床面は最も少ない。夏の夜にはコンクリートを冷やすために冷えた空気がコンクリート表面を通り抜ける仕掛けも必要である。英国でアラップ・リサーチ・アンド・ディベロップメントが行った住宅建設における実験では、組積造あるいはコンクリート造の住宅はより軽量の木造建造物ほど過熱しないことが明らかになった。煉瓦や空洞ブロックの壁による住宅は、木造住宅に比べて一・二五トン多い内包二酸化炭素量となるが、二〇〇一年から二〇六一年までの六〇年間に冷暖房で放出する二酸化炭素の値は一五トン少なくなると予測された(58)。これはコンクリートに関連する内包エネルギーと生涯エネルギーとの関係を評価した数少ない研究の一つのようである——そしてその議論は二一世紀の夏季の気温が急上昇するということの予測に基礎を置いている。別の言い方をすると、持続可能性から見たコンクリートの利点は、今のところないが、気温が予測どおり上昇するならば、将来になって初めて生じてくることになる。建物の内包エネルギーと生涯エネルギー消費との関係についての信頼できるさらなる情報がない状況で言えることとは、コンクリートの「持続可能性」の問題はさらなる証拠が用意されるまで結論にいたることができないということである。

コンクリートの持続可能性に関する最後の論争は、最後にどうなるかということについてである。コンクリートの先駆者たちは、自分たちが「不滅の」材料を発見したと考えていた。この点において彼らは不幸にも落胆させられることになる。なぜならアルカリシリカ反応や中性化などのコンクリート内部で起こっている化学的な変化は、コンクリートが思っていたほど安定的な物質ではないことを意味していたからである。コンクリートは非常に長持ちするのだが、変化は確実に進行している。そして成分の特定の調合と、大気の状態によっては強度を失ったり、時間と共に劣化したりする可能性を持っている。コンクリートの専門家の間では、実用に耐えるにはすべてのコンクリート構造物は遅かれ早かれ、抜本的な修復を必要とするとされている。そしてコンクリートの修復は、再アルカリ化が必要となる場合などは特に、困難で金のかかることになる(59)。しかし仮に物質それ自体が恒久的なものだとしても、それからつくられる製品はそうではない。そしてすべての構造物同様、陳腐化の餌食となり、概ね解体という最期を迎えることになる。解体される際に建物に一体何が起こるのだろうか。ヨーロッパにおいて建設廃棄物や解体廃棄物は、自治体が回収する固形廃棄物の二五から五〇パーセントを占めている。それは年間、一人あたり〇・五－一トンに相当する(60)。この廃棄物はどこへ行くのだろうか。英国では、一九九九年から二〇〇〇年の間に発生した建設廃棄物の約六五パーセントが地中に埋められるか、地面に積まれるかになっている[61]。コンクリート廃材は非常にリサイクルしにくいのでおそらくこの数字の大部分を占めている。鉄、煉瓦あるいは木材による構築物は分解して素材を再利用することが可能である。しかし鉄筋コンクリートの属性である一体性は、当然のことながら分解を不可能にする。爆破あるいは解体機材を使って挑み、細分化することでしか除去できない。鉄筋を回収し、リサイクルすることは可能であり、またその残材は小さく砕くことで骨材として再利用することができる。しかしこれは汚く有害で金のかかる作業である。理論としては良いが、実際のリサイクル市場におけるコンクリート骨材の需要は限定的である。その化学的組成は、もともと使われている成分に依存しており不確かなものとなる。再利用骨材は様々な現場から供給される可能性があり、その意味するところは、これらの骨材が十分に安定した性質を保持していないということであり、道路床板などの低品質でかまわない場面でしか活用できない（いくつかのヨーロッパの国では、結局埋め立て用で終わってしまう建設廃棄物の行く末を転換するためにすべてのコンクリート基礎に一定割合のリサイクル骨材を使うことを義務づけている）。コンクリートの擁護者がコンクリートは完全にリサイクルできると言うことは正しいが、現実はすべてのコンクリート廃棄物がリサイクルされる状態からほど遠いのである。こういった理由から、コンクリートの建物の解体を考えている人たちは他の方法を検討することを促される。しかし、古いコンクリートの建物を構造フレームにまで剥ぎ取り、それを新しい建物の構造体として使われている場面がより一般的に見られるようになったものの、それには限界がある。使われていないショッピングセンターを居住施設につくり替えることはできないし、立体駐車場を事務所にすることもできない（階高が低すぎる）。したがって、未だにコンクリートの建物は最後には解体されてしまう。そして理論的にはすべての廃棄物はリサイクルできたとしても、実際は部分的にしか再利用されない。

　手短に言えば、環境への関心から取り上げられたコンクリートと自然との関係はまったく結論にいたっていない。セメント産業やコンクリート産業が主張しているように、コンクリートは他の建築材料以上とは言わずとも同等の持続可能性を持ちうるのは明らかである。それはあくまでも、セメント生産並びに選択するセメントへの注意、長期にわたるエネルギー節約を促進する建物デザインにおける配慮、そして解体したコンクリート構造物への責任が改善されたうえでのことである。しかし事実が物語ることは、我々が到底その関係を築く状況にいたっていないということである。コンクリートの持続可能性への主張はまったく疑う余地のないものであるが、それは現在ではなく、未来のこととしてであろう。

持続可能性の議論は、コンクリートによってもたらされる自然に対する物理的な変化について、疑いの余地を残さない。たとえその程度が不明確であったとしても。なお重要なことは、コンクリートが生み出したものが「自然なもの」と我々が認識するものに変化を及ぼしたことである。世界のいかなる場所においても、一片のコンクリートとの出会いは「自然」という言葉の意味するものについての議論を誘発し、その言葉を取り巻く不確かさや混乱を露わにする。実際、「自然」はコンクリートなしでは精彩を欠くものとなってしまうだろう。

1 建築物の石として使われるコンクリートが自然に現れる例はギリシアローマの遺跡（トルコのファセリス）から中世英国（ハモンズワースのセントメリー教会の「礫岩」）まで分布する。Eric Robinson, 'Geology and Building Materials', in *London 3: North West*, Buildings of England series, ed. Bridget Cherry and Nikolaus Pevsner (Harmondsworth, 1991), p. 91. An article in *The Builder*, XXXIV (15 April 1876), p. 354を参照。英国のレディング、ウーリッチにおける「自然コンクリート」の発生に言及している。

2 その結論から常に同様の意見を持っていたわけではないが、他のコメンテーターもコンクリートについて同様の観察を行っていた。例えば、以下を参照。Gwenaël Delhumeau, *L'Invention du beton arme: Hennebique, 1890-1914* (Paris, 1999), p. 17; and Cyrille Simonnet, *Le Beton, histoire d'unmateriau* (Marseilles, 2005), p. 57.

3 Quotations from M. Zahar, *D'une Doctrine d'architecture, Auguste Perret* (Paris, 1959), cited in M. Culot, D. Peyceré and G. Ragot, eds, *Les Frères Perret, l'oeuvre complète* (Paris, 2000), p. 256; and G.-L. Garnier, 'Augste Perret et l'architecture moderne', *La République des Arts* [1925], cited in Réjean Legault, '*L'Appareil de l'architecture moderne*: New Materials and Architectural Modernityin France, 1889–1934', PhD thesis, MIT(1997), p. 224, n. 127からの引用。

4 このような鉄筋コンクリート理解については、Legault, '*L'Appareil de l'architecture moderne*: New Materials and Architectural Modernity in France, 1889–1934', pp. 39ffを参照。

5 技師チャールズ・ラビュ（Charles Rabut）はフランスの国立土木学校でコンクリート建設について最初の講座を持った。それは一八九七年に始まり、第一次世界大戦まで行われた。そこでは鉄筋コンクリートの美的な不満は鉄筋がコンクリートの中に隠れていることによると言われた。そこで彼は鉄の骨組みの位置や方向を示す外部リブを提案した（Simonnet, Le Béton, pp. 129–30; Legault, '*L'Appareil de l'architecture moderne*: New Materials and Architectural Modernity in France, 1889–1934', p. 111）。鉄筋を表現する企ての中にはエンネビックによる一九〇〇年のパリ万博パビリオンでのボワロー（Boileau）の装飾システムがあり、そこでは内側の補強が表面に暗示されている。これについてはAndrew Saint, *Architect and Engineer: A Study in Sibling Rivalry* (New Haven, CT, 2007), pp. 224–5; and Simonnet, *Le Béton*, p. 131を参照。またFrancis S. Onderdonk, *The Ferro-Concrete Style* (New York, 1928, repr. Santa Monica, CA, 1998), pp. 95–7においては濃い色の骨材でつくる筋によって、あるいは錆びるだろう鉄片を付加して、補強バーを表面に表す似たような提案がなされた。これらの提案はP. A. Michelis, *Esthétique del'architecture du béton armé* (Paris, 1963), pp. 185–6によって許されない間違いとして棄却された。なぜならこれらは単に引っ張り力のみ表しており、圧縮力を示していないからである。

6 Peter Rice, *An Engineer Imagines* (London, 1994), p. 116.

7 Steen Eiler Rasmussen, *Experiencing Architecture* (1959; repr. Cambridge, MA, 1992), pp. 24–5, 164–5, 169.

8 Nell E. Johnson, ed., *Light is the Theme: I. Louis I. Kahn and the Kimbell Art Museum, Comments on Architecture by Louis Kahn* (Fort Worth, TX, 1975), p. 44.

9 M. Fraser with J. Kerr, *Architecture and 'The Special Relationship': The American Influence on Post-war British Architecture* (London, 2007), p. 356参照。一九六〇年代英国ではコンクリートと自然素材の結合を禁止する風潮はやや弱まった。一九六一年に粗いコンパネでつくるコンクリートのための注記によれば、「良いコンクリートは〝質〟の高い材料であり、他の〝高価〟な材料である堅木や大理石とよく調和する」。'Design Notes and Specifications for Concrete from Rough Board Formwork' prepared by a sub-committee of the Wales Committee of the Prestressed Concrete Development Group, Chairman Alex Gordon, p. 8, para. 3.3. 未完、タイプ打ちの原稿、1961, Dennis Crompton archive, London.

10 Roland Barthes, 'Plastic', in *Mythologies* [1957], trans. Annette Lavers (London, 1993), p. 99［ロラン・バルト「プラスチック」『ロラン・バルト著作集３　現代社会の神話 1957』石川美子監修、下澤和義訳、みすず書房、二〇〇五年］. このエッセイに関する有益な議論については、Douglas Smith, '"Le Temps du Plastique": the Critique of Synthetic Materials in 1950s France', *Modern and Contemporary France*, xv/2 (May 2007), pp. 135–51を参照。

11 Bernard Marrey and Frank Hammoutene, *Le Beton à Paris* (Paris, 1999), p. 209.

12 D. Lowenthal, *The Past is a Foreign Country* (Cambridge, 1985), p. 163.

13 Simonnet, *Le Béton*, p. 191.

14 *La Construction Moderne*, 19 April 1936, p. iv; quoted in Peter Collins, *Concrete: The Vision of a New Architecture* (London, 1959), p. 163.

15 Junichiro Tanizaki, *In Praise of Shadows* [1933], trans. Thomas J. Harper (London, 2001), p. 12［谷崎潤一郎『陰翳礼賛』中公文庫、一九九五年ほか］.

16 David Leatherbarrow and Mohsen Mostafavi, *On Weathering* (Cambridge, ma, 1993), p. 45［モーセン・ムスタファヴィ、デイヴィッド・レザボロー『時間のなかの建築』黒石いずみ訳、鹿島出版会、一九九九年］.

17 *Progressive Architecture*, XLVII (October 1966), p. 190.

18 Simonnet, *Le Béton*, pp. 45, 178; Collins, *Concrete*, pp. 32–5.

19 Ministry of Works, Post-War Building Studies no. 18, *The Architectural Use of Building Materials* (London, 1946), p. 40.

20 Pekka Pitkänen, 'The Chapel of the Holy Cross', in *Elephant and Butterfly: Permanence and Change in Architecture*, ed. M. Heikkinen(Helsinki, 2003), p. 82.

21 *Architectural Design*, XXXI (March 1961), p. 124. この建物はReyner Ban-

ham, *The New Brutalism: Ethic or Aesthetic* (London, 1966) に描写されている。

22 T. Crosby, 'Brunswick Centre, Bloomsbury, London', *Architectural Review*, CLII (October 1972), p. 211.

23 Paul Rudolph, 'Interview with Michael J. Crosbie', *Architecture* (1988), pp. 102–7; repr. in Paul Rudolph, *Writings on Architecture* (New Haven, CT, 2008), p. 144.

24 H.A.N. Brockman, 'Strand Project', *Financial Times* (28 January 1966), p. 10. 以下も参照。*Concrete Quarterly*, 68 (January–March 1966), pp. 24–5. この問題に関する情報はアーサー・スィフト（Arthur Swift）アンド・パートナーズ事務所のデザイン責任者だった故ピーター・メルヴィン（Peter Melvin）から得たものである。

25 John Partridge, 'The Weathering of St Anne's College, Oxford', *Concrete Quarterly*, 82 (July–September 1969), pp. 22–5.

26 *El Croquis*, 84 (1997), p. 15.

27 素材の美的な基準としての表皮の例はいたるところに見られる。——事故による損傷箇所の表面補修マニュアルとして英国セメントコンクリート協会発行のコンクリートの汚れ制御（1981）は良い例である。

28 ロサンゼルス川の歴史についてはM. Davis, 'How Eden Lost its Garden: a Political History of the Los Angeles Landscape', in *The City: Los Angeles and Urban Theory at the End of the Twentieth Century*, ed. A. J. Scott and E. W. Soja (Berkeley, ca, 1996), pp. 160–85; and G. Hise and W. Deverell, *Eden by Design: the 1930 Olmsted-Bartholomew Plan for the Los Angeles Region* (Berkeley, ca, 2000).

29 この用語はMatthew Gandy, *Concrete and Clay: Reworking Nature in New York City* (Cambridge, MA, 2002) で用いられている。ギャンディの序論は「自然」の改質から生まれる諸問題を提起している。

30 David H. Pinkney, *Napoleon III and the Rebuilding of Paris* (Princeton, NJ, 1958), ch. 5 を参照

31 コイニェとヨネの水路については' Collins, *Concrete*, pp. 27–35; Simonnet, *Le Béton*, pp. 41–6; and Saint, *Architect and Engineer*, pp. 214–26 を参照。

32 Maria Kaika, 'Dams as Symbols of Modernization: The Urbanization of Nature between Geographical Imagination and Materiality', *Annals of the Association of American Geographers*, XCVI/2 (2006), pp. 276–301 参照。

33 例えばthe controversy around the Ladybower reservoir in England's Peak District National Park: Denis Cosgrove, Barbara Roscoe and Simon Rycroft, 'Land - scape and Identity at Ladybower Reservoir and Rutland Water', *Transactions of the Institute of British Geographers*, n.s., XXI (1996), pp. 534–51 を参照。

34 以下の議論はRainer Stommer, 'Triumph der Technik: Autobahnbrücken zwischen Ingenieuraufgabe und Kulturdenkmal', in *Reichsautobahn, Pyramiden des Dritten Reichs*, ed. Rainer Stommer and Claudia Philipp

(Marburg, 1982), pp. 48–76; and Thomas Zeller, *Driving Germany: The Landscape of the German Autobahn,1930-1970* (New York and Oxford, 2007)を参照。また D. Blackbourn, *The Conquest of Nature: Water, Landscape and the Making of Modern Germany* (London, 2006) も参照。

35 Walter Ostwald, *Die Strasse*, 5 (1938), p. 737, quoted in Stommer, 'Triumph der Technik', p. 54.

36 Zeller, *Driving Germany*, p. 138. アウトバーン設計者の背景にワンダーフォーゲル運動があったことについては、同書、pp. 31–3 参照。

37 同書、p.140.

38 R. Schaechterle, 'Die Gestaltung der Eisenbetonbrücken und Bauwerke der Reichsautobahn', in Deutschen Beton-verein, *Neues Bauen in Eisenbeton* (Berlin,1937), pp. 77–8.

39 Zeller, *Driving Germany*, p. 141.

40 Hans Pflug, *Les Autostrades de l'Allemagne* (Brussels, 1941), p. 66.

41 Zeller, *Driving Germany*, p. 70. に引用されている。

42 *The Guardian*, *G2*(3 March 2009), p. 23.

43 www.concretecentre.com を参照（16 March 2009）。

44 Hendrik G. van Oss, *Background Facts and Issues Concerning Cement and Cement Data*, United States Geological Survey, Open-File Report 2005–1152を参照。このデータおよび他のコンクリート生産に関する統計は以下のウエブサイトで閲覧可能。http://pubs.usgs.gov/of/2005/1152/ 2005-1152.pdf, accessed 25 February 2012. また世界のセメント生産と二酸化炭素排出に関するデータについては以下も参照。the Cement Sustainability Initiative at www.wbcsdcement.org.

45 P. H. Mehta, 'Concrete Technology for Sustainable Development – an overview of essential elements', in *Concrete Technology for a Sustainable Development in the 21st Century*, ed. O. E. Gjorv and K. Sakai (London, 2000), pp. 83–94.

46 www.theconcreteproducer.com/industry-news, accessed 16 March 2009 を参照。

47 世界の炭素放出の五%という数字は広くセメント産業の情報から引用されている。コロンビア大学のクリスチャン・メイヤー（Christian Meyer）やコンクリートの専門家は七%という数字を提示している（C. Meyer, 'Concrete and Sustainable development', American Concrete Institute Special Publication 206 (2002)）。また緑に関する出版物、*The Green Building Digest* (1995) は八〜一〇%という数字を提示している。セメント生産一五億トンについては *Eco Tech* (5 May 2002), p. 18に引用されている。二〇一〇年に二五億トンとは国際エネルギー機関の推定である (www.wbcsdcement.org)。Van Oss, *Background Facts and Issues Concerning Cement and Cement Data* は二〇〇四年の年間生産を二〇億トンと推定し (p. 1)、二酸化炭素放出はセメント一トンに対して一トンと推定している (p. 39)。

48 WBCSD社長のビョル・スティグソン（Björn Stigson）の引用が二〇〇七年七月二日に*Concrete Producer* News Service, に報告されている。その情報は下記サイトで閲覧可能。www.theconcreteproducer.com/industry-news, accessed 16 March 2009. 中国の生産についてはwww.wbcsdcement.org参照。

49 中国の言う西洋が二酸化炭素放出に責任を持つべきという発言については*The Guardian* (18 March 2009), p.17 参照。

50 国際エネルギー機関の推定についてはwww.wbcsdcement.orgを参照。

51 建物の風化作用もまた興味深い。建物は雨水が均等に表面を流れるように、出っ張った部分はなく、また表面はシロキサンシーラントで処理されている。それによって水を浸透させず汚れを防ぐ。Jeremy Till, 'Art in the Making', *Architecture Today*, 136 (March 2003), pp. 18–24. Lecture by Toby Lewis (Feilden Clegg Bradley), Building Centre, London, 25 April 2007.

52 www.geopolymer.org; and Emma Clarke, 'The Truth about Cement' (5 September 2008), available at www.climatechangecorp. com, accessed 25 February 2012 を参照。

53 Sean Dodson, 'A Cracking Alternative to Cement', *The Guardian*, *Technology Guardian* (11 May 2006), pp. 1–2.

54 'Strange Brew', *EcoTech*, 14 (14 November 2006), pp. 30–35を参照。ヘムクリートはライム・テクノロジー社が生産した麻混入石灰ブロックの商標である。麻石灰を用いた建設の他の情報はライム・テクノロジー社の取締役、イアン・プリシェット（Ian Pritchett）の講演、Building Centre, London, 25 April 2007.

55 Paul Oliver, 'Earth as a Building Material Today', *Oxford Art Journal*, v/2 (1983), pp. 31–8.

56 David Harvey, *Justice, Nature and the Geography of Difference* (Malden, MA, and Oxford, 1996), p. 148.

57 *Lina Bo Bardi* (Milan, 1994), p. 242.

58 'Masonry Homes Save co_2', *Concrete Quarterly* (Autumn 2006), pp. 14–15.

59 これは「二一世紀のコンクリートと擬石」という会議（MIT, 29–30 March 2008）における英国建築調査協会のスチュワート・マシューズ博士（Dr Stuart Matthews）の見解である。

60 M. Torring, 'Management of Concrete Demolition Waste', in *Concrete Technology*, ed. Gjorv and Sakai, p. 322.

61 Symonds Group, *Construction and Demolition Waste Survey*, Environment Agency, Swindon, 2001 はJeremy Till, *Architecture Depends* (Cambridge, MA, 2009), p. 214, n. 1. に引用されている。

DUFAYEL
ATHÉNÉE
DUFAYEL
COMÉDIE MONDAINE
VARIATION
LA FOURMI
LES LOMBART'S
GOSSET
LES BARONI
KRI PLÉBER
KARL'S
DUFAYEL
VENTE PAR ABONNEMENT
MÊME PRIX QU'AU COMPTANT
700 MAGASINS
THÉÂTRE MOLIÈRE
FRED
MYSTÈRES
DE PARIS

THREE
A MEDIUM WITHOUT A HISTORY

第三章 歴史のない素材《メディア》

個人、民族、ひいては文化の健全さのためには、非歴史性と歴史性は、同程度必要なものである。

——フリードリヒ・ニーチェ（一八七四）（1）

コンクリートは歴史性のある素材《メディア》か。それとも歴史の不在こそがその魅力の一側面か。二〇世紀全般を通して、専門家、素人を問わず、多くの人々がコンクリートの理解へ向けて必死の努力を重ねた。この素材《メディア》の技術的な発展と建設業界の驚異的な適応の速さに人々の想像力はまったく追いつけず、それまでに自分たちの知的領域に存在しなかったものへの対応を迫られた。ある特定の素材《メディア》が発明され、あるいは創造的に使用されてから、文化的に浸透するまでに時間的なずれが生じるのは決して珍しいことではない。映画やテレビにおいても、社会的あるいは芸術的な意味合いの批評が展開したのは、初期の創造的な奔出から十分時間が経ってからであった。しかし、コンクリートの場合にはさらに長い時間がかかった。一九世紀の中期から後期にかけて開発された素材《メディア》であったにもかかわらず、二〇世紀後半にいたっても、人々はそれをいかに捉えるべきかを模索していたのである。この知的な努力のかなりの部分は、もしコンクリートを歴史的に位置づけることが可能であるならば、どのあたりが適切かを探求することに向けられた。建築の領域には、コンクリートによって建築に自らの宿命を全うする可能性が与えられた、すなわち昔の人々が夢見たものの手段がなかったが

サン＝ジャン＝ド＝モンマルトル教会、パリ、1897－1904年、アナトール・ド・ボド設計。歴史上の先行例から免れたコンクリートによる建築の最初の作品と見なされている

故に実現できなかったことが可能になった、と評価する一つの知的伝統が存在する。しかしコンクリートの真新しさは建築をあらゆる伝統から切り離し、歴史の流れから外すことで、建築を過去の呪縛から解放する手段を与えた、とする別の捉え方もある。以下は、これら二つの一見相容れない観点とそれらの論理的帰結に関する考察である。

コンクリートの歴史性

フランスにおいてコンクリートが建築の領域に出現した当時、支配的でかつ最も説得力のあった建築理論は、構造合理主義と称される一連の建築原理であった。したがって建築家にとっての課題は、建築を発展し続ける構造芸術と見なした構造合理主義の主張にコンクリートを適合させることにあった。コンクリートは、一見この主張によく適合するかに見えたが、同時にいくつかの原理に疑問を投げかけ、最終的にはその主張自体を崩す原因となってしまった。構造合理主義の公理の一つは、その主導的な理論家であるウジェーヌ＝エマニュエル・ヴィオレ＝ル＝デュク（Eugène-Emmanuel Viollet-le-Duc）の言葉を借りれば、「材料を変えることは、形状の変化を伴わなくてはならない」（2）ということであった。コンクリートは、この理論に賛同する建築家たちに、この新しい素材に相応しい形態がいかにあるべきかという課題を投げかけた。二つ目の公理は、ある材料は他の材料の形状を模すべきではないという主張であった。この禁忌は、ヴィオレ＝ル＝デュクのみならず、ジョン・ラスキン（John Ruskin）やドイツの建築家・理論家、ゴットフリート・ゼンパー（Gottfried Semper）をはじめとする他の主だった一九世紀の建築理論家にも共通する考え方であった。ゼンパーの考え方は、フランスにおけるヴィオレ＝ル＝デュク同様、ドイツ語圏で重要な位置を占めたが、それは各々の材料の独自性に重きを置くものであった。初めて出版された論文において彼は、以下のように記した。「材料にそれ自身の発言を認めよ……煉瓦は煉瓦のように見えるべきだし、同様に木は木、鉄は鉄のように、それぞれの力学の法則に則って」（3）。ゼンパーの考え方は、ドイツ語圏の建築家の間で幅広く受け入れられ、一九世紀末には、同じ主張をウィーンの建築家・批評家、アドルフ・ロース（Adolf Loos）の一八九八年の論文「被覆の原理について」に見ることができる。「あらゆる材料は独自の形態言語を有している。したがって他の材料特有の形態を自らのものとするのはいかなる材料であれ許されるべきではない」(4)。コンクリートの歴史の表層をなぞっただけでも明らかなように、コンクリートは他の材料から無差別に形態を借用してきているだけでなく、固有の形態がどうあるべきかについての共通の理解がほとんどない。

構造合理主義とゼンパーの建築論は歴史に基づいた理論である。なぜなら、それは過去の建築の観察に基づいて将来の建築がどのように展開すべきかを規定しているからである。ヴィオレ＝ル＝デュクが著した一〇巻に及ぶ『中世建築事典』やゼンパーの九〇〇余頁に上る『様式論』の大半は、歴史上の遠い過去の建築や工芸の議論で占められている。ヴィオレの場合はゴシック建築、ゼンパーの場合は、アッシリア、エジプト、ギリシアが取り上げられている。ヴィオレにとって建築は、構造形式を最も無駄のない形で包括的に表象することを目的に進化する、構造による芸術であった。彼の生きた時代までは、それまでに建てられたいかなる建築様式よりもゴシック建築がその定義に合致していた。構造合理主義は建築家に歴史に基づいて考えることを促した。それは過去の建築に原理を見出そうとするだけではなく、自らの作品を過去のものと比較し、過去からどれだけ進歩したかで作品のよしあしを判断することを意味している。

ヴィオレ自身、コンクリートに関する記述は残していないが——彼の存命中にはコンクリートがほとんど使われていなかった——彼の信奉者たちは鉄筋コンクリートとゴシック建築の潜在的な連続性あるいは構造合理主義の理論との関連性を即座に見出した。こういった可能性を追求した最初の実施例は、パリのサン＝ジャン＝ド＝モンマルトル教会（一八九七－一九〇四）であった。多くの議論を引き起こしたこの建物はアナトール・ド・ボド（Anatole de Baudot）によって設計され、ゴシック建築におけるリブが石造から鉄筋コンクリート（*ciment armé*）に代替

サン=ジャン=ド=
モンマルトル教会、パリ、
建設中のヴォールトリブ、
1902年頃。
コンクリートに恒久的な
型枠を与えた、コタンサンの
鉄骨補強煉瓦造の
システムが見える

された(5)。一九〇〇年初頭のフランス建築界において、ゴシックとコンクリートの見かけ上の対応関係はありふれていた。オーギュスト・ペレのアトリエで働いていた若き日のル・コルビュジエは一九〇八年にヴィオレ=ル=デュクの『中世建築事典』を購入し、フライング・バットレスの項でゴシックと鉄筋コンクリートの類似性についてメモを残した。

それもやはり一つの塊である。それは鉄のワイヤーからなるかごであり、コンクリートの鉄筋がローマ時代の粗石積みのモルタルに成り代わって鉛直力と斜めの力を受け持つ。オーギュスト・ペレは私に言った。今こそ骨組みを固守せよ。それは芸術を守ることになる。(6)

一九二四年にペレの設計によるランシーのノートル=ダム教会が完成したとき、それは「鉄筋コンクリートのサント=シャペル」という愛称がつけられた。それは、中世の熟練した職人たちによって始められた建設プロセスの頂点と見なされたからに他ならない（7）。一九二六年にパリで巨大なサント＝ジャンヌ・ダルク教会の設計競技が行われたが、ペレの設計案についてポール・ジャモは、「この巨大な教会は、石の脆弱さゆえに自らのカテドラルで計画どおりに塔の本数や高さを実現できなかったゴシックの建設者たちの夢をかなえるものとなるだろう」と記した。さらに以下のように加えた。「鉄筋コンクリートとそれがもたらす変化の恩恵を受けて、オーギュスト・ペレは五、六世紀の時を経て、中世の理想を実現している」（8）。コンクリートが論理的にゴシックの延長線上にあるとのこういった主張は、広範に知れ渡った。アメリカのエンジニア、フランシス・オンダードンクはこの考え方を受け入れながらも、巧妙に転換した。彼はコンクリートがゴシックを実現するのではなく、その後継としての「新しいゴシック」を、尖頭アーチに代わるコンクリート製の放物曲線のアーチによって実現するのだ、と主張した（9）。

　しかし鉄筋コンクリートは、ゴシックの継承者として見なされる一方で、古典主義建築の伝統を継承しうるものとしても捉えられていた。この考えは特に英国の歴史家、ピーター・コリンズによって提唱された。一九五三年の公募論文の中でコリンズは以下のように力説した。「フランスの古典主義建築家たちが夢見た、新しいまぐさ式石積み工法が我々の手の届くところにある。古典主義建築の基本原理を改めて見直すことで鉄筋コンクリートのデザインを正統な道筋に沿って発展させることができよう」（10）。コリンズはペレの作品を古典主義建築の原理を洗練させたものと解釈していた。ランシーのノートル＝ダム教会でさえもコリンズは、構造的に必要な数以上の柱があることや対称性《シンメトリー》が保たれていることを根拠に、ゴシックというよりもむしろ古典主義的だと主張した（11）。

　他の批評家たちは、鉄筋コンクリートをさらに別の伝統を実現するものとして見なしていた。ギリシアの建築家、P・A・ミケリス（P. A. Michelis）は、一九五〇年代の著作の中で、鉄筋コンクリートをドームやモザイクタイルに覆われた面を特徴とする、後期ローマとビザンチン建築の後継と見なした（12）。この解釈は次のミケリスの議論につながる。双曲放物面やコンクリート製のシェルドームは、比率を合わせると卵の殻よりも薄

次頁：ランシーのノートル＝ダム教会、パリ、1922－3年、A&G・ペレ設計。ときに「コンクリートのノートル＝ダム」と呼ばれるペレの教会は、ステンドグラスの例外的な広さとともに、ゴシックの工匠たちの大志をコンクリートに充たした

いものであり、建築の重点を表層へ移行させている。ビザンチン建築の内部曲面は現在では新しいコンクリートシェル構造の外部表面に十分に表現されていると述べた。さらに別の解釈はイタリアの批評家ジッロ・ドルフレス（Gillo Dorfles）によってもたらされた。一九五〇年代中頃の著作では、鉄筋コンクリートはバロック建築の成就を表象するものだと主張した。

巨大な建造物の衝撃、均等でない形態の凹凸、床から切り離されつつあるファサード、可塑性の要素の重ね合わせ——これらは二〜三世紀後に到来する鉄骨と鉄筋コンクリートによって実現を見ることになる建設的可能性の萌芽であった。(13)

コンクリートの歴史性に関する解釈のうちで最も極端なものは、その到来が建築の終焉を告げたとする主張である。英国の批評家、エイドリアン・ストークス（Adrian Stokes）は一九三四年の著作で、西洋の建築と彫刻の伝統は常に刻むことに依存していたと指摘したうえで、石の代わりとして出現した鉄筋コンクリートは彫刻するのではなく、型に入れてつくられる材料であり、そこにおける人工的なプロセスには想像力の立ち入る余地がないと主張した。ストークスは以下のように記した。

今日石造建築は死に瀕している。ル・コルビュジエらがつくったものは、建物がもはや石の根源的な芸術としての役割を果たせなくなり、彫刻することや空間の創造に新たな力をもたらすことができなくなったことを示している。そういった意味、すなわち最も基本的な意味において、建築は、存在しなくなるであろう。(14)

皮肉にもこのストークスの反近代主義的な主張こそが、鉄筋コンクリートの絶対的な新規性を認めることに最も近づいた発言であった。鉄筋コンクリートを歴史上の伝統のいずれかと結びつけた解釈は、その近代性並びに、コンクリートのおかげで人類は新しい建築の出現を目の当たりにしているという主張を、部分的であるにせよ危険にさらしている。

非歴史的な素材《メディア》

一九五〇年代になると、建築家に鉄筋コンクリートを歴史的な素材《メディア》として見なさなくなる傾向が見られるようになった。むしろ彼らの採った見方は、ミケリスの言葉を借りれば、「鉄筋コンクリート建築の形態は、不完全で中途半端なものであり、仮にそこまでではないとしても未だにその形態を特定することができていない」(15)。明確な歴史的な方向性がないなかで新たに見出された信条は、建築家をコンクリート施工者やエンジニアが従来からずっと主張し続けてきた見解により近づけることとなった。それは鉄筋コンクリートが今までの建築工法から完全に脱却し、歴史との連続性を持たないというものであった。フランスの建築家、エドゥアール・アルノ(Edouard Arnaud)は、一九〇一年にエンネビックの広報誌『鉄筋コンクリート(*Le Béton Armé*)』において以下のように主張した。「鉄筋コンクリートは単なる材料ではない。それは、あらゆる形態の実現をもたらすまったく新しい建築工法であり、すべての建設に関わる問題の解決策である」。そして予見的に、それは「いかなる衣装をまとうこともでき、固有の外観を持つにはあまりにも幅が広い」とつけ加えた(16)。

アルノは次の一世紀にわたって、エンネビックをはじめとするコンクリート生産者やエンジニアが繰り返し主張した見解を示したのである。セメントやコンクリートの業界はその発足以来、過去の出来事にはほとんど興味を示さなかった。エンネビックの雑誌『鉄筋コンクリート』や英国の『コンクリート技術(*Kahncrete Engineering*)』、あるいはこれらに類似した業界誌は、いずれもコンクリートの歴史性を主張するために刊行されているものではなく、むしろコンクリートが今日どのように活用でき、将来どのようになりうるかを示すためにあった。時折、これらの出版物において過去のコンクリート建築が言及されることがあったが、それはコンクリート以外の材料でつくられていたら被っていたはずの老朽化と腐食の影響をいかに受けなかったかを主張する場合がほとんどであった。それは言い換えるとコンクリートが永遠に新しさを保つ材料であることを宣伝するためであった。一九三二年の『コンクリート技術』誌では、一九〇五年にロンドン・サザークのパリス・ガーデンに竣工した鉄筋コンクリート造の建築、旧クレイズ印刷所（現存）を掲載し、「建った当初と同じくらい健全」と記した(17)。セメント、コンクリート業界発行の出版物すべてに一貫しているのは、コンクリートの「現在の可能性」と「将来の潜在能力」を重要視する姿勢であり、それは一本調子の言い回しで繰り返された。何度となく我々が聞かされるのは、コンクリートが可能性に満ちた材料であり、その潜在能力は未だ完全に発揮されていないということであった。これは、一九〇〇年代初頭に語られていたことだが、一九六〇年代でも言われ、現在にいたっても未だ耳にする言葉である。アメリカの建築家、アルバート・カーン（Albert Kahn）の言葉は特徴的であった。この業界に身内がいたカーンは一九二四年に「構造並びに芸術的な側面においてコンクリートの発展は、現在における我々の期待をはるかにしのぐことになるだろう」と発言した。二年後に同じ誌面で別の執筆者はコンクリートを「無限の発展が可能」なものとして形容した。そして四〇年後の一九六六年にアメリカの建築雑誌『プログレッシヴ・アーキテクチャー（*Progressive Architecture*）』は、類似した文脈で、「打ち放しコンクリートの潜在能力は未だ開発されていない」と表現した(18)。歴史性は完全に否定されている。コンクリートは単に新しいというだけでなく、それは新しすぎて未だ実現していない、未来にしか存在しないものなのである。

すでに一世紀半以上も使われている材料であるにもかかわらず、その将来がここまで特別に着目されるのは明らかに奇妙なことである。コンクリートは「近代的」とは言えるかもしれないが「新しい」ということはない。この材料の興味深い特徴の一つはその建設技術の発展が極めて不連続だったところにある。まぐさ式石積工法の建設から放物曲線のヴォールト、あるいはシェル構造や荘厳なプレストレストコンクリートの長大なスパンにいたるまで——こういった一連の技術はある程度までしか確立されずに、突然放棄され、まったく別の新たな探究が始まる。それぞれのプロセスが改良を重ね、建設技術の体系に組み込まれていくようなことはなく、未完成な技術が散乱しているだけである。新しい世代は、それぞれコンクリートがあたかも発見されたばかりの材料であるかのように、真っさらな状態から取り組んでいる。コンクリートを徐々に進化する材料と見なすことへの躊躇は、実際に建てられた建物がコンクリート自体の歴史に言及することがほとんどないことからもうかがえる。このことの数少ない例外はロンドンのクイーン・エリザベス・ホール(一九六五―八)のマッシュルームを模った柱頭のようなディテールに見られる。これは英国のコンクリート技術の先駆者、サー・オーウェン・ウイリアムズ(Sir Owen Williams)に敬意を表したものであった。またサンパウロにあるリナ・ボ・バルディ設計の文化・スポーツ複合施設、SESCポンペイア(一九七七―八六)は、複数の意味でコンクリートへの賛美であった。その象徴的な煙突のコンクリートがはみ出た目地は、同じディテールが特徴的なメキシコシティにあるルイス・バラガン(Louis Barragán)作のサテライト・シティ・タワーを意識的に参照し、その結果コンクリートのラテンアメリカらしさとして注目を集めた(19)。しかしながらほとんどの場合、コンクリートの歴史をいかに表象するかといった問題は取るに足らないものとして考えられていた。これは建築文化の強い歴史的な志向や、参照の対象を知ることやあからさまな否定を楽しむ習慣からすると少なからず驚くべきことである。過去の技術や進め方を総じて語らず常に避ける様は、時間との関係や我々の過去と現在と未来の関係に対する認識において、コンクリートがいかに奇妙な素材《メディア》であるかを表している。

明らかにコンクリートには歴史がある。しかしコンクリートは歴史的でありながら一見歴史がないかのように見える逆説的な性質を持つ素材《メディア》でもある。建築家は時折それを意識することはあってもその見識を自らの建物に表現する段階で途方に暮れてしまうのが常であった。あるときオーギュスト・ペレは、「コンクリートによる建設は最も古い建設工法のうちの一つであると同時に最も近代的なものの一つでもある」と発言した(20)。この言葉は、逆説のすべてを伝えきってはいないが、彼はコンクリートが歴史の中にありながらもそこから外れているという

SESCポンペイア、
配水塔の乱雑な接合部。
ルイス・バラガンとマティアス・ゲーリッツによる
メキシコシティのサテライト・シティ・タワーズが示した
ラテンアメリカ性に対する賛辞

前頁：SESCポンペイア、
サンパウロ、1977−86年、
リナ・ボ・バルディ設計。
左にスポーツ棟——
ボ・バルディに「真の醜さ」と
記された——があり、
右の更衣室棟につながる
通路がついており、
その手前に円形煙突の
形をした配水塔がある

ことを感じていた。健全な文化のためには歴史性と非歴史性双方を意識する必要があるという、ニーチェの洞察は、どうやら鉄筋コンクリートの実践にまで届くことはめったになかったようだ。

過去と現在を混ぜ合わせる——戦後イタリア

コンクリートの歴史を誰も振り返らない状況から著しく逸脱したのは戦後イタリアであった。ここに限ってコンクリートに過去並びに将来があることが真剣に取り上げられていた。イタリアの建築家の歴史的事象との関わりは、戦後彼らが置かれた、ファシズムから距離を置きつつも、ファシズムのもとで推し進められ、花開いたモダニズムを否定したくないという、特異な状況から派生している。ただし、彼らにはファシズム出現前の近代建築まで時を遡り、ファシズムに支配された時期がより広範なモダニズムの歴史の中の一事象に過ぎず、モダニズムには彼らが参照することのできる、未だファシズムに侵されていない別の伝統があることを示す必要性もあった。イタリア建築界

フランチャ街2－4番地、
トリノ、1959年、BBPR設計。
ペレの熟練の作品に
似ているようで似ていない

の大まかな戦略は一九四〇年代の終わりから五〇年代にかけて、主にエルネスト・ロジャース（Ernesto Rogers）によって、自ら編集長を務めていた『カサベラ＝コンティニュイタ（*Casabella-Cotinuità*）』の誌上で展開された。それは戦前のモダニズムを歴史的な現象として捉え、ファシズム時代との完全な断裂を主張するのではなく、むしろ過去とのつながり方の複数のあり方を強調している。こういった見方をすれば、コンクリートは歴史的な材料でありながらも今日的な材料となりうる。一九五〇年から六〇年代初頭にいたる北イタリアのいくつかの建物を見てみると、そういった考え方がどのような形で探究されたかを見ることができる。

トリノのフランチャ街二－四番地はBBPR（エルネスト・ロジャースはその事務所のパートナーの一人）によって設計され、一九五九年に完成した。同事務所が手がけたより有名なミラノのトーレ・ヴェラスカの直後であった。その建物は通りに面した階に店舗を備え、直上の中二階に事務所があり、その上の階は集合住宅になっている。外観に現された構造フレームのグリッドの隙間は煉瓦によって埋められ、リドルフィ&フランクルが一九五〇年から五四年に設計し、広く称賛を受けたローマのエチオピア街の集合住宅で確立されたモデルに倣っている。エチオピア街の集合住宅は、現《あらわ》しの構造フレームと隅切りのコーナー部、そして別の材料による塞ぎ壁を特徴とし、二〇世紀後半の北イタリア全域いたるところに出現することになる集合住宅のモデルとなったが、残念ながらこの建物ほど優雅で繊細に実現することは稀であった(21)。しかしフランチャ街二一四番地は(そして可能性としてはエチオピア街も)、ペレにも負うところがある。ロジャースは一九五五年にペレに関する短くも全体を通して熱のこもった本を著しているが、この建物とペレの作品との多くの相違点から明らかなように、ペレの晩年のル・アーブルの作品に見られるマンネリ化し定形化された特徴への批判が自らの実践の中に反映されている(22)。建物の角にヴォイドを設けるのは、この部分の構造体を太らせることによって強調するというペレの通常行っていた手法の正反対をい

フランチャ街2-4番地、トリノ。アーケードの柱は部分的に石で覆われたが、くさび形のコンクリートの細長い部分が残され、大人の目より低い高さで露出している

くものである。また、二階のロフトレベルで枝分かれし、張り出した上階を支えるために先細りになりつつ向きを変える柱などは、極めてペレらしからぬものである。ペレは角度のついた柱を容認することは決してなかっただろうが、別の見方をすればこれらの柱とその先細りの形状はコンクリートのもう一つの伝統、イタリアにおける鉄筋コンクリート造の達人、ピエール・ルイジ・ネルヴィ（Pier-Luigi Nervi）に負うところがある。集合住宅の外壁の煉瓦の塞ぎはペレに由来する特徴ではなく、トリノの伝統的建築資材への敬意の表れである。さらにペレと異なるのは、アパートの窓割りの考え抜かれた不規則性である。

また他方で、コンクリートの表面に目をやるとＢＢＰＲがペレに倣っていたことが明らかになる。ここでは仕上げに三種類の表面処理がなされているが、それぞれは構造の異なる役割に呼応している。上階の構造フレームの格子はびしゃん仕上げで、その仕上げは一階の柱上部に吸収されるリブにまで達する。表面の粗さは汚れを付着しやすくするので、柱下部に施された二つ目の仕上げとしての滑らかな部分より、濃い色となっている。三つ目の仕上げは、ポルティコ部分の見上げ部分に施された本実型枠の打ち放し仕上げである。このように異なる構造部材に異なった仕上げを施すのはペレの手法と一致するものの、歩道レベルの柱の一部分を薄い板状の石で仕上げるのはペレに由来するものではない。柱の石張りは、側面のちょうど目線の高さにコンクリートがそのまま露出し、建物の構造体の実体が疑う余地もなく現れるように構成されている。おそらく柱の石張りはポルティコの空間に親しみを持たせ、借主にとって店舗がより魅力的となるように施されたのだろう。しかし、いかなる理由からかは不明だが、ＢＢＰＲは注意を欠く一般の観察者がプレキャストコンクリートと見紛うような色合いと粗い表面の石材を選んだ。ここで我々の前にあるものは、コンクリートの様々な歴史に部分的に従いつつも、それらを建物の建つ時期や場所に統合したものである。

先の事例と同様トリノにある証券取引所（ボルサ・ヴァロリ）は、ガベッティ&イソラ事務所の設計に基づき、少し早目の一九五二年から一九五六年にかけて建設されたが、より複雑な

証券取引所、トリノ、
1952－6年、
ガベッティ&イソラ設計。
近代の異なる伝統を
取り混ぜている

BORSA VALO
28

歴史との関係性を有している（23）。ロジャース同様、ロベルト・ガベッティは、いわゆる近代建築の正統な記述はごく少数の巨匠の作品に過度の栄誉を与えたと見なしており、ペレに対しては、その記述から外れた異端者として興味を抱いた。同時にガベッティはほかの「二流の」建築家や主流になれずに立ち消えになってしまったと思われる様式の動向などに惹かれていた。その顕著な例は、アール・ヌーヴォーあるいはリバティー様式に対する関心であり、それは同事務所設計のトリノにあるボッテガ・デラスモに対する悪評の発端ともなった。この時期の建築家としては極めて珍しく、ガベッティは鉄筋コンクリートの黎明期の発展について調査し、歴史書を著した。そこにはコワニェ、エンネビックと［パウル・］コタンサンの仕事が描かれ、この調査がきっかけとなって、彼は上記三名をはじめとする先駆者たちの成し遂げたことを事務所の作品に、批評的でありかつ歴史的な建築の実践として取り込めないかを熟考した。証券取引所は、この問いかけに対するいささか過度に学術的な考えの表れであり、あまりにも多くのアイディアを表現しようとしすぎている類いの建物である。第二章ですでに、この建物に見られる幾重にも重なるモチーフのごく一つである、玄関ホール部分におけるコンクリートブロックを表象するための奇妙な石の使い方について考察している。

　前面から見ると証券取引所は、白のスタッコで仕上げられた箱のような上階に、組積造を思わせる細い線が描かれている。この上階は、粗い石の台座から立ち上がった打ち放しコンクリートの柱脚に支えられている。これは二つの建築の伝統の融合である。一方で機械時代的な幾何学的精密さでつくられた上階とそれを支える柱脚は、当時主流であった国際的なモダニズムのイタリア版と言える一九二〇年代から三〇年代の合理主義《ラシヨナリズム》運動のコンクリートの継ぎ目のない建築を参照している。もう一方で石の柱脚部分は、こちらもまた国際的モダニズムに座を奪われることになった建築の伝統、一九世紀アメリカ建築家であり、シカゴ派の先駆者でもあったH・H・リチャードソン（H. H. Richardson）の粗面石積みを彷彿とさせる。しかしながら、角を曲がりきると合理主義的な上階は急に途切れて、

証券取引所、トリノ、
取引ホール内装。
屋根形状が
ボドのサン=ジャン=ド=
モンマルトル教会を
想起させる

これが書割以外の何ものでもなかったことが判明する。そこから先では規則的な角度のついた屋根の稜線が支配的になり、アール・ヌーヴォーを思わせる装飾的な方向性があたかもこの建物の本当のモチーフであったかのように感じさせる。ここでは、少なくとも三つの建築の伝統が外観で表象されている。しかし証券取引所における最も大きな驚きは、取引所の内部空間である。ここでは大きな空間に、細い枝状に広がったリブとその先端に載せられた浅いリブ付きドームによる屋根が架けられている。蜘蛛の巣状に広がったリブと膜のように薄いパネルの組み合わせは、アナトール・ド・ボドによるパリのサン＝ジャン＝ド＝モンマルトル教会を思わせる。この一致はほぼ意図的と言っても間違いないだろう。なぜならド・ボドは、ガベッティの着目した、忘れ去られた「二流」建築家の一人であり、ガベッティはサン＝ジャン＝ド＝モンマルトル教会を鉄筋コンクリートが建築術的に扱えることを示した最初の事例として評価していたからである(24)。このコンクリートの歴史を参照した手の込んだモンタージュによって、ガベッティは過去と現在

スピネ・ビアンケ、マテーラ、
イタリア、1954－7年、
ジャンカルロ・デ・カルロ設計。
コンクリート建築の
伝統に対する賛辞が、
フレームの不規則性と
開口部上方に置かれた
柱によって巧妙に
攪乱されている

の連続した状況を実証してみせたのであった。

南イタリアのバジリカータ州のマテーラ郊外にあるスピネ・ビアンケ（一九五四－七）は、ミラノの建築家、ジャンカルロ・デ・カルロ（Giancarlo De Carlo）によって設計された、集合住宅と店舗から成る複合建築である（25）。表向きは控えめで変わったところはないが、この建築はトーレ・ヴェラスカとともに、一九五九年のオッテルロー大会において騒動を引き起こし、CIAMを解散へ導いたとして悪名を馳せた。一見するとこれはよくありがちな建築の範囲内だが、同時にこれは、建築文化に対する意図的な参照をも行っている。ここにはペレ風の打ち放しコンクリートによる構造体があるが、裏側の「逸脱」した立面では下階の柱のピッチが不規則で、コーナーでは抜かれたりしており、またいくつかの二、三階の柱が、下階から外れた位置に設置されている。一階の柱頭付近で梁にハンチをつける（しかし上階にはつけていない）のは、すでに切れて久しいエンネビックの特許への参照となっている。

歴史的な要素と非歴史的な要素を融合する試みの最も過激で、

そして様々な意味において戦後イタリアのこういった傾向の頂点とも言える建築が、フィレンツェ郊外に太陽道路（Autostrada del Sole）の建設で命を落とした作業員のための記念碑として建てられた、ジョヴァンニ・ミケルッチ（Giovanni Michelucci）設計による太陽道路の教会（一九六二－四）である。外観だけでもゲーリーを四〇年先んじる、十分に卓越したものであるが、最も驚くべきなのはその内部空間である。ここでは、コンクリート建設が合理的な工法であるという考え方が根本から打破されている。柱、支柱、筋交いがすべて、まったく混沌とした形で寄せ集められていて、それはネルヴィのエンジニアリングの優雅な明晰さ、並びにミケルッチ自身の戦前の合理主義的な建築や、戦後に手がけたペレの影響を受けた教会建築に真っ向から対立するものであった(26)。しかし太陽道路の教会は同時にロンシャン以後の建物であり、ミケルッチはその事実を我々に教えてくれている。ロンシャンのピンと張った屋根のシェルがここでは不十分に見えるいくつかのコンクリート製の支えでかろうじて垂れ下がったテント形を保っている。この成果物に批評家たちはル・コルビュジエとの類似点を見出すだけでなく、ガウディ、ドイツ表現主義、［ヘルマン・］フィンシュテルリンやシュタイナーのゲーテアヌム、そして［ハンス・］シャロウンのベルリン・フィルハーモニー［コンサートホール］などとの類似点をも見出した。実用的なコンクリートのほとんどすべての流儀が混在している。これはフレームでもなくシェル構造でもない。そして、任意に決められたかのように見える構造部材によって、この建築は様々な異なる伝統を混合するだけでなく、それまでのコンクリート建築で支配的な地位を保っていた工学原理に疑問を投げかけた。ミラノの清貧なるマリア聖堂の設計者、ルイジ・フィジーニ（Luigi Figini）が洞察的に発言したように、この教会は「純粋なテクノロジーに対する警告」すなわち工学の支配を受け入れることへの警鐘なのである。ミケルッチはこの建築の欠点について反論しようとしなかった。むしろ欠点はこの建物の肝心な要素であると本人もフィジーニへの返信の中で認めている。「この建物の欠陥は数多く、しかも重大なものもある。しかし正直申し上げると、私はそれを避けるための術を知

次頁：サン・ジョヴァンニ・バッティスタ教会（太陽道路の教会）、フィレンツェ、1960－64年、ジョヴァンニ・ミケルッチ設計。一見して非論理的な柱と筋交いの配置がみられる内装

サン・ジョヴァンニ・バッティスタ教会、内装。身廊上方に垂れ下がるコンクリートの天蓋

らなかった」(27)。

これらすべてのイタリアの建物は複合構造であり、コンクリートを煉瓦や石のような別の材料と合わせて使ったが、イタリア以外では異端とされるやり方であった。またこれらは複合という点では、複数の材料を採用するという意味にとどまらず、歴史の融合という、同様に異端だが総じて特筆すべき成果を残した。ほとんどのコンクリートの実践者が、一体型、まぐさ式、アーチまたはシェルなどの建設の伝統のうちの一つに固執し、それらの組み合わせを容認しなかったのに対し、ここで我々が目にしているのは歴史的に混成した構造をつくることへの前向きな姿勢である。断続的な技術開発によるコンクリートの一貫性のない歴史の中から、これらのイタリア建築家たちは、統合体をつくりだすことを通して、コンクリートの歴史を有意義なものにする試みを行った。そして同時にニーチェが最も必要と説いた歴史的なものと非歴史的なものの結合を実現させようと企てたのである。

建築家にとって、コンクリートを理解するということはそれを歴史的に理解することを意味していた。しかしながら、技術者に支配されているコンクリート文化は、全体的にコンクリートを非歴史的な材料と見なす傾向にあり、これがコンクリートを歴史的な図式に当てはめるうえでの最大の障害となった。全般的には、この問題があまりにも難しく、戦後イタリアを除いては労力をかけるに値しないと考える者がほとんどで、その代わりにコンクリートを近代的な、非歴史的な材料として使うことに甘んじたのである。

1 Friedrich Nietzsche, 'On the Uses and Disadvantages of History for Life' [1874], in *Untimely Meditations*, trans. R. J. Hollingdale (Cambridge, 1997), p. 63［フリードリヒ・ニーチェ「生に対する歴史の利害」『ニーチェ全集　第四巻　反時代的考察』白水社］.

2 E.-E. Viollet-le-Duc, *Encyclopédie d'architecture*, v/6 (1 June 1855), p. 87, cited in R. Legault, '*L'Appareil de l'architecture moderne*: New Materials and Architectural Modernity in France, 1889–1934', PhD thesis, MIT (1997), p. 25.

3 Gottfried Semper, 'Preliminary Remarks on Polychrome Architecture and Sculpture in Antiquity' [1834], in *The Four Elements of Architecture and Other Writings*, trans. H. F. Mallgrave and W. Herrmann (Cambridge, 1989), p. 48.

4 Adolf Loos, 'The Principle of Cladding' [1898], in *Spoken into the Void: Collected Essays, 1897-1900*, trans. Jane O. Newman and John H. Smith (Cambridge, MA, 1982), p. 66［アドルフ・ロース「被覆の原理について」伊藤哲夫訳『装飾と犯罪』中央公論美術出版］.

5 Peter Collins, *Concrete: the Vision of a New Architecture* (London, 1959), pp. 113–17; Marie-Jeanne Dumont, 'The Fortune of a Pioneer', *Rassegna*, LXVIII/4 (1996), pp. 7–13; Andrew Saint, *Architectand Engineer: A Study in Sibling Rivalry* (New Haven, CT, 2007), pp. 226–7 を参照。

6 Paul V. Turner, *The Education of Le Corbusier* (New York, 1977), p. 52.

7 Y. Rambosson, 'La nouvelle église de Raincy', *Art et Décoration* (January 1924), pp. 1–7; Legault, '*L'Appareil de l'architecture moderne*: New Materials and Architectural Modernity in France, 1889–1934', p. 199 に言及。

8 P. Jamot, *A. & G. Perret et l'architecture du béton armé* (Paris and Brussels, 1927); and P. Jamot, 'Les Frères Perret et la basilique Sainte Jeanne d'Arc', *L'Art Vivant* (1 July 1926), p. 501. Legault, '*L'Appareil de l'architecture moderne*: New Materials and Architectural Modernity in France, 1889–1934', p. 227 に引用。

9 Francis S. Onderdonk, *The Ferro-Concrete Style* (New York, 1928, repr. Santa Monica, CA, 1998), pp. 248–50.

10 Eupalinos (pseud.), 'The Architectural Doctrine of Jacques-François Blondel (1705–1774)', 王立英国建築家協会（ＲＩＢＡ）シルバーメダル応募のために提出されたエッセイ、一九五三年、ＲＩＢＡ図書館に保管。Tanis Hinchcliffe, 'Peter Collins: the Voice from the Periphery', in *Twentieth Century Architecture and its Histories*, ed. Louise Campbell (London, 2000), p. 180 に引用。

11 Collins, *Concrete*, pp. 243–4 を参照。

12 P. A. Michelis, *Esthétique de l'architecture du béton armé* (Paris, 1963), p. 174.

13 G. Dorfles, *Barocco nell'architettura moderna* (Milan, 1956), p. 20.

14 Adrian Stokes, *The Stones of Rimini* (1934, repr. Aldershot, 2002), p. 165.

15 Michelis, *Esthétique de l'architecture du béton armé*, p. 4.

16 E. Arnaud, 'Réponse de M. Arnaud', *Le Béton Armé*, XXXII/36 (May 1901), p. 3. Legault, '*L'Appareil de l'architecture moderne*: New Materials and Architectural Modernity in France, 1889–1934', p. 73 に引用。

17 *Kahncrete Engineering*, XIX/95 (August–September 1932), p. 35. この建物については Andrew Saint, 'Some Thoughts about the Architectural Use of Concrete', *AA Files*, 21 (1991), p. 10 を参照。

18 Albert Kahn, 'Reinforced Concrete these Past Twenty Years', *Proceedings of the American Concrete Institute*, XX (1924); カーンとそれに続く引用は Onderdonk, *The Ferro-Concrete Style*, pp. 5, 51; *Progressive Architecture*, XLVII (October 1966), p. 173 に言及。

19 リナ・ボ・バルディのＳＥＳＣポンペイアにおける協働者、マルセロ・カルバリョ・フェラス（Marcelo Carvalho Ferraz）が、サテライト・シティへの参照について語った。ＳＥＳＣポンペイアはエンネビック方式で建てられたかつての工場の跡地であり、ボ・バルディはエンネビックへの賛辞としてこれをできるだけ残した。「フランソワ・エンネビックよ永遠なれ！」と彼女は記している。*Lina Bo Bardi* (Milan, 1994), p. 242.

20 ペレ・アーカイブの日付のない資料、trans. and quoted by Karla Britton, *Auguste Perret* (London, 2001), p. 244.

21 エチオピア街に好意的な批評の反応としては、M. Tafuri, *History of Italian Architecture, 1944-1985*, trans. Jessica Levine (Cambridge, MA, 1989), pp. 18–19 を参照。

22 Ernesto N. Rogers, *Auguste Perret* (Milan, 1955).

23 証券取引所（ボルサ・ヴァロリ）のより完全な記述と図版については *2G*, 15 (2000), pp. 78–85 を参照。

24 Roberto Gabetti, *Origini del calcestruzzo armato*, Part 2 (Turin, 1955), p. 54.

25 この建物に対するデ・カルロの説明については Oscar Newman, ed., *CIAM '59 in Otterlo* (London, 1961), pp. 87–91; and *2G*, 15 (2000), pp. 44–9 を参照。

26 Claudia Conforti and Marzia Marandola, 'Perret e Michelucci: gli inganni della percezione', in *Un maestro difficile: Auguste Perret e la cultura architettonica Italiana*, ed. S. Pace and M. Rosso, exh. cat., Galleria Civica d'Arte Moderna, Turin (Turin, 2003), pp. 106–79 を参照。

27 太陽道路の教会については Claudia Conforti, *Casabella*, LXX/748 (October 2006), pp. 6–17 を参照。同時代のコメントには、おそらくほとんどはレイナー・バーナムによるものであろう匿名の批評、*Architectural Review* (August 1964), pp. 81–2 があるが、これは建物の「セロリのような構造」に軽蔑的に言及し、広範にわたる建築の参照項を示唆する。ヘンリー＝ラッセル・ヒッチコックのコメントは「エーロ・サーリネンによるケネディ空港のＴＷＡターミナルビルを除けば、一九一九年頃のヘルマン・フィンシュテルリンの大志がこれほどまで実現に近づくことは稀である」というものだった。*Architecture: Nineteenth and Twentieth Centuries*, 3rd edn (Harmondsworth, 1969), p. 623, n.10a. 最も好意的な批評はルイジ・フィジーニによるもので、'Appunti e digressioni sulla chiesa dell'autostrada', *Chiesa e Quartiere*, 30/31 (June–September 1964), pp. 34–64（引用は p. 53 より）。ミケルッチからの応答は *Chiesa e Quartiere*, 33, pp. 2–4。

ナイル河三角州、
カフル・アッシャイフ、
イネをすきこむ農夫。
2009年

FOUR
THE GEOPOLITICS OF CONCRETE

第四章 コンクリートの地政学

ジャック・タチ（Jacques Tati）の一九六七年の映画『プレイタイム（*Playtime*）』は架空のパリを舞台にしている。アメリカ人観光客は、旅行社を出ようとして、ロンドンを宣伝するポスターを見て立ち止まる。それは大きく近代的な高層ビルの写真で、二階建てのロンドンバスが前景を走っている。その後彼女が外に出ると、カメラは停止し、道の向こう側にある同じようなビルを映す。その後旅行社に戻って、彼女は他の旅行先のポスター——米国、ハワイ、メキシコ、ストックホルム——も眺めるが、それぞれが同じビルの光景を示していて、それが旅行社にある他の広告すべてにも現れているのに気づく。タチは近代建築によって生み出された方角喪失に映画の大部分を割いており、時代に先駆けて平板化される空間や地域差異の消失を揶揄した。この効果をもたらしたことが、コンクリートの好まれない一側面であった。コンクリートはどこにでもあり、どんな場所でも同じにしてしまう——果たしてそうだろうか？　これが本章で追求したい逆説である。

セメントは今や石油同様グローバルな産品であり、世界中で取引されている。ドイツのセメント会社ハイデルベルクは、世界のセメント生産の四分の一を占める四大セメント生産者の一つであり、九〇〇隻以上の船団を使って世界中でセメントを運び、局地的な価格高騰に乗じようとしている(1)。この取引は、通常のポルトランドセメント一袋が、世界中どこで買おうとも確固として均一であり一定であることのうえに成り立っている。

しかしセメントが規格どおりの製品であるのに対し、コンクリートの他の構成要素――労働、鋼鉄、骨材――は場所により異なり、明確な地域的特性を持ちうる可能性が開かれている。このことは時折、文化的または政治的理由で利用される。例えば一九三〇年代のドイツの帝国道路総監、フリッツ・トートは、アルプスの比較的標高の低い地域で産出された石灰砕石骨材を使用すると、アウトバーンの橋や他の構造物がドイツのその地方の風景と調和し、あたかも土壌からわき出たかのように見える、ということをわざわざ強調している。しかしこの例や骨材の選択を通じてコンクリートに地域性を与えようとする他の試みでも、コンクリートが真に地元の素材《メディア》だと人々を納得させるのに特に効果があったようには見えない。というのもほとんどの場合、コンクリートはグローバルという雰囲気を残しており、実際それが長いことコンクリートの価値の一部だったからである(2)。

コンクリートは発展史の初期においてその普遍性が認識されていた。フランスの起業家、フランソワ・コワニェは一八五〇年代に自らの化学事業からセメント生産と請負を展開したが、コンクリートが従来の素材の使用にあたっての地理的限界をなくして、建物の建設に革命的な効果を与えるだろうと予見していた。もはや地元の石材供給元や煉瓦を焼く燃料を探す必要にも、熟練労働力の確保可能性にも縛られないため、コンクリートはどこでも持続的に安定した建設活動を可能にすると考えたのである。コワニェは一八六一年に「パリでなしえることならば何でも、他のどこでも同じことができる」と記した(3)。

第一次世界大戦後、鉄筋コンクリートの普遍性が建築美学と「国際的な様式」を求める機運と絡み合うようになった。鉄筋コンクリートの普遍的性格は、あらゆる国と地域における建築の統一様式の促進を正当化する理由とされ、鉄筋コンクリート構造の世界的な拡散は、均一な様式の正当性の証明とされた。言うまでもなく、この「国際的な様式」は西洋諸国の創作であり、これが世界中に拡散したことは、特定の素材《メディア》や建設工程に想定された普遍性と非場所性と同じく、二〇世紀における西洋諸国の支配にも関連している。建築の普遍的様式をつくろうとしたことが残した重要な問題が、未だ二一世紀初頭の我々と共にあり、初めから加担してきたコンクリートもその問題の一部となっているのである。

コンクリートの素材《メディア》としての普遍性と建築様式における普遍主義との混同は、一九二〇年代にフランスで始まった。一九二五年のパリ現代装飾美術・産業美術国際博覧会（ル・コルビュジエがエスプリ・ヌーヴォー館を出展した）に関する報告で、批評家マルセル・マーニュはこう記している。「鉄筋コンクリートは各国で見られる素材の集合体であり、多くの異なるプログラムに基づく要求を経済的に満たせるため、その使用は普遍的になるだろう。この工法は普遍的な様式の誕生をもたらすと言えるだろうか？」（4） マーニュの修辞的な問いかけは直ちに、現実の自己正当化に転用された。例えば建築家、ロベール・マレ＝ステヴァン（Robert Mallet-Stevens）は翌年にこう発言した。「人はロサンゼルスでアムステルダムと同じものを建てるし、東京でパリと同じものを建てる。需要が同じであり、習慣が同じであり、材料も鉄筋コンクリートのおかげで同じなのだから」（5）。ジークフリート・ギーディオン（Sigfried Giedion）は一九二八年に『フランスの建物（*Building in France*）』を著すまでには、コンクリートが国家的なものと国際的なものの区別が解体されたことの証しとなり、それが建築を変革していると確信していた（6）。アメリカ人技術者、フランシス・オンダードンクの一九二八年の本では、鉄筋コンクリートがどこにでもある素材であるとの見方が標準化されていた。「ゴシックは全ヨーロッパを通じて栄えたが、新様式は全世界を通じて栄えるだろう。というのも鉄筋コンクリートはすべての大陸で今やすでに使われているからである――ボンベイでもストックホルムと同じように、アルゼンチンでもロシアと同じように」（7）。しかしオンダードンクは「気候的な相違や歴史的背景によって、単調さが避けられる」とつけ加えて、一見完全そうな鉄筋コンクリートの普遍性に裂け目を入れている――結局のところ、それはどこでもまったく同じになるとは限らないのだ。

一九五〇年代、六〇年代に人々が近代建築の国際様式に対する反論を求め始めたとき、コンクリートの解釈も変わり始め、地域的あるいは国による相違の可能性が更なる重みを獲得し始めた。「スイスのコンクリート」、「インドのコンクリート」、「日本のコンクリート」という言葉が聞こえ始めた。しかし一九二〇年代の「普遍的なコンクリート」と同様に、こうした一見信頼のおけそうな分類に惑わされるべきではないだろう。「普遍的なコンクリート」が建築様式の国際的な均一性に関する議論の根拠になったように、こうした新たな「国のコンクリート」は逆の主張の根拠になるだろうからである。一片のコンクリートを目にしたときに、それがどんなものであれ、我々を直ちに他のすべてのコンクリート製品の世界に結びつけるのか、あるいはそのコンクリートは局地的な現れであり、たまたまそれが占めている特定の場所に我々を結びつけるのか？　それとも同時に両方に、ということはないだろうか？　場所とはグローバルかつ局地的である限りにおいて場所である、という議論のように、一片のコンクリートを具体的《コンクリート》にしているものは、おそらく両方への接続である——そしてコンクリートを「国家的」という中間にある人工的なカテゴリーの中に収めようとする試みは変則的なものとなる（8）。こうした問いの困難さによって初めて、コンクリートの地政学がいかに変わりやすいものであるかに気づかされる。

コンクリートの国籍

　コンクリートは誰のものか、を問うことが出発点である。馬鹿げているかもしれないが、鉄筋コンクリートがありふれていて世界中どこでも入手できることを考えれば、聞こえるほどそうおかしくもないだろう。というのもある国々はコンクリートの所有権を主張することに多大な努力を払ってきた——またあるときはそうではなく、縁を切ろうとした——からである。最も激しく我がものと主張してきた国は間違いなくフランスだが、その主張にいくばくかの妥当性があるのは、コンクリートとその補強法に関する発明と発見の多くがフランスにおいて生じたからである。しかし、同じ発見が同時に別のところでなされたこともあるし、最も重要ないくつかの方法はフランスでは生まれていない。［ジョゼフ・ルイ・］ランボーによる鉄で補強されたセメント製ボートは一八四九年に発表され、フランスの鉄筋コンクリート史上で神話的な地位を占めている。よく語られるコンクリートの系譜のうえでも著名な［ジョゼフ・］モニエ、［パウル・］コタンサン、［フランソワ・］エンネビックらによる開発も、初期の鉄筋コンクリート使用においてフランスに確かな優位をもたらしている。しかしコンクリートには別の起源もある。例えば英国人セメントメーカーのジェームズ・プラム（James Pulham）は一八四〇年代に、セメントからコンクリート石庭用の人工石、シダ栽培ケースやほかの構造物（彼の製品はバッキンガム宮殿庭園に残っている）へと多角化したが、構造的特質が支配的なフランスに対し、コンクリートの装飾的特質が重要とされたため、その観点からはかなり異なったコンクリートの歴史が現れるだろう(9)。シリル・シモネが言うように実際のところ、コンクリートはたくさんの異なる場所で何度も発明されていたのだ。にもかかわらず、フランスは繰り返しセメントとコンクリート双方を自らのものだと主張してきた。フランスの批評家、ポール・ジャモが一九二六年に記したところでは「フランス人がそれ［鉄筋コンクリート］を八〇年前に発明し、フランスの技術者たちこそその最初の使い方を開発したのだ」。よく語られる別のフランス人批評家、ミロン・マルキエル＝ジルムンスキー（Myron Malkiel-Jirmounsky）は建築の新様式が普遍的である一方、鉄筋コンクリートはフランスの発明であり、フランス人こそがその造形的かつ近代的な可能性を初めて示したのだと主張した(10)。こうした称号に対するフランスの主張は、引き続きさらに国家主義的になり、一九三八年のジャン・エプスタン（Jean Epstein）による映画『建設者たち（*Les Bâtisseurs*）』では、コンクリートはフランスの国を代表する新たな材料として示されている(11)。一九四九年にはフランスのセメント・コンクリート産業が鉄筋コンクリート一〇〇周年を記念した会議を開いたが、この席上では当然ながらランボーのボートの優越性が確認された。このときの出版物『鉄筋コンクリートの一〇〇年（*Cent ans de béton armé*）』には鉄筋コンクリートに関するフランスの所有権を広範に主張する議論があり、本の最後の図版では鉄筋コンクリートを「世界に広まるフランスの思考と創造性」として示している。同書はもっぱらフランスの発明と成果に集中し、ドイツやアメリカでの展開には何一つ言及していない。都市復興省長官、［ウージェンヌ・］クロディウス・プティ（Claudius Petit）はこの会議の式辞で国家主義的な雰囲気を決定づけた。「この材料はフランスの土地に生まれたから、フランスの土地で祝福されてしかるべきである」(12)。

フランス人たちの一〇〇周年祝典からドイツの貢献に対するあらゆる言及が欠落していたことは、注目に値する。というのも鉄筋コンクリート構造の分析に数学的手法を初めて開発したのはドイツ人技術者で、それによってモニエ、エンネビックらの初期コンクリート事業者が試行錯誤に頼っていた方法を超えてコンクリートが進歩できたからである。鉄筋コンクリートの構造計算の最初の手引書はドイツのものであり、ヴァイス（Wayss）とケネン（Koenen）による一八八七年の『モニエ・システム（*Das System Monier*）』と、エミール・メルシュ（Emil Mörsch）による一九〇二年の『鉄筋コンクリート建築（*Der Betoneisenbau*）』である。これらこそがコンクリート設計の知識を公開し、コンクリートの世界的な普及を可能にし、ひいてはあらゆる国のあらゆる技術者が鉄筋コンクリート構造を設計できるようにしたのである。一九〇二年にオーストリアの技術者、フリッツ・フォン・エンペルガー（Fritz von Emperger）は技術者向け月刊誌『コンクリートと鉄（*Beton und Eisen*）』を創刊し、ついでコンクリート建造物に関する手引書のシリーズを世に送り出した。これは当初は一二巻で計画されていたが、最終的に一九三九年までには二〇巻に及んだ。同時代フランスの刊行物が宣伝や営利目的であったのに比べ、エンペルガーの刊行物は科学的で客観性があり、視野がはるかに国際的であった。シモネは、エンペルガーが雑誌や手引書を刊行した目的の一つは、鉄筋コンクリートに対するドイツの権限を主張することだったと示唆している(13)。

さらにフランスの『鉄筋コンクリートの一〇〇年』には、戦間期にドイツ人によって切り拓かれ整備されたシェル構造についての言及が一切欠落している。一九五〇年代後半になって初めてフランス人はシェル構造を使い始めたが、その頃にはシェルは十分国際的なものになっており、もはやドイツや他の国と結びつけられることはなくなっていた。二〇世紀のそれ以前の時代には、仏独の対抗関係は鉄筋コンクリートの大きさと仕上げという二つの側面をめぐって大きく動いていた。どちらにおいても当初はドイツが優勢であった。第一次世界大戦より前には、ドイツが当時最大の建物を生み出した。一九一三年のブレスラウ一〇〇年記念会館の大きさに匹敵するものはフランスになかったのだが、これは長らくフランスの出版物では無視された（p. 188）。フレシネ（Freyssinet）による航空機格納庫がオルリーで一九二三年に完成し、ようやく匹敵するものがフランスにできたのだが、これはその後のフランスのコンクリートの記事で突出して大きく扱われた。ドイツの建築家と技術者が当初優勢だったもう一つは、コンクリートの仕上げだった。打ち放しコンクリートはドイツにおいて一九〇〇年初頭から社会的に重要な建物に使われており、ドイツ企業はコンクリートを石のように見せる仕上げの技術を完成させていた(14)。躯体のコンクリートを仕上げとするほどうまく打てない場合でも、フリッツ・シューマッハのハンブルク造形美術大学の玄関ホール内装のように、ドイツの建築家は継ぎ目なしの現場打ち《モノリシック》コンクリートのように見せる技術を完成させていた。ドイツ建築はこうした石に似せたコンクリートの表面処理で評価されたが、フランス人が後に真似ることもあったものの、フランスでは侮蔑の念をもって見下された。ペレ兄弟のシャンゼリゼ劇場ではコンクリートは打ち放しではないが、一九一三年の竣工時に表面の装飾を欠いていたため、ドイツの影響に毒されたものと見なされた(15)。イタリアでも同様で、内部仕上げに打ち放しコンクリートを採用した最初の公共建築の一つ、ピアチェンティーニ（Piacentini）のコルソ映画館（Cinema Corso）は、ローマの歴史的に敏感な場所にあり、一九一八年の竣工時にドイツと打ち放しコンクリートとの関連から強く非難された。イタリアは当時ドイツと戦争関係にあったため、この建物は非愛国的とか「敗北主義」とまで責められた(16)。フランス人技術者、レオン・プティ（Léon Petit）は一九二三年に、ドイツ人が執着する打ち放しコンクリートの石に似せた表面処理を「愚の骨頂」と斥けた。

「びしゃん叩き、あるいは砕けた石に似せた叩き、化粧目地、赤い砂岩を模倣する染色、塩酸で表面を傷めて花崗岩のように見せる……我々はこうした偽装を一切望まない。それらは言うまでもないことだが、ほとんどすべてがライン川の向こう側に見られる」(17)。この特徴づけが正確かどうかはともかく、目的はドイツのコンクリートの扱いにおいて好評を得ていた、石材を模した仕上げを誹謗することにあった。

一九二〇年代初期に、コンクリートと地理との関係が大きく変わり始めた。そこでは米国が鉄の国として、ヨーロッパがコンクリートの地として位置づけられた。この半面の真実はしばしば繰り返され、半世紀にわたり続いた。ある批評家の一九六七年の記述を引用すると「ヨーロッパの技術者は鉄筋コンクリートを好むことで知られ、アメリカの技術者は鉄構造の骨組みを好むことで知られてきた」(18)。興味深いことに、アメリカに鉄筋コンクリートに対する偏見があるという主張は、より容易に鉄筋コンクリートを受け入れたカナダまで及んではいない。理由の一つは、技術と嗜好を携えて移り住んできたヨーロッパ人建築家・技術者の数が比率のうえで多かったからだと言われる(19)。コンクリートがアメリカの素材ではないという想定は主にほとんどの、少なくともニューヨークとシカゴにおける摩天楼が鉄骨造だった事実によるものだった。しかし確かに鉄筋コンクリートは米国になかったわけではなく、アメリカ人は初期の開発において実際には重要な役割を果たしたし、当初はフランス人に先んじていた。アーネスト・ランサム(Ernest Ransome)は一八八〇年代に工場の巧みな建設システムを開発し、販路をカリフォルニアだけでなく中西部と東海岸に広げた。ランサムの成果にかんするレイナー・バンハムの説明は、コンクリートの歴史の黎明期に対するフランス人の先入観を正すものだった。バンハムは、一八九五年頃までに鋼構造の主要な技術開発が終わり、米国工学界において一九〇〇年以降の一〇年間には鉄筋コンクリートだけが刺激的な新材料として脚光を浴びていたと記す(20)。高層建築の建設においても、すべての摩天楼が鋼構造というわけではなかったし、一九〇一―二年という短い期間において、世界一高いオフィスビルはコン

前頁:造形美術大学、ハンブルク、1911－13年、フリッツ・シューマッハ設計。玄関ホール、コンクリートの石造風仕上げ、第一次大戦前のドイツで竣工した

クリート造だった。それはランサムのシステムを用いてシンシナティに建てられた一六階建てのインガルス・ビルディングであった(21)。ニューヨークの摩天楼を(鋼鉄で)多数建ててきた建設会社の社長、W・A・スターレット(W. A. Starrett)は、一九二八年の記述の中でコンクリートの摩天楼建設への貢献を認めた。彼によれば、米国には一〇階建て以上の鉄筋コンクリート造建物が三五〇棟以上あり、最も高いものはオハイオ州デイトンにある二一階建てのオフィスビルであった。しかしスターレットにとって、鋼鉄は完全にアメリカの材料である一方、コンクリートは部分的にしかそうではなく、彼はコンクリートの貢献の半分はヨーロッパ人だと気前よく認めた(22)。一九〇三年にデトロイトのアルバート、ジュリアス、モーリッツのカーン兄弟(Albert, Julius and Moritz Kahn)はドイツの専門的知見を利用して、鉄筋コンクリートの独自のシステムを開発し、トラスコンとも呼ばれたトラス・コンクリート建設会社(the Trussed Concrete Construction Company)から販売、成功を収めた。ヘンリー・フォードの自動車工場やパッカード社に建物を供給したばかりでなく、カーン兄弟の影響は米国外に広がった。戦間期の英国ではカーンのシステムが、「カーンクリート(Kahncrete)」の商品名で売り込まれ、コンクリート造の商業建築を席捲した(23)。ヨーロッパ人の観点から見ても、第一次世界大戦前から戦後にいたるまで、アメリカのコンクリートは重要だった。鉄筋コンクリートの美学に関する世界で初めての本、エミル・フォン・メセンセフィ(Emil von Mecenseffy)の一九〇九年の『鉄筋コンクリートの芸術的造形(*Die künstlerische Gestaltung der Eisenbetonbauten*)』(エンペルガーの手引本シリーズとして出版された)はドイツを除けばどの国よりもアメリカの建物の図版を多く含んでいた。

アメリカが鉄筋コンクリートを自国のものと主張するのを躊躇った決定的な要因は、それが本当に「工業的な」材料と見なせるのかという不安にあった。アメリカの国家的神話とは、非熟練労働者によって組み立てられる部品の大量生産法を開発することで、熟練労働者の不足を乗り越え、国の強い工業力を実現させたことだった。このモデルに一致しない方法には疑いの目が向けられた。鉄筋コンクリートは、型枠の組み立てにおいてたくさんの手仕事を必要としており、アメリカの工業原理に適合しないが、一方鉄骨構造は、工場生産の部材を現場で組み立てるものであり、完全に適合するものであった。アメリカの鉄筋コンクリートへの貢献を主張すると思われたアルバート・カーンですら、この理由からヨーロッパ人の貢献を積極的に認めようとしていたように見える。彼が言うには「労賃がずっと低く、念入りな職人仕事がアメリカより一般的だったので、彼ら[ヨーロッパ人]が我が国ではまったく不可能な結果を生み出すにいたったのは自然のことだった」(24)。一九六〇年代に入ってすら、コンクリートは手仕事に依存しているためアメリカの材料ではないという見方は残っていた。アメリカの建築家、ウォルター・セリグマン(Walter Seligman)は自分の疑いをこう表現した。「コンクリートに関するあらゆる議論の根本は、素材の本質とアメリカ的技術という観念との二項対立である。どんなに制御できたとしても、コンクリートを工業化の考え方に合致させることは依然としてたいへんなことである」(25)。

驚くまでもなく、ヨーロッパ人建築家・技術者はすすんで、コンクリートがアメリカの素材ではないという誤謬に加担していた。ドイツ国家社会主義のイデオロギーがいかに鉄をアメリカに結びつけ、一方でどのようにコンクリートがより国民的な選択肢を提供したかを我々はすでに見てきた。フランスでも、ロベール・マレ＝ステヴァンが一九二五年にオランダの雑誌『ウェンディンヘン(*Wendingen*)』のフランク・ロイド・ライト特集号に「アメリカ人はこの建築様態を長い間拒絶してきており、鉄が彼らの建築技術において君臨してきた」と記した(26)。これは無知のゆえではありえず、むしろ当時は特別の重要性がなかったとはいえ、事実の意図的な無視であった。コンクリートをヨーロッパに、鉄を米国に地理的に割り当てることは、第二次世界大戦終結後ヨーロッパ情勢に対するアメリカの影響が重大な政治的・文化的争点となったときに、初めて意味を持つようになった。ある材料と他の材料とのあいだの選択が単に趣味や費用対効果の問題ではなくなり、代わりにアメリカの文化的支配に対する許容か抵抗かの記号となったのである。戦後のヨーロッパにおいて鉄とコンクリートの区別は常にアメリカに対する姿勢を暗示していた。イタリア人建築家ジオ・ポンティ（Gio Ponti）の一九五七年の著書『建築を愛しなさい（*In Praise of Architecture*）』からの一節の含意もそれである。

何年も前、イタリア人として私はこう考えた。「鉄筋コンクリートの建築はどんなに新しくても、やはり建築である。なぜなら建築家によって作られているからだ。鉄の建築は鉄によるだけではなく空間によっても造られているときに限り建築である。ただ構造と骨組みであるような鉄はいまだ建築たりえていない。少なくともそれは建築家からいまだ何も与えられていない。それは他の人物、違う種類の人、鍛冶屋や冶金を仕事とする人々、工業の人々によって作られるものだ。建築家は今もなお水とともに仕事をし、現場で彫造し、他人を通じて仕事をする彫刻家である。鉄骨に関わる異なる種類の人々は現場で仕事をせず、水の代わりに火とともに仕事をし、彫造せずに鍛造する。その後彼らは巨大な機構を立ち上げ、ボルトとレンチ、溶接、彫るのではなく叩くためのハンマーとともに仕事をする。鉄の建築はいまだ存在しない、すくなくとも我々イタリア人の間では。

そして彼は続ける。

私は最終的に、全て鉄で作られた構造物を建築に分類できない。もし建築という言葉が何かに捧げられた芸術作品、美の表現を意味し、技術的成果のほかに何も目的を持たない単なる達成ではないとすれば。(27)

戦後ヨーロッパの状況を考えると、ポンティが鉄よりコンクリートを好んだことは、ヨーロッパ文化のアメリカ文化に対する優越を主張したものと読みとらざるを得ない。

一方反対側を見ると、アメリカ人建築家が一九五〇年代後期と六〇年代にコンクリートに興味を持ち始めたとき、試みの場として向かったのはヨーロッパであった。ＳＯＭのゴードン・バンシャフト（Gordon Bunshaft）は常にコンクリートに憧れていたが、「我々はコンクリートでいろいろなことができるとわかっていたが、教育を求めていた」と回想した。このアメリカ人建築家のコンクリートによる初期の作品群はヨーロッパに建てられた。イスタンブール・ヒルトン（一九五一–五）とブリュッセルのランベール銀行（一九五九–六五）である。少数の顕著な例外、特にエーロ・サーリネンの作品はあるものの、鉄筋コンクリートがアメリカ建築における一般的な建設手法の一つとなったのは、一九六〇年代後半になってからだった(28)。

　鉄筋コンクリートがいかに大西洋を挟んだやりとりの一部となっていたかを異なった仕方で示す、戦後ヨーロッパの二つの象徴的な建築作品がある。その一つは、ジオ・ポンティの出身地ミラノにあるトーレ・ヴェラスカであり、戦後の建築文化において様々な意味合いで中心的な建物であった(29)。一九五九年のＣＩＡＭ会議においてこの建物が代議員同士に引き起こした騒動はＣＩＡＭが二度と開催されなくなるほど苛烈だったが、この建物はヨーロッパの対米関係史においてもまた重要であった。トーレ・ヴェラスカは一九五〇年から一九五八年までという例外的に長い構想期間の成果であるが、その間に依頼主や建物の背景関係、設計それ自体にまで顕著な変化が起きた。もともとは、戦中の爆撃により部分的に破壊されたミラノの一地域に、アメリカの資金によって新たに計画された中心業務地区の一部であった。そのためこの設計は、同国のイデオロギー的・政治的支配における共産主義の影響への抵抗と関連づけて評価されるべきである。設計事務所ＢＢＰＲは低層案と高層案の二つの計画を用意したが、依頼主はおそらく、より「アメリカらしい」という理由で摩天楼案を選択した（これにも当初は二案があり、スラブの積層案と、正方形の塔状案があった）。採用されたのは正方形の塔状案で、竣工した建物と外形が似ているとはいえ、ＢＢＰＲの当初の設計では、アメリカの摩天楼の伝統と見なされた鉄骨によって建てられることになっていた。一九五〇年代中頃にアメリカ人支援者が撤退し、敷地がイタリア人の所有に移った際には、建設材料が鉄からコンクリー

トに変更された。構造家も代わり、新しい技術者としてミラノ出身のコンクリート信奉者、アルトゥーロ・ダヌッソ（Arturo Danusso）が任命された。鉄骨造からコンクリート造に変更した正確な理由がどうであれ、このことは摩天楼が依然として鉄で建てられていたアメリカから距離を置いたことを示した（戦後初のアメリカの鉄筋コンクリート摩天楼であるサーリネンのCBSビルとミノル・ヤマサキの世界貿易センターが竣工したのは一〇年後である）。エルネスト・ロジャースはBBPRのパートナーの一員であり、建築誌『カサベラ（*Casabella*）』の編集者でもあったが、建築と伝統すなわちアンビエンテ（*ambiente*）、またヴァナキュラーな建築言語との関係性について思考を展開させていた。トーレ・ヴェラスカの建設材料の変更はそれと同時期のことである。当時のヨーロッパではいかなる摩天楼も新奇であり、アメリカのものだけが歴然とした、唯一の模範であった。にもかかわらず、トーレ・ヴェラスカの風変わりな形態はロンバルディアの要塞を参照しており、一目で鉄筋コンクリートだとわかるつくりは、アメリカ的な模範の率直な拒絶だと言えた。サロム社ビル［現・トーレ・ガルファ］とジオ・ポンティのピレッリ社ビルという、数年後竣工したミラノの別の二本の摩天楼と比べてみると（設計期間はトーレ・ヴェラスカの建設と重なるとはいえ）、トーレ・ヴェラスカは紛れもなくヨーロッパ的であった。後にできた二棟も鉄筋コンクリートで建てられたとはいえコンクリートは外観に現れず、そのカーテンウォール工法と軽やかな外形によって、アメリカの摩天楼の伝統のうちに位置づけられるものである。ところがトーレ・ヴェラスカは、あまりに明白な鉄筋コンクリートの骨格、時代錯誤的な熟練職工の手で仕上げられた大理石スタッコの表面塗り、大理石の破片を含む特殊セラミック組成物による独自のプレキャストパネルといった特徴から、当時のアメリカの建物とは一切関連性を持たなかった。しかし六〇年代にアメリカの摩天楼がコンクリートで建てられ始め、シカゴのジョン・ハンコック・タワーやシアーズ・タワーのようにさらに形態が大胆になった頃に、カーテンウォールを用いた規格からの離脱を正当化しようと建築家が引き合いに出したのは、BBPRがミラノで行ったのと

前頁：トーレ・ヴェラスカ、ミラノ、1950－8年、BBPR設計。店舗、事務所、また外に張り出した上層部は集合住宅。
「ヨーロッパ式」摩天楼

同じく、イタリアの歴史建築だったのである。悪評がたったトーレ・ヴェラスカはそれ自体引用されることはなかったが、後代に現れるべき摩天楼の設計に、取って代ることのできるモデルの可能性を示したのだ。

鉄筋コンクリートがヨーロッパ性を指し示したことで並び称される、もう一つの作品は、アリソン&ピーター・スミッソン(Alison & Peter Smithson)が設計し、一九六四年に竣工したロンドンのエコノミスト・ビルである。スミッソン夫妻はその計画の建築家として一九五九年に指名されたが、同年のCIAMのオッテルロー会議で見たBBPRへの痛罵を間違いなく意識しており、トーレ・ヴェラスカのようなあからさまに対立的なものを避けるように気を配った。エコノミスト・ビルではアメリカとヨーロッパ双方の建設技術が繊細に混成され、どちらの伝統も優越していない。その前にできたロンドンの高層オフィスビル——シェル・センター、ヴィッカーズ・ビル〔現・ミルバンク・タワー〕、ロンドン・ウォール沿いの建物群、ニュージー

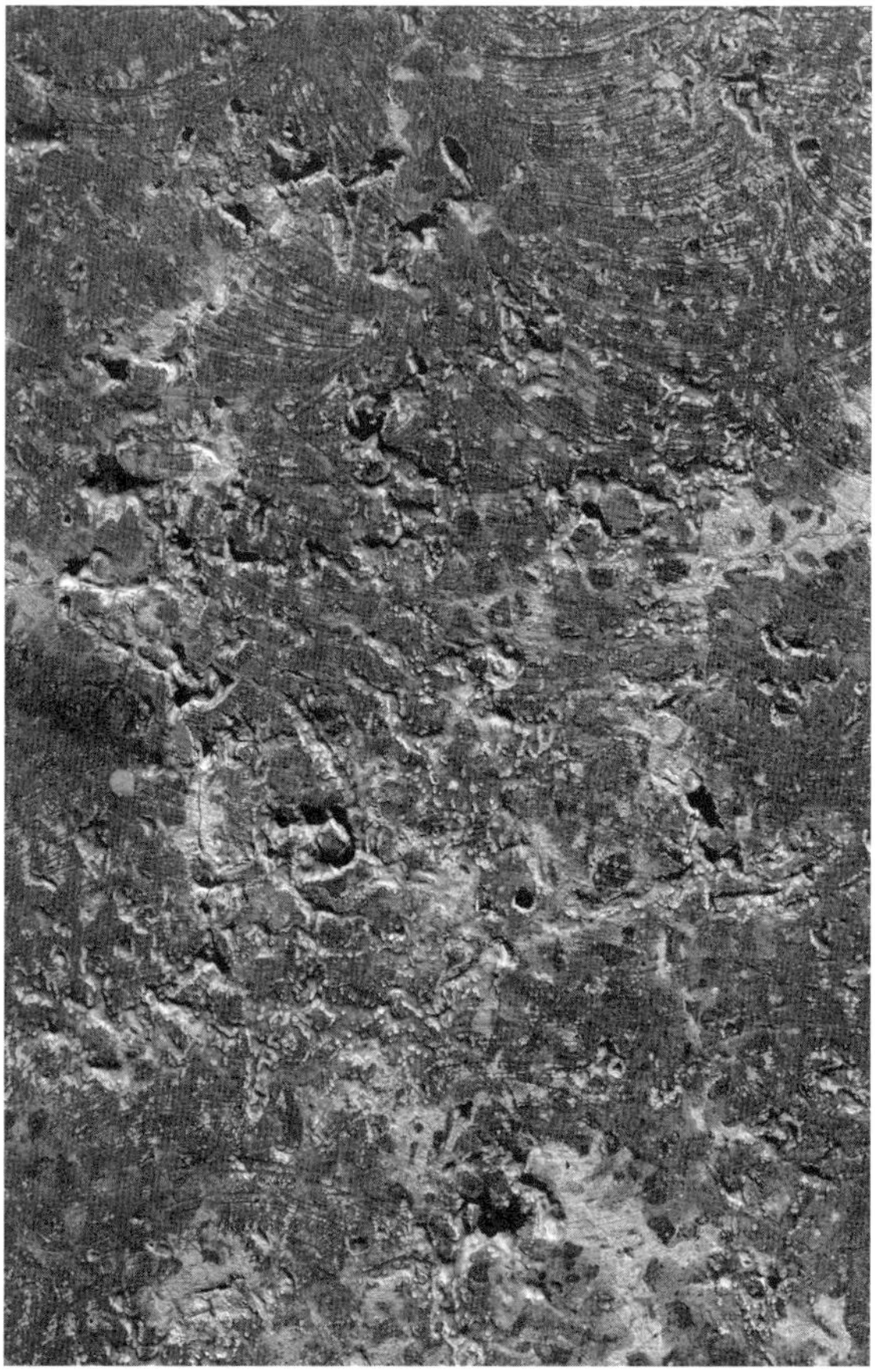

トーレ・ヴェラスカ、ミラノ。
コンクリート型枠に与えられた
下塗りの表面細部。
円形が手による仕上げの
痕跡を示す

ランド大使館、カストロール・ハウス――はほとんどが鉄骨造だった。経済的に有利であったにもかかわらず、戦後の英国では大規模建築に鉄筋コンクリート造を採用するのがたいへん遅く、一九五〇年代の英国の都市は「鉄骨の森」のようだと記された(30)。当時ロンドンでオフィスビルに鉄筋コンクリートを試用していた建築家はリチャード・サイファート(Richard Seifert)だけであった。多くの点からニューヨークのオフィスタワーの縮小版と言える建物を、鉄筋コンクリートで建てたというスミッソン夫妻の選択は際立ったものである。それは英国建築のアメリカ化に対する彼ら自身の葛藤という文脈において評価されなければならない(31)。

エコノミスト・ビルはアメリカのオフィス設計に多くを負っていた――比較的新たな展開で当時の英国のオフィスにはあまり見られない中央の設備コア、同様に目新しいものであった空調設備、またアメリカにおけるミース・ファン・デル・ローエの建物のような全体的に抑制的な特徴――。その一方で、他の点では米国モデルから離脱していた。最も際立った逸脱は隅切りで、敷地の後方へ光を取り込むためだが、貴重な賃貸床面積を逸失するという理由でアメリカの投機用オフィスビルにおいて決して許されていなかった特質であった。敷地の傾斜を利用して、タワーが街路のレベルにあるのか、それともアメリカの常套的なやり方どおりに持ち上げられた基壇に建っているのかについての両義性も生み出された。構造の取り扱いも同様に混成的である。この建物は鉄の骨組みで何の問題もなく建てることもできた。もしスミッソン夫妻がアメリカの建物のより明白な特徴を欲したとすれば、それが鉄骨造であると人々が信じるよう望んだだろう。彼らはすでにアメリカ的で、ミース・ファン・デル・ローエに着想を得た鉄骨造建築、ハンスタントン中等実務学校［現・スミッソン高校］を建てていたにもかかわらず、スミッソン夫妻は一九五〇年代後半には鉄骨を放棄し、実際にアメリカ建築全般に背を向けた。一九五八年の論文で、ピーター・スミッソンは近年のアメリカ人の仕事に「金属加工労働者による建物であり、純粋主義の基準からしてまったく建築とは言えない」(32)と批判的に言及した。ピーター・スミッソンによれば、エコノミスト・ビルはもともと「コンクリート造として設計されたが、荒々しいコンクリートではなく、機械生産のようなコンクリートである。……しかしそのとき……おそらく彼ら（依頼主）が、セント・ジェームズ街にコンクリートを露出させることに疑問を持ち始めた」(33)。結果としてエコノミスト・ビルとそれに関連する建物は鉄筋コンクリート造であるが、ポルトランド石、つまりロンドンのほとんどの公共建築で使われる地味でいわば英国のビジネススーツのような装いで覆われた――しかしスミッソン夫妻は通常の肌理の細かいところを選ばず、石層の上部から採取される孔のあいた石を選び、ポルトランド石の使い方を根本から変えた。当時この部分の石は建築用途には不向きとされていたが、化石が多く交じり深く亀裂が入り、トラヴァーチン大理石と似て全体的に華やかな印象を与える素材であった。柱の石材の被覆を広場の舗装面まで途切れなく連続させるよりも、舗装面から二インチほど上で止めることで、その下の骨組みにあるむき出しのコンクリートを露わにした（少なくとも一九九〇年、建物の改装の一環としてコンクリートの露出された部分が下塗り材によって覆われてしまうまでは）。慎み深くスカートをたくし上げくるぶしをちらりと見せるかのような、ピーター・スミッソンが「ブレヒト流詐術」と呼んだものは、いくぶんわざとらしくアメリカとヨーロッパの建物の違いを暗示する――その両者は似てはいるが、決して同じではないのだ。

コンクリートが戦後期に大西洋両岸のやりとりの一端となった一方で、ヨーロッパ諸国のコンクリートの所有権をめぐる競争が、一九五〇－六〇年代のプレファブ工法の勃興とともに一時的に再燃した。この挿話は第五章で詳細に記述されるが、ここではその地政学的含意についてのみ論じておく。建物を組み立てるためのコンクリート部材の工場生産は、工程を制御できるようになったため、一八七〇年代以降最も一般的で信頼されたコンクリート利用法の一つとなった。コンクリート構造の基本的特性だと多くの人々が見なしていた、一体成型という原則に反するという理由で拒まれることもあったが、プレファブ式生産にはいつでも支持者がいた。一九世紀後期の英仏米で様々

エコノミスト・グループ本社、
ロンドン、1962－64年、
アリソン&ピーター・スミッソン
設計。
コンクリートの骨組みが、
柱に貼られ縦切込を
入れられたポルトランド石の
後ろに見える

エコノミスト・グループ本社、
ロンドン。
エコノミスト・タワーの柱礎、
1990年の改修前。
スミッソン夫妻の
「ブレヒト流詐術」

なプレファブ工法が開発されたが、どれも普及することはなかった。第一次世界大戦とその余波でプレファブ式生産への関心が高まったが、それは熟練労働者が稀少でかつ住宅建設需要が多かった時代に、現場での熟練建設労働者の需要を減らす見込みが示されたからであった。開発された工法のほとんどは、コンクリートブロックつまり一人が容易に扱える寸法の部材の応用であったが、より大きな部材の実験も少数ながらあった(34)。有名なものは一九二〇年代後半にフランクフルトで行われたもので、工場で大型の壁面パネルを製造するための研究と投資が市の大規模な公共住宅供給計画に拠って正当化された。一九二九年の世界恐慌により、労働の節約を根拠とするすべての工程が不要となり終了したために短命だったとはいえ、この実験は大規模プレファブ工法の開発が成功する前提条件の一つへの関心を集めた――つまり、部材を製造する工場への投資を正当化し、その継続的なフル稼働を保証しうる、長期間にわたる十分かつ安定した需要への確信である。

第二次世界大戦後、枯渇した住宅ストックと熟練労働の不足により、第一次世界大戦から引き続いた状況が、全体的に大規模なものとなって繰り返された。というのも欧州を通じて、建て主としても投資者としても新たな住宅建設に対する国家の関与が、プレファブ化の実験を再開する理想的な条件を提供したからである。各国がプレファブ化にとびついたが、プレキャストコンクリートによるプレファブ化を開発する道を切り拓いたのは、いくつかの理由によりフランスであった。すでに戦前からフランスは鉄とコンクリートの複合工法であるモパン・システムを開発していたが、これはかなり広範に使われ、ライセンス付きで英国を含む他国へ輸出されていた(35)。戦時中にドイツ軍技術者がフランスの建設業者を、大西洋岸の要塞やフランス中の数々のコンクリート造の軍施設をつくるよう雇用したことで、小規模業者までもが比較的進んだコンクリート建設技術――後に利用することができた専門技術――を強制的に経験させられた。戦後プレファブ式生産を有利にした決定的要因には、都市計画、住宅計画への歳出、建設技術の研究を統制する唯一の官庁として都市復興省の下に建物の建設が集約されたことがである。この並外れた機能集約は、国家がその製品への需要を保証できたため、プレファブ式生産への大規模投資に最適な条件を生み出した。戦後初の大型パネル工法に関する特許はレイモン・カミュ（Raymond Camus）が一九四九年に取得した。これにフランス政府がパリ付近の一用地に四〇〇〇戸のアパートメントを建設する契約が続いたため、彼はモンテッソンに最初の工場を設立することができた。カミュは以前シトロエン社で働いており、建築部材の生産に関する着想は、自動車製造業での経験に大きく依存していた。企業組織の見地からしても、カミュと追随した他の業者がもたらした革新によって、かつて中小建築業者の領野だった住宅生産が、初めて巨大業者に支配される市場になった。各業者が市場に参入することができる根拠は、プレファブ生産工場に投資する能力の有無にあり、業界での存続は、その工場の製品を引き受ける新しい用地と住宅供給計画が終わりなく続くことにかかっていた。これは要するに、フランス各都市の郊外を占めた、巨大で高層の公営住宅区域、グラン・ザンサンブルの物語である。カミュ、バランシー、コワニェほかのフランスの工法によって、ヨーロッパでのコンクリートのプレファブ化において一九五〇年代・六〇年代のフランスは秀でることとなった。一九六二年までにカミュはヨーロッパ中に一二のプレファブ工場を稼働させ、第五章で見るとおり、ソヴィエト連邦でも彼の方法が採用された。特にデンマークやスウェーデンのような他の西欧諸国もまたプレキャストコンクリートパネルの生産体制を開発したが、どこにもフランスの建設業者ほどの規模と資本はなかったし、フランス国家が裏づけするほどの保証された大きな市場が用意されているわけでもなかった(36)。

フランス人は、プレキャストコンクリートによるプレファブ化に関わる一九五〇年代・六〇年代の自分たちの成果を称え、グラン・ザンサンブルが不人気に転じただいぶ後になっても、少なくとも一人のフランス人歴史家はフランス独自の世界貢献に凄まじい誇りを持っていた(37)。建設工法における大規模な国際的な取引によって、その工法が普遍的であるとの表面的な印象がもたらされた——実際、専門家の眼のみがスウェーデン、デンマーク、フランス、ベルギー、英国の工法を識別できる――が、にもかかわらず出資企業にはかなり堅固な愛国心があった。英国企業であるコンクリート社が売り出した工法、バイソン壁パネルは英国で最も多く住宅を供給した。それは英国で開発された工法であり、潜在的な顧客がその事実を知らないということがないよう同社は気をつけており、バイソンの広告パンフレットでは「純英国製、海外ライセンスは一切使っていません」と宣言された(38)。

一九七〇年代前半にプレキャストコンクリートのプレファブ工法は、西欧でほとんど廃れ、国籍は無意味になった。同時に欧州と米国の文化的緊張も弱まるにつれて、コンクリートと鉄の区別は、特に米国の側でコンクリート構造がより広範なものとなるにつれ、二大陸間を区別する決定的な特徴ではなくなった。この二〇年間、経済的な重心が東南アジアに、近年は中国に移動するにつれて、コンクリートの所有権をめぐる新たな、まったく異なる競争相手が生まれた。これによって、フランスかドイツであるか、ヨーロッパかアメリカであるかといった所有権をめぐる問いは一切姿を消した。こうした昔の論議は今や些末――無意味にも見える。今日切迫した問いはコンクリートが「先進国」に属するのか「発展途上国」に属するのかである。この転換の初期の例として、一九五〇年代にトーレ・ヴェラスカの設計を担当したBBPR事務所の一部建築家たちが、風圧下での高層コンクリート造建築の挙動を学ぶためブラジルのサンパウロを訪れたことが挙げられる(39)。当時トーレ・ヴェラスカで計画された高さのコンクリート構造物はヨーロッパにも北米にもなかった。西洋先進国の中心から外れていたブラジルにのみ、同等の高さの建物と、それを建てる技術とがあった。すでに一九五〇年代には、コンクリートの知識の中心は西洋諸国から離れていたのだから、その五〇年後となれば、重心は完全に移動していた。新ミレニアムの初頭には、「発展途上国」のコンクリート消費は「第一世界」のそれを大きく上回っていて、コンクリートの主導権は前者の国々に移動した。中国は現在世界のセメントの半分以上を生産しており、その生産高は二番目に生産量の多いインドのほぼ一〇倍である(40)。

中国の一人あたりのセメント消費量は、一九七三年から二〇〇四年の間に二五キログラムから四三〇キログラムに増大しており、これに比べ米国の同時期の消費量は一人あたりおよそ三五〇キログラムで一定している。このセメントのかなりの量が、土木計画に振り向けられている。なかでも世界最大の土木計画である三峡ダムは、最大の二六四三万立方メートルのコンクリートを使用しており、これはその次に大きなブラジルのイタイプ・ダムの二倍の量である。三峡ダム建設という経験は中国の技術者と建設チームに、巨大コンクリート建造物計画の設計と管理に関する一定の識見を与えた。そのため彼らは今や世界各国にその識見を輸出する立場にある。世界で最も高い居住可能な建物——上海ワールドフィナンシャルセンター、台北一〇一、ペトロナス・ツインタワー——はみな鉄筋コンクリートで建てられ、みな東南アジアに位置している。コンクリートの重心が離れた西洋は、もはや建設だけではなく、識見においても支配できなくなりつつある。「先進国」では、コンクリートは特注の材料となる傾向にあり、時にほとんどデカダンス的な気取りで扱われる一方、「発展途上国」では建設の際の一般的な素材《メディア》であり、無自覚に思うがままに使われる、ある目標——近代化——への手段である。当面の間、もしコンクリートがどこかに属すると言えるならば、それは考案された〈第一世界〉ではなく、世界でより貧しく、遅れて発展している側に属すると言えるだろう。西から東へ、北から南へ、コンクリートほど完全に移行を果たした技術は、あったとしても数少ないだろう。

国のコンクリート

鉄筋コンクリートの市場が特許付きの工法——フランスのエンネビック、ドイツのヴァイス&フライターク、米国のトラスコン——に支配されていたかぎり、コンクリートの作品間の最も顕著な相違は、建てられた国よりも採用された工法にあった。例えばトリノにあるエンネビックの建物は、トリノのヴァイス&フライタークの建物よりも、サンパウロにあるエンネビックの建物とより多くの点を共有した。戦間期にそれら工法が衰退するとともに、コンクリートはブランドで識別されなくなったが、その結果はコンクリート建設業者の解放を招き、また同時に、これから見ていくとおり国による差異化への強い傾向にもつながった。というのも各国がコンクリート構造で建物の安全性を保証する独自の基準を設けたからである。フランスは基準を一九〇六年に制定し、ドイツは一九〇七年に追随した。一九〇八年には鉄筋コンクリート構造への国際規格をつくろうという試みがあったものの、受け入れられず、法令は国の専権事項であり続け、各国が独自の基準を設けた。これはある面では退歩的な流れではあるが、鉄筋コンクリートにおける各国の独自性の形成に貢献した。異なる規制制度、異なる建設文化、地域労働市場の相違などすべてによって、コンクリートの扱い方が多様なものとなった。例えば一九三〇年代にドイツ、スイス、スペインは、各々独自の薄いコンクリート・ヴォールトの様式を開発した(41)。しかし、より根本的な、国全体としてのコンクリートの活用に評価を得る国があった。よく知られた例は、ブラジルと日本である。

ブラジル

ブラジルが一九四〇年代に国際的な建築の舞台に登場したのは、コンクリートの採用と密接に関係している。一九四三年のニューヨーク近代美術館「ブラジル・ビルヅ(*Brazil Builds*)」展の担当学芸員、フィリップ・グッドウィン(Philip Goodwin)が図録に記したところでは、「ブラジルの近代建築は常に鉄筋コンクリートに頼ってきた」(42)。コンクリートに結びつけられるのはブラジルに限らず、すべてのラテンアメリカ諸国においてそうなのだが、ブラジルの場合には独自性がある。

二〇世紀初期にブラジルにセメントが導入されたことは、あらゆる「後進国」と同様、国を発展の道へと導き、先進国世界で生み出されたものとあらゆる面で同等かそれ以上の作品を生み出す機会を、コンクリートを使う建築家と技術者に与えた。この建築家と技術者のかなりの割合が、ヨーロッパからの移民だったことは、彼らが鉄筋コンクリートに馴染みがあったことと、それを用いて出身国の建物と比肩しうるものをつくれると期待されたことの双方を意味した。しかしコンクリートがブラジルにとって「世界でのステップアップ」だった一方、それによってブラジルの建築家とデザイナーは、西洋に始まりおおよそ西洋に規定された価値体系の内に組み込まれることになった。したがってコンクリートは彼らに自由を与え、また彼らから自由を奪ったのだ。この難題――西洋先進国の中枢から外れた国が、中枢国と同等に語る手段を獲得するのに、中枢国によって決められた条件で行わなければならないということ――は発展途上国を通じてよく見られる問題である。ブラジルの人々がこの問題にどう取り組んだかは、精査するに値する。

ブラジル初のセメント工場が一九二六年に設立されるまで、セメントはすべて輸入されていた。そのため、セメントは主にヨーロッパ生まれやヨーロッパで訓練された技術者の監督下で、ヨーロッパや北米の特許ライセンスを得た業者による工事に使われる比較的稀で高価な材料になっていた。第二次世界大戦を過ぎてもなお、地元のセメント生産は小規模で、ブラジルで使われるほとんどのセメントは輸入されていた。鉄骨造よりコンクリート造が好まれるようになったことは、ブラジルには第二次世界大戦後まで圧延鋼材を生産できる製鋼所がなかったという事実で説明できるだろう。というのも建設用鋼材はすべて輸入せねばならず、セメント以上に輸入コストがかかったからである。一九五〇年代に輸入代替政策によって、ブラジルで消費されるセメントの海外供給元が現地で工場を建てられるようになり、比較的短期間のうちに、ブラジルで使われるセメントのほぼ全量が国内で生産されるようになった。一九六五年に行われたブラジル経済の調査では「ブラジルでセメントを大量生産する設備が例外的に充実していることは特筆すべきであろう」と記された。一九五九年までにブラジルは［年間］三七〇万トンのセメントを生産し、輸入したのはたった二万九〇〇〇トンつまり国内生産の一％に満たなかった。一九六六年に生産量は六〇〇万トンに上昇し、その後一〇年に及ぶブラジル経済の爆発的成長を経た一九七六年の生産量は、その三倍以上の一九一〇万トンに及んだ(43)。こうしたセメント生産の並外れた増大がブラジルの建築に影響を及ぼしたのは当然と言えよう。

しばしばブラジルは「近代建築で初の国家様式」(44)を生んだと言われる。それは「ブラジル精神」を表現するためにルシオ・コスタとオスカー・ニーマイヤーがブラジル館を設計した一九三九年のニューヨーク万博において初めて言及された。国内の新建築のブラジル的特徴が十分認知されたのは、四年後のニューヨーク近代美術館の展覧会と併せて刊行された『ブラジル・ビルヅ』においてである。ブラジルによる国家的モダニズム創出の注目点は、その認知が他国の批評家に依存していたことであり、そのうち最も重要なのはアメリカであった。ニューヨークでの展覧会「ブラジル・ビルヅ」がいかにブラジル建築を世界とブラジル人自身に知らしめたかは、しばしば語られてきた(45)。しかしこの挿話には指摘すべき点がある。つまり大部分においてブラジル建築の「ブラジル性」はアメリカ人によって発見され、これを世界に広める報道や情報の拡散をアメリカが牛耳っていたために実現された点である。ブラジル近代建築の「ブラジル性」は事実上アメリカの創造物であり、第二次世界大戦中という特定の時期におけるアメリカの政治的目標に役立ったとも言えるかもしれない。ブラジルの建築家がいかに独創的であったとしても、建築の世界言語にブラジルのアクセントで抑揚をつけるのがいかに効果的だったとしても、究極的にこの企ての成功は、それがいかに世界に表象されたかにかかっていたのである。「ブラジル・ビルヅ」が並外れて広範に受け入れられたため、ブラジル人は自分たちが建てる際の言語が他国で定められた規則に制御されている事実を繰り返し突きつけられた。言われていたとおりブラジルのモダニズムがコンクリートの建築である限り、ブラジルでのコンクリートの使用は、言ってみれば第一世界にある機関で統制された言語の方言以上のものではありえない。ブラジルの視点から見れば、コンクリートという材料を通じて「ブラジル」を同定することは必ずしも有利ではなかった。そのことでブラジルは不可避的に弱者の側であり、また主体というよりも客体であるような全世界的言説に直ちに引き込まれたからである。

　ブラジルにおけるコンクリートの応用には三つの異なる局面がある。第一は他国であれば他の材料で建てただろうものをコンクリートで建てること。一九二〇年代後期から一九三〇年代初期にブラジルはこの方策でよく知られていた。一九二九年のサンパウロのマルティネリ・ビルは好例で、北アメリカの摩天楼のように見えるが、アメリカでの通常の方法のように鉄骨造ではなく、コンクリートで建てられている。それが表している技術的達成が何であれ、文化的な見地ではそれは模倣の作であり、コンクリートの独創的な応用とはまず見なされない。

　第二の局面はリオデジャネイロ出身のいわゆるカリオカ派の建築家たちによって始められた。そのなかで最も有名なのはオスカー・ニーマイヤーで、二〇世紀の他のブラジル人建築家を霞ませるほどの評判を得ている。その源流は通常、ル・コルビュジエによる一九三六年のブラジル訪問と、リオデジャネイロの教育省ビル設計における協働に遡る。カリオカ派が展開するにつれて、その第一の特徴は薄いコンクリート曲板の使用と直交形態の忌避になった。ニーマイヤーを除けば、よく知られた主導者はジョルジェ・マシャド・モレイラ（Jorge Machado Moreira）とアフォンソ・レイディ（Affonso Reidy）であった。ニーマイヤーの構造担当のジョアキン・カルドゾ（Joaquim Cardozo）は一九五五年にカリオカ派の主要な特徴と感じたものを要約した。「それは明らかに幅広い面を真のコンクリート薄板（sheets）へと仕立てあげることへの傾向である。薄板と呼んだのは、本質的な軽さを暗示する薄い皮膜となるからである。それはあたかも熱気球や飛行船の気嚢によく似たものである」（46）。ベロオリゾンテ市パンプーリャのニーマイヤーによるサン・フランシスコ・デ・アシス教会、レイディのリオデジャネイロ現代美術館の道路をまたぐ歩道橋やペドレグーリョの学校などの作品で、カルドゾが意味するところがわかるだろう。ブラジルのコンクリート工事の驚くべき薄さは、ブラジルのコンクリート建設基準法によって可能となった。アメリカで必要とされる鉄筋のかぶり厚の半分でよいのである。この寛大な規則は一九七九年まで続いたが、このときの基準法改定で必要とされるコンクリート量は約二〇%増加し、より重量感のある建物を生み出す一因になった（47）。

　一九五三年にヨーロッパの建築の前衛の一行がブラジルを訪

次頁：ペドレグーリョ、リオデジャネイロ、学校（前景）と集合住宅、1947－58年、アフォンソ・エドゥアルド・レイディ設計。コンクリートの薄い曲膜、カリオカ派の建築の特徴

れたが、彼らはカリオカ派建築を見て驚くほど批判的だった。ル・コルビュジエはカリオカ派の保証人《ゴッドファーザー》として知られていたが、訪問者の数名はカリオカ派の逸脱した傾向を見出して非難した。ニコラス・ペヴスナー（Nikolaus Pevsner）はパンプーリャの建物の「破壊的性格」について論じたほか、スイス人デザイナーのマックス・ビル（Max Bill）は特に批判的だった。『アーキテクチュラル・レビュー（*Architectural Review*）』誌に掲載された記事で、ビルはその「野蛮」を語り、カリオカ派を「最低の意味でのジャングルの繁茂」と呼び、自己表現への不適切な衝動に陥ったとしてその建築家たちを非難した。いつもはもっと楽天的なエルネスト・ロジャースもまったく好意的ではなく、同誌の同じ特集ではニーマイヤーを「私はこの気まぐれな芸術家の作品に見られる数多くの、しばしば許しがたい欠陥を見過ごせない」と評し、彼の追随者の「建築的奇形」に言及した(48)。

こうした発言はブラジル人を傷つけたし、近代建築を周縁へ輸出してきた西洋世界が、その後現地でいかにその応用を統制しようとしたかを物語っている。またこれは、先進国の外側にいる建築家と技術者のコンクリート使用に伴う困難と、最初にコンクリートを開発した西洋諸国の感覚で定められた諸規則から逃れることの困難を示す好例でもある。ビルとロジャースの批判に傷つき、サンパウロの若いブラジル人建築家の一団は、西洋の判定と価値への依存を逃れ、外国人の権威を免れた建築とコンクリートの使用方法を開発しようと決心した。いわゆるパウリスタ派がコンクリートの応用の第三の局面を代表した。

コンクリートに関するこの新たな言説を、ある建物が特に実証している。サンパウロ大学建築・都市計画学部（ＦＡＵ）はヴィラノヴァ・アルティガス（Vilanova Artigas）が設計し、一九六二年に起工、一九六九年に竣工した。これは建築学校という文字どおりの役割をはるかに超えた重要性を持つ作品である。一二本のひょろっとした脚の上に重厚なコンクリートの塊が載っている。隅部には大きく張り出したキャンティレバーがあり、支える脚の繊細さに比べて上部の塊の重さを強調している。ラスキンの「重ね合わせ」、「軽い物の上に重い物」の原則をこれほどよく示したものは他に知らないが、見るからに作用

サンパウロ大学
建築・都市計画学部、
1961年、ヴィラノヴァ・
アルティガス設計。
コンクリートの細い脚に載った
コンクリートの箱が、
大きく開かれた内部を覆う

している支柱に自重が流れているのがわかる。ファサードに相対して支柱を見てみると、上方の塊の表面から連続した逆三角形になっており、その頂点はもし下方から立ち上がるひょろっとしたピラミッドに重ね合わさって先端が飲み込まれていなければ、ちょうど地面に接するはずで、一方そのピラミッドの先端はちょうど上のコンクリートの箱の底辺に達している。正面から見ると、支柱は体積を減らす中程のくびれ――古典的円柱のエンタシスのちょうど逆――にもかかわらず程よく堅固に見える。しかし支柱を横から見ると、支柱の形は地面から立ち上がり上に引き延ばされたピラミッドに変わり、上方のコンクリートの箱の塊に接する針のような頂点に向かって細くなる。これらの支柱はラスキン的な語義ではまったく「作用して」おり、かなり巧妙な操作の成果である。アルティガスと構造家たちはあまりに大きなものがあまりに小さなもので支えられるという効果を生み出すのにかなり骨を折った。

この建物について注目すべきと感じたのは、一方に構造技術の際立った優雅さと洗練、他方に施工の未熟という対比で、というのもコンクリート施工自体が粗く低質で、「後進性」の産物に見えるからである。これは稀な結合で、というのも一般的に言えば建築家と技術者は技術的に進んだ作品は巧みに施工されるべきだという見方をとりがちだったからである――あたかも施工における明らかな技量不足があると作品の技術的な優越が弱められる危険があるかのようである。施工の粗さが眼に明らかな作品はたくさんある――ル・コルビュジエの一九五〇年代のベトン・ブリュの作品、マルセイユの最初のユニテ・ダビタシオンやラ・トゥーレット修道院が想起されよう――が、こうした作品は技術的な巧妙さで際だっているわけではない。FAUのように粗野でありかつ同時に技術的に洗練されているという作品に出会うのは比較的珍しい。ラテンアメリカの文脈において、この結合は、ラテンアメリカ、コンクリート、モダニティという三つのつながった主題についての明確かつ特殊な注釈になっている。この建物は確かにコンクリートの世界的言説を熟知している――例えば九〇度に支柱の軸をねじる仕掛けはすでに、イタリアの構造家、ピエール・ルイジ・ネルヴィ(Pier Luigi Nervi)が行っていた――が、同時にラテンアメリカ経済の

サンパウロ大学
建築・都市計画学部、
柱廊下部。
ある角度から見ると、
コンクリートの脚が一点に
向かう細いピラミッドのように
現れる

特殊事情にも対応している。同様にこの建物はすでに確立していた「カリオカ」様式との類似性も示している。一見して脚に載せられた大きなコンクリートの塊と見えるものが、隅からよく見ると、ウエハースのような薄板のコンクリートが内部に何か——空《から》の空間——を包んでおり、そのためある意味でカルドゾがコンクリート薄板による「ブラジル的様式」として弁別したものに一致しているのである。しかしカリオカ派のコンクリート薄板と異なっているのは、第一にはっきりと平らであること、第二に非常に粗いことである。すでに述べたとおり、この建物に見られるのは、洗練された技術的識見と、他方で施工がたいへん粗雑なこととが奇妙に結合していることである。我々はこの結合を純粋に美的効果のためとも見なせるが、ブラジルの労働力の後進性と工業生産力不足を取り込む試みと見ることも可能だと言われている(49)。ここに見られる粗野と洗練の結合は、しばしば比較されるヨーロッパの「ブルータリズム」とは区別できよう。むしろここに見るのはラテンアメリカに確実にたくさんある一つの資源、つまり非熟練労働を用いた建物であり、それをもう一つのラテンアメリカの資源、人間の創意と結びつけることで、ラテンアメリカ固有の経済危機に対する戦略を示唆している。もし統合が奇妙だとすれば、それはある意味で、ラテンアメリカの諸問題、開発の行き詰まりに対するあらゆる解決策の無益さを表現しているに違いない。「第一世界」諸国から資本、過程、技術を導入することで開発を達成する代わりに、ここに表された戦略はブラジル経済の後進性を認めその限界を活用する。結果はより漸進的で、短期的な急成長は達成できないかもしれないが、当時の一部経済学者によるとこの取り組み方のほうが、外国投資に依存して先進的な製造業を立地させる開発手法よりも、社会的統合につながりやすいものと考えられた。

「ブラジルの建設技術の技術的欠陥を取り込む試み」としてFAUを解釈することは、アルティガスの目論見を知ることで確かめられる(50)。アルティガスは技術者として訓練を受け、技術革新に喜びを覚えていた。例えばロンドリーナのバス発着所(一九五〇)は南北アメリカ大陸で建てられた初めてのコンクリートシェル構造と見なされた。同時にアルティガスは共産主義者で、アメリカのラテンアメリカへの介入に反対していた。彼は「ブラジル・ビルヅ」が推進したカリオカ様式を強く批判していたが、それは間違いなくこの型のブラジル建築がアメリカ人によって「つくられた」からである。同様に彼はル・コルビュジエがカリオカ派に行使した影響力にも批判的で、それはブラジル建築に与えた従属的地位のためであった(51)。アルティガスによる代替的な言説は、ブラジルの建設に関する公認の「事実」——コンクリート、ふんだんな非熟練労働、生産資本の不足——を取り上げ、これらを使って、第一世界モデルにあまり依存しないと同時に、ブラジル経済を近代化するあらゆる試みの壮大な無益さを暗示するような型の「ブラジル性」を展開した。

サンパウロ建築とヨーロッパのブルータリズムの作品との類似性から、批評家はパウリスタ派を「ブルータリズム的」と呼んだ。驚くことではないが、アルティガス自身は、もしかすると少し過剰なまでに、ヨーロッパの批評家が定義してきた様式との連関を否定した。彼が言うには「ヨーロッパのブルータリズムのイデオロギーの内容は別のものだ。それは非合理主義をも引き連れてきてしまう」ため、技術決定主義の装いとは裏腹に、その建築形態は実際のところ恣意的または偶有的な美的選択によって実現されている(52)。異論の要点は、ブラジルの視点からすればヨーロッパのブルータリズムはメランコリーの表れ、つまり第二次世界大戦によってほぼ自壊した文明の産物であり、そこで技術が使われることは今やヨーロッパ独自の自己破壊能力を知った以上、常に毒されているという点だったと見られる。この点でヨーロッパの「ブルータリズム」は独善であった。つまりヨーロッパ諸国は戦争直後の時期に物資不足に対処せねばならなかったが、それは短期間でしかなく、ブルータリズムの美的「禁欲」を一九五〇年代後期や一九六〇年代にまで長期化することに正当性はないということである。一方ブラジルにこれら諸条件は該当しない——ブラジルはこの戦争で破壊されなかったばかりか、以前に先進的な開発状況を経験したわけでもない。先進国経済の崩壊に対処する必要性がないどころか、ブラジルの問題は、出発するために半端でもよいので先進的な経済水準をまず達成することにあった。この文脈で見ると、コンクリートの打ち放し仕上げの採用は、歴史家ウーゴ・セガワが説明するように「技術的な「表現」では」なく、「ブラジル建築家が手にしていた最先端技術そのもの」であった(53)。

アルティガスのFAUは、ブラジルでの生産の社会的連関についての言明のみならず、コンクリートの全世界的言説への抵抗をも含意していた。ブラジル人にとってコンクリートでの建設は避けようのないものだったが、これによってブラジル内外の批評家は、彼らの作品を世界の他地域のコンクリート建築と比較するようになった——それは世界中を結びつけ、互いを相手との関係のもとに置くというコンクリートの「自然な」効果である。個々の国が個別のアイデンティティを確立させる試みは、常にそのような差異が依拠するものとしての「他者」に基盤を置いている——また経済発展の政治力学において、この「他者」は常に「先進」世界であるとわかるだろう。コンクリートという文化をまたぐ素材を使ったブラジル建築は、世界的な言説に結びつけられ、それゆえに、より発展した世界に従属させられた。二〇世紀中盤のブラジル建築の三局面の各々では、自国のアイデンティティの諸側面をコンクリートという素材《メディア》を通じて表象しようとする際に周縁国の建築家が直面した、特殊な困難が露わになっている。ブラジル人の成功の機会は限られていたとはいえ、それでも結果には独創性がある。もし「ブラジルのコンクリート」なるものがあったとすれば、それはコンクリートに関する全世界的言説が存在するなかで、その言説の制約を逃れようという試みから生まれたのだ。

日本

安藤忠雄の作品——神戸の「六甲の集合住宅」、あるいは大阪の「光の教会」を考えてみよう——には、ある決定的に日本的な特徴があり、なかにはコンクリートに関連したものもある。ブラジルの諸例と比べると、安藤の作品は重厚で、部材に使われる材料が過剰にも見える。「六甲の集合住宅」の頂部の柱に

六甲の集合住宅、神戸、
1983年、安藤忠雄設計。
不必要にも柱と同じほど
大規模な水平桁は
構造合理主義の感性を
害するほどだ

交わる梁は、構造的にはここまで厚くする必要はないのに、梁を支える柱と同じ寸法である。安藤の建物のいたるところに、必要以上に多くのコンクリートがあるように見える。仕上げは最上級で、非常に均質で滑らかであり、中に気泡がほとんどない――これもブラジルのコンクリートとまったく対照的である。打設の工程を大きく単純化するであろう面取りの角はなく、代わりに稜線が非常に鋭く、損傷や何らかの補修作業の跡がまったくないまま型枠がきれいに外されている。こうした効果のすべては、施工の過程でかけられた多くの配慮と手間から生じている。コンクリートの滑らかさは、一つには型枠のたいへん入念な準備によって、もう一つにはコンクリート打設中に木槌で型枠を繰り返し叩き、コンクリートの流動と気泡の放出を促すことで実現している。型枠を外した後に、表面は磨かれ撥水材が施される。鋭い角は木枠の継ぎ目に新聞紙を挟んで、水分を排出し、その部分のセメントの密度を高めることで実現している。これらをはじめとした特徴によって、安藤のコンクリートは、完全主義かつ「日本的」であると評価されている。しかし

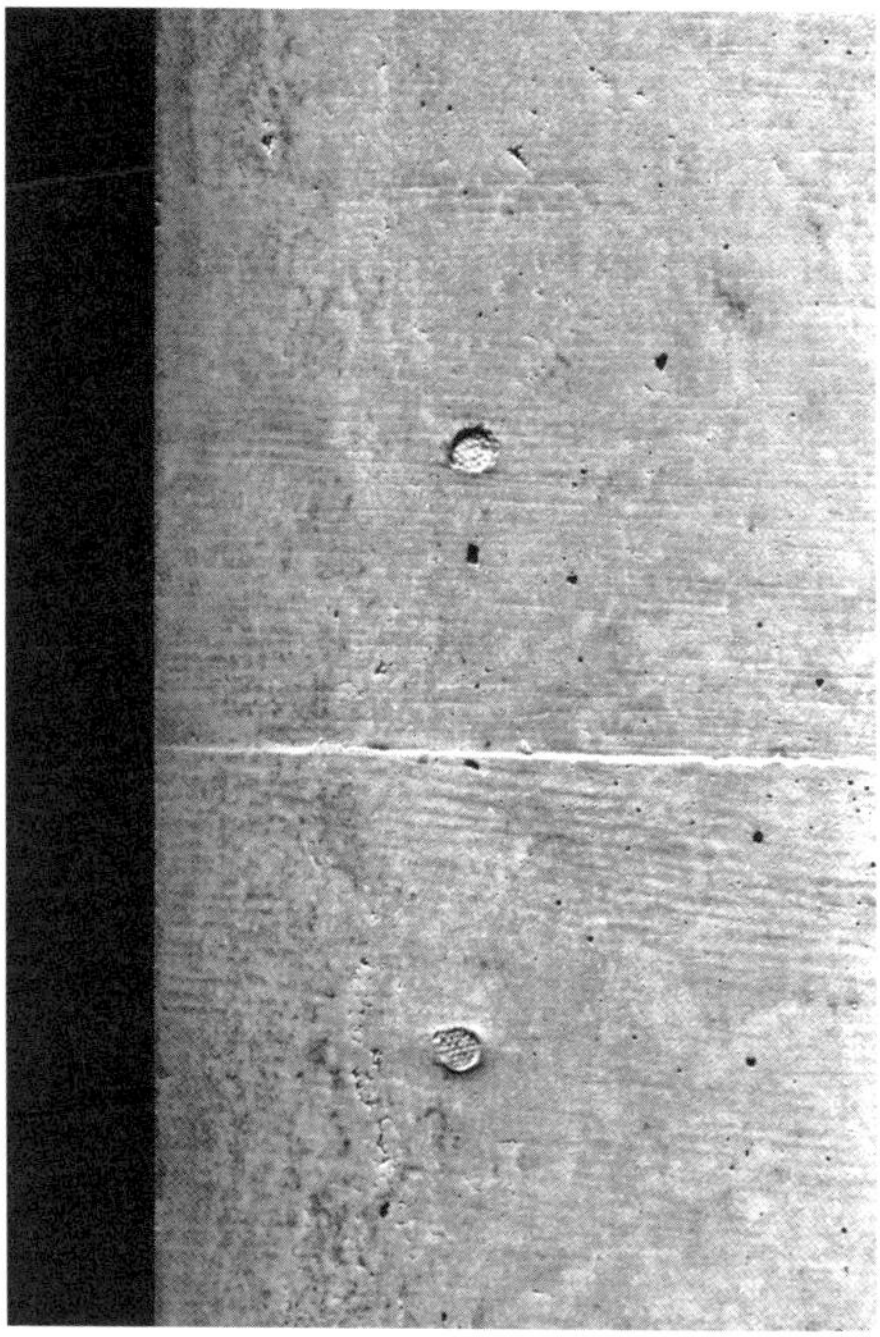

光の教会、大阪府茨木市、
1989年、安藤忠雄設計

光の教会、茨木市、
ディテール。
美しく鋭い稜線（型枠の隅の継ぎ目に新聞紙を詰めてコンクリートから水分を排出することで実現できた）、表面と仕上げのわずかな光沢が、安藤のコンクリートの特徴である

同時に安藤は多くの国々で作品を建ててきた国際的な建築家でもある。テキサス州フォートワースにある安藤の建物はそれでも「日本のコンクリート」なのか、それとも「アメリカのコンクリート」なのだろうか。安藤の作品は歴史家ケン・タダシ・オオシマ（Ken Tadashi Oshima）が記すように、「コンクリートの国際的／地域的な二面性を示している」(54)。

この二面性は、鉄筋コンクリートと「建築」の双方が日本にもたらされたときから見られるものである。日本国内では「建築」は異国の営みであった――一九世紀後半に西洋との国交に門戸を開く以前には、大工から独立した専門の設計者も、設計に関する言説もなかった。「建築」と「建築家」が日本に最初に現れたとき、採り入れた実践も建物の諸様式も完全に西洋の手本に倣っていた――当初は英国、しかし一九二〇年代になるまでにはだんだんとアメリカとドイツが手本となった。しかし日本ほど外国のものすべてに慎重な文化では、西洋の実践を受け入れるのにかなりの抵抗があった。こうした抵抗の中で日本独特の焦点は地震にあり、激しく頻繁に起こる地震は日本を西洋諸国から際立たせ、西洋の建築方法を借用しない理由を与えた(55)。二〇一一年までの近代［日本］で最も激しかった一八九一年濃尾地震とその被害により、日本は独自の建設工学を展開させねばならない、と多くの人々が確信した。地震学研究と耐震技術の発展は、日本人技術者が西洋の実践から距離を置く、また特に鉄筋コンクリートに関心を持つようになった初発の理由となった。一九〇〇年初頭に日本に紹介されたとき、コンクリートは耐震性能を理由に建築学会からほぼ即座に受け入れられたが、当時の欧米では、もっぱら技術者と建設業者に限られた領分でしかなく、建築の権威からは懐疑や蔑視をもって見られていた。日本に到来したときから、コンクリートは耐震性能を持った建築の素材《メディア》と認知され、直ちに日本の建築実践の中核を占めるようになった。草創期の地震学者に教育を受けた建築家兼技術者、佐野利器《としかた》ひとりの影響によって、日本の建築職能は「耐震型」に変貌することとなった。地震とその対策としての鉄筋コンクリートによって、日本人の建築家は当初虜になっていた西洋の芸術的・文化的支配から逃れることができ、ヨーロッパで訓練を受けた建築家が没頭したような類いの芸術的関心を無意味なものとした。後年、佐野は自伝で「形の善し悪しとか色彩のことなどは婦女子のすることで、男子の口にすべきことではないと思っていた」と記している。日本において耐震構造に与えられた優先度のために、佐野は「西洋のアーキテクトと日本の建築家とは本質的に異なるものである」と言い切れたのである(56)。

エンネビックは一九〇八年メッシーナ地震の後に鉄筋コンクリートの地震に対する潜在能力に関する主張を行っていたが、耐震の専門的知見や経験における本質的な貢献を行ったという事実は同社にはまったくない(57)。したがって日本人はこれを自身で解決せねばならなかったので、耐震技術に国の承認を与えた。同時に、鉄筋コンクリートは日本が被っていた一連の問題群——地震、大火、住宅不足、過密都市——に対する中心的な存在と見なされるようになった。日本ではブラジル同様の相対的な鉄材不足によって、コンクリートはそうした問題の解決に好まれる素材《メディア》となったのである。

耐震性の観点から見て他のどの材料よりも鉄筋コンクリートが優位であるということは、一九二三年関東大震災のときに証明された。新たに建設された丸ノ内オフィス街のコンクリート造主体の建物が、ほとんど損傷なく残存し、その一方でより古いヨーロッパ流の組積造の建物は激しく損害を受けた。フランク・ロイド・ライトは鉄筋コンクリートで建てられた帝国ホテルが無傷だったという事実を喧伝したが、日本の建築界がそれよりもはるかに強く印象づけられたのは、そばにあるもう一つのアメリカの設計施工で建てられた構造物、三菱合資会社の丸ノ内ビルヂングの悲運であった。鉄骨造の丸ビルは一九二二年の小さめの地震によって工事中に損傷を受けた。すると日本人のオーナーは日本人技術者の助言を求め、コンクリートで鉄骨を補強するよう勧められ、これが実施されたが、それにもかかわらず建物は翌年の大地震で再び損傷した。日本の建築家と技術者の間で、丸ビルは失敗したアメリカの建物として知られるようになり、日本の鉄筋コンクリート建築と耐震技術の正当性が評価される一方で、外国の知識と技術は蔑まされた。震災を受けて佐野と同僚たちが作成した新たな建築規制では、未来の建築材料になるだろうと彼らが期待した鉄筋コンクリートが推奨され、事実上石造と煉瓦造による大規模建築は禁止された。世界のどの国でも、フランスにおいてさえも、これほど強く権威によって鉄筋コンクリートが支持されたことはなかった。

一九二三年の大地震による損害は、一九四四－五年に米国の陸軍と空軍が日本の諸都市にもたらした蹂躙に比べればなんでもなかった。最大の破壊をもたらしたのは、広島と長崎への原子爆弾以上に、とりわけ東京その他の都市に対する通常爆撃であった。若き建築家、前川國男は日本の都市がかくも容易く破壊されたことに大きな衝撃を受けたため、日本人は将来、より堅固で恒久的な建物を建てなければならないと決心した(58)。コンクリートは一九二〇年代以来、耐震性能を理由にして日本における建設の主要素材《メディア》として確立されていたが、日本の都市がいかに壊れやすく燃えやすかったかが戦時中に暴露されたことで、さらに正当化されたのである。

前川とその同僚の二人、前川と同様に第二次世界大戦前にパリのル・コルビュジエの事務所で働いた坂倉準三と吉阪隆正にとっての野望は、何よりまず近代的であること、そして第二に日本的であることだった。彼らの目標を実現するのに鉄筋コンクリートはどのような役割を果たしたのか。また彼らが建てたものによって、鉄筋コンクリートはどの程度「日本的」なアクセントがつけられたのだろうか。

ここで説明しなくてはならないのは次のような事実である。ヨーロッパのモダニストが日本の伝統建築を最初に発見したときに、彼らを引きつけたのはその近代の原型となるかのような性質、純粋性、内外空間の流動性、注意深い素材の扱いであった。一九三三年に訪日したブルーノ・タウトは、軽やかで簡素な桂離宮の建具で構成された空間に立ちすくんだ(59)。レイナー・バンハムが戦後に日本建築についての非常に洞察の深い論考で、ヴァルター・グロピウスの桂離宮訪問について、「ここまであからさまに見つけたかったものを見つける覚悟で異国に入っていった探検家は稀である」と述べた(60)。グロピウスや同世代の他のモダニズム建築家にとって、西洋建築が自らの愚行から逃れる道を日本から与えられたかに見え、彼らはどう日本建築が発展するべきかという点について一定の期待を持っていた。バンハムが議論するには、日本建築がそうならなかったのは、日本の伝統建築と二〇世紀の近代建築の類似はまったくの偶然であり、日本建築は「西洋建築とほぼまったく関係ない源泉と方向性を持っていた」からであった。

しかし日本建築が特定の方向性に沿うべきだという期待によって、日本人建築家、特に西洋に留学したり勤務したりした者は、最も気が進まない方向へ向かわされた。この緊張関係の一例は、グロピウスが序文を書き、前川の元の所員、丹下健三が本文を書いた桂離宮についての本に明らかである。丹下の桂解釈はグロピウスのほぼ正反対である。丹下は繊細で洗練され国際モダニズムの精神を反映していると見なすどころか、原始日本の縄文文化、ディオニュソス的、始原的で生命力に溢れるという特徴を桂に見ていた(61)。丹下自身の建築にほとばしることになるこれらの特徴は、バンハムが示唆したことに反し、西洋とはまったく無関係ということはなかった。というのも磯崎新によれば、カーテンウォールと細い部材を用いた、戦後初期のアメリカ公認の日本版国際モダニズム様式は、一九五〇年代を通じて、ますます嫌われるようになったからだ。時あたかも、戦後処理の条件と敵対関係の公式の終了を印した一九五一年サンフランシスコ条約に対する反感が増大していた。この様式に含まれたジャポニスムは日本の情勢に対するアメリカの影響と結びつけられ、磯崎によれば代替的なアプローチとしての縄文文化への関心は日本の反米運動と「無関係ではない」ようである(62)。

地震、空襲、縄文文化といったすべてによって、日本の建築家と技術者は鉄筋コンクリートへ、またこれを利用した重厚な構造へと向かった。しかし考慮すべきもう一つの要素がある。それはコンクリートの木材との象徴的な関係であり、日本ではしばしば言及されてきた。欧州や北米と異なり、石が土木工事や築城のみに使われたのに対し、木材は日本の建物の上質な材料であった。聖俗問わず高位の建物はみな、歴史的には木材で建てられた。そのうえ使われるときには、細長い断面の木材が控えめに使われたヨーロッパともまた違い、日本では木材の経済性を考慮せずふんだんに、あるいは過剰に使われた。コンクリートが建材として導入されるに伴い、何であれ建材の階層の頂点にあったものと置き換わったことはヨーロッパと同じである——ヨーロッパでは石材、日本では木材であった。ある日本人建築家が語ったところでは「イタリアではコンクリートが石材みたいに使われる」という。しかし日本でコンクリートは、高貴という含意とともに木材のように使われた。レイナー・バンハムが議論したところでは、寺院における重厚な木材構造に慣れているため、コンクリートで施工された、不格好なまでに細い部材が接合された太く巨大な柱、大空間に架かる長く平たい梁、強調されたキャンティレバーを見ても、日本人の眼はそこに奇妙さや非合理性を見出さず、木造伝統建築に同じ特徴が存在しているのを見たときと何ら変わらないのだという。構造合理主義の先入観、つまり最小の材料で最大の効果が達成されるべきだという期待にとらわれなかったため、日本の建築家は余剰や過剰によって不快になることはなかったのだ。他の各国でコンクリートによって軽快さがもたらされる可能性、特にシェル構造の可能性が取り上げられていたときに——そのためある評論家は、「量塊による強さよりも形態による強さ」が目的だと述べた(63)——日本人は重厚さと堅固さという逆の方向に断固向かっていた。倉敷市庁舎（現・倉敷市立美術館）の巨大な重層ブロック構造は、同時期の西洋のほっそりとした構造に比べて異様に見えるが、もし記念碑的建築を構成するものとして参照点を奈良正倉院に求めれば、そう奇妙でもないのである。

もし量塊性と過剰性が日本人のコンクリート利用法を特徴づける二点であるならば、もう一点には仕上げの際立った洗練が挙げられる。これも木材、特に日本における大工の伝統が引き続き強く残っていることと関連している。建てるということがかつて大工術を意味し、今でもある程度はそれを意味している文化において、大工術というこの独特の技術こそ、コンクリートの仕上げに基準と期待の双方を与えたものであった。日本人建築家はル・コルビュジエが型枠の痕がついたコンクリート、ベトン・ブリュをフランスやインド・シャンディガールで使用したことには刺激を受けたものの、彼の作品の粗い仕上げを模倣しようとは企てなかった。丹下健三の最初の代表作、一九五五年に竣工した広島平和記念資料館はシャンディガールのように、型枠の木目が露出されたままに——建築の妥当性の規則に対するそれまで考えられなかった違反である——コンクリートでつくりあげられた大規模な国家的記念碑であった。しかしシャンディガールは粗いが、広島は細かく、最高に美しくつくりあげられた型枠の木目のついたコンクリートで仕上げられている。コンクリートでつくられているとはいえ、広島平和記念資料館は本質的には木の建築である。少なくともかつてはそうであった証拠は、表面に現れた、型枠工事に投じられた技能にある。「そうであった」と述べるのは、この建物では竣工当初の仕上げが劣化し、朽ちていくコンクリートを保護するため日本で広く使われ、「ボンタイル」として知られる凹凸のついた合成吹きつけ塗料が施されたからである。その後この塗料も剝落が始まり、表面全体を取り除き新たな木の型板で補修された。上階もまた竣工当初は打ち放しコンクリートだったが、

倉敷市立美術館（元市庁舎）、倉敷、日本、1960年、丹下健三設計

開館時間外
立入禁止

今は大理石で覆われている。今我々が見られるのは建物の元からの表面ではないのだ(64)。

高松の香川県庁舎（一九五八）［現・庁舎東館］はコンクリートが木材の性質をまとっている丹下のもう一つの作品である。これはすべての細部と諸要素とが完全に整合した建物で、驚くべき統合によりすべてが納まっている。敷地の奥のほうにある東館事務棟では、梁、柱、バルコニーの注意深い関連性が奈良の寺院を連想させる。露出した梁があたかも木材であるかのように構造上の必要性を超えて反復され、バルコニー欄干の継ぎ目は木のディテールになっている。一階の柱はまたも型枠の木目がついたコンクリートで、足元が切り取られ、柱が木材で覆われているかのようである。したがって内に秘めた真実をほのめかす、エコノミスト・ビルの一見類似した細部とは効果がまったく異なり、ここではあらゆる「真実」は内部に潜むものよりも付加された表層にある。日本人建築家の中で、丹下は時折「表層の建築家」として言及されるが、香川県庁舎に関してはあま

香川県庁舎、ディテール。
過剰な本数の梁と
バルコニー角のディテールは
木構造を連想させ、
また柱そのものも
木材で覆われたかに見える

香川県庁舎、日本、1958年、
丹下健三設計

りに文字どおりの形容である。
コンクリートから木材を連想するのは確実に戦後日本の建築文化の一部であった。一九五八年に建築評論家の吉岡保五郎は「コンクリートの表面に対する日本人の感性は、確かに瓦、陶器、木材といった材料との長い付き合いの結果である」と述べた。彼はこう続けた。

コンクリートが日本以外でこれほど手間暇をかけて扱われているとは思えない。コンクリート面を打ち放しのままとする考え方は日本の装飾概念と合致するものと思われる。そこには和風の内装に曲がり丸太や脂松《やに》の木目を使う慣習と一定の類似関係が見いだされる。(65)

日本のコンクリートの木のような特質は、今でも国内で高く評価されている。内装に本実《ほんざね》型枠の跡がついたコンクリートを全面的に用いた倉敷市立美術館のある学芸員——建築家ではない——は、いかにコンクリート面の木目を気に入っているか、それが心地よいかを私に語った。日本の文脈ではこのことがコンクリートに親近感を与えるのである。一九五〇年代以降コンクリートを煉瓦や石材と組み合わせるのに慣れてきた西洋の建築家と異なり、このような並置を日本人建築家は避けているように見える。代わりにコンクリートとより多く組み合わされるのは木材、竹、畳、布——すべてアジアの材料——であり、日本人の意見ではこれらが煉瓦や石材よりもコンクリートに似合うというのである。日本におけるコンクリートと木材の連関は施工においても明白である。仕上げの洗練は型枠工事における多大な配慮の結果だが、型枠が木材であれば、建築家は受け継がれてきた日本の大工の伝統に頼ることができる。そこでは職人の技量の水準が、他の先進国に見られるよりも高い。日本では多くの熟練大工がいることにより、他国ならば実現できないか法外な費用を伴うような大工仕事を投入できるのである。これが、特に一九五〇、六〇年代の日本のコンクリート工事の水準に貢献し、日本が決してプレキャストコンクリートに多くの関心を持たなかった理由だと言われる。加えて、つくるのが難し

各務原市営斎場、日本、
2004－6年、伊東豊雄設計。
不規則に湾曲した
屋根形状は、
複雑な木製型枠を
組み立てる熟練技術に
頼っている

い形状でも現場打ちの型枠をつくらせるほうが通常、比較的容易であったことも理由の一つと言える。今日、安藤忠雄、槇文彦、伊東豊雄ら日本のコンクリートの現代「巨匠」の作品はほとんどが鉄の型枠に打ち込まれており、木の型枠はより特殊な工事に割り当てられている。そこでは日本人建築家は、型枠工事が今でも木材でうまく組み上がると知っているため、確信をもって複雑な形態を使うことができる。伊東豊雄が設計し二〇〇六年に竣工した各務原市営斎場の不規則に曲がった屋根は、型枠のどの箇所も異なった形状になっているため、木製の型枠でなければ実現できなかった。型枠がそれ自体で芸術作品でもあり、型枠を組み立てられる熟練職人がいることで初めて可能となった。素材《メディア》自体に関して言えば、混和剤の使用で通常のコンクリートよりも流れやすく、より確実に平滑に仕上げられる自己充填コンクリートの開発において、日本のコンクリート産業は先駆者となっている。日本のコンクリート生産が技術的側面において高い完成度に達成したので、建築家とデザイナーは思いのままに別の問題に集中することがかなうのだ。

日本で達成できるコンクリートのほぼ完全な水準に対して、日本文化に大きな位置を占める他の二つの特質はどこに残されているのかと尋ねられるかもしれない。それは（メタボリズムの建築のような）未完成と（日本の庭園や陶器のような）不完全に価値を見出すことである。西洋の建築家が不完全と偶然という価値をコンクリートでつくる傾向がある一方、日本の建築家はコンクリートのこの側面を活用することにあまり興味を持っていないようである。これに対して最近ザハ・ハディドはこう述べた。「どこか生《なま》の、生命的な、土臭い特質を持つ建築が好きだ。コンクリートを完全に滑らかにしたり、それを塗ったり磨いたりする必要はない」と暗に安藤の作品を批判した(66)。しかし日本の建築家はコンクリートの予測不能性に惹かれていないようである。安藤は自分のコンクリートの結果について一定の無関心を装っている——彼の初期の住宅のいくつかで鉄製型枠の膨らみが特定の光の状況の下でキルトのような効果を与えているが、これは意図的なものではなく、後の作品ではこれが二度と起こらないための努力を厭わなかった。例えば大阪の光の教会では、私は彼がコンクリートの気泡に無関心であったと聞いたのだが、その後の建物では気泡が避けられており、逆のことが示されている。日本のコンクリートの意図的な不完全性の例を私は二つしか知らない。一つは東京の小住宅で、一九六六年の東孝光の塔の家である。経済的理由により、建築家は内装仕上げを洗練させる試みを放棄せざるを得なかった。もう一つは一九八七年に東京に竣工した商業ビルの麻布エッジ［鈴木了二設計］で、すでに解体作業に入っているかのように砕けて傷ついたコンクリートのエッジが、日本のコンクリートの完全主義に対する意図的かつあからさまな批判のように見える。一九六六年に竣工した巨大な京都国際会館は、見事なびしゃん叩きの表面に、むらなくふるい分けされた花崗岩の骨材と、セメントにインクを混入する（その量と手間を考えてほしい）ことでできた深く濃い灰色のコンクリートが表れており、他のものすべての比較の対象となる「日本のコンクリートの粋」を示している、と私は説明された。

では「日本のコンクリート」は客観的な事実なのだろうか。

寝室、塔の家、渋谷、東京、
1966年、東孝光設計。
日本で粗く仕上げられた
コンクリートの稀少な例

それとも想像上のもの、オリエントの神秘性を守るため西洋人によって、また日本人によっても同様に思い描かれた何ものかなのだろうか。両者は排他的な選択肢ではなく、これかあれかという問題ではない——両方ともありうるのだ。「日本」や他の国のコンクリートを取り巻く状況は、一九八〇年代以来の空間の否定をめぐる議論に基づいて見ることができる。コミュニケーションの速度が上昇し、空間的な距離が圧縮されるにつれ、資本や投資をめぐって互いに競争する必要から、場所はますます似かよったものになっていくというように議論は展開する。それにもかかわらず根無し草の資本は、経済的な活動と成長を生み出すため地域性を必要とするが、とはいえ他のより有利な立地が現れるやいなや、それは別のどこかに移動するだろう。より低い労賃とより緩い規制制度が、資本のまず何よりも探し求めるものであるものの、他の要因は都市や地域のイメージと、裕福で有力な者にとっての住む場所としての魅力である。この議論を初めに展開したデヴィッド・ハーヴェイ（David Harvey）

はこの核心的な逆説をこう説明する。「空間上の障壁が重要でなくなるほど、空間内部での場所の多様性に対する資本の感受性は高まり、場所が資本にとって魅力的な方法によって差別化される動機が増大する」(67)。人工的な環境で見てみると、ヨーロッパの都市は通例「遺産」を通じて自己を差別化するが、ハーヴェイはポストモダン建築も同じ過程の一部と見られるべきであると示唆する。活用すべき遺産をほとんど、あるいはまったく持たない場所では特に、まず資本を引きつけ、それを長くそこにとどまらせるようなイメージをつくりだすうえで、新しい建築が間違いなく重要である。何らかの客観的な根拠があろうとなかろうと、場所が差異を生産することは経済的必然となっている。コンクリートはこの過程の一部であり、実際コンクリートを使って「国」独自の性格を指し示す以上に差異を喚起させる方法はありえない。さもなければコンクリートは全世界的な素材《メディア》にすぎない。日本のほとんどの都市は並外れて単調で均質な性格にもかかわらず、日本は独創的な産業、ファッション、デザイン、映画、漫画――そして建築を通じて自身のアイデンティティの獲得に比較的成功してきた。コンクリートを「日本的」として主張することは、その実際の特質が何であれ、場所の些細な変化から生み出される差異の表れとして見られるべきだろう。ほぼ同じ議論はブラジル、スイス、メキシコほかでの、見かけ上国民的なコンクリートの様式にもあてはまる。

　コンクリートの地政学はどこか一国の支配を超え、当然どれか一製造者――規模や商圏にかかわらず――の支配をも超えるが、その代わり二〇世紀のあらゆる文化実践を特徴づけ、今世紀にも続いているように思われる、交換と移転の過程の一部をなしているのである。

国際会館、京都、1966年、
大谷幸夫設計。
「日本のコンクリートの枠」

1 HC Trading については www.heidelbergcement.com/global/en/company/group_areas/group_services/hc_trading.htm（二〇一二年二月二五日現在）を見よ。

2 'Behandlung der Betonsichtflächen', in *Die Bauindustrie: Organ der Wirtschaftsgrup Bauindustrie*, iii/3 (19 January 1935), p. 39; Christian Fuhrmeister, *Beton Klinker Granit: Material macht Politik: Eine Material-ikonagraphie* (Berlin, 2001), p. 84 における引用。

3 F. Coignet, *Bétons agglomérés appliqués à l'art de construire* (Paris, 1861), p.81.

4 *Rapport Générale, Exposition Internationale des Art Décoratifs* (Paris, 1925), p.20; Réjean Legault, 'L'appareil de l'architecture moderne', *Cahiers de la recherche architecturale*, no. 29 (1992), p. 58 における引用。この発言は当時のヨーロッパにおける文化的優位性の維持に対するフランスの懸念にもまたつながっているにもかかわらず、ルゴーはこれをフランスの地域様式に関する議論に関連づけている。

5 R. Mallet-Stevens, 'Les Raisons de l'architecture moderne dans tous les pays', *Rob Mallet-Stevens, architecte* (Brussels, 1980), p.108; Legault, 'L'appareil de l'architecture moderne', 1992, p. 58 における引用。

6 Sigfried Giedion, *Building in France, Building in Iron, Building in Ferro-Concrete* (1928), trans. J. Duncan Berry (Santa Monica, CA, 1995), p. 152.

7 Francis S. Onderdonk, *The Ferro-Concrete Style* (New York, 1928, repr. Santa Monica, CA, 1998), pp. 254-5.

8 例えば Doreen Massey, *Space, Place and Gender* (Cambridge, 1994) を見よ。特に pp. 154-6.

9 Brent Elliott, '"We must have the noble cliff", Pulhamite Rockwork', *Country Life*, CLXXV (5 January 1984), pp. 30-31; また Kate Banister, 'The Pulham Family of Hertfordshire and their Work', in *Hertfordshire Garden History, a Miscellany*, ed. Anne Rowe (Hatfield, 2007), pp. 134-54.

10 P. Jamot, 'Les Frères Perret et la basilique Ste Jeanne d'Arc', *L'Art Vivant* (1 July 1926), p. 501; Réjean Legault, '*L'Appareil de l'architecture modern*: New Materials and Architectural Modernity in France, 1889-1934', マサチューセッツ工科大学博士論文 (1997), p. 251, n. 229 における引用。M. Malkiel-Jirmounsky, 'Tendances de l'architecture contemporaine', *L'Amour de l'Art*, IX/10 (October 1928), pp. 361-71. この記事はルゴーが論文中で議論している。pp. 385-9.

11 Karla Britton, *Auguste Perret* (London, 2001), p. 159.

12 Chambre Syndicale des Constructeurs en Ciment Armé de France et de l'Union Française, *Cent ans de béton armé, 1849-1949* (Paris, 1949), p. 17.

13 Cyrille Simonnet, *Le Béton, histoire d'un matériau* (Marseilles, 2005), p. 93.

14 コンクリートの仕上げ技術に関しては J. Petry, *Betonwerkstein und künstlerische Behandling des Betons*, Aufträge des Deutschen Beton Vereins (Munich, 1913) を見よ。本書第七章で詳述する。

15 この建物の「ドイツ」性については Legault, '*L'Appareil de l'architecture moderne*: New Materials and Architectural Modernity in France, 1889-1934', pp. 120-21, 199-200 を見よ。

16 Richard A. Etlin, *Modernism in Italian Architecture, 1890-1940* (Cambridge, MA, 1991), pp. 242-6 を見よ。

17 L. Petit, 'L'Esthétique dans les constructions en béton armé', *Le Génie Civil*, XLIII (19 December 1923), p. 585.

18 Paul Heyer, *Architects on Architecture: New Directions in America* (Harmondsworth, 1967), p. 271.

19 Michael McClelland and Graeme Stewart, *Concrete Toronto: a Guidebook to Concrete Architecture from the Fifties to the Seventies* (Toronto, 2007), pp. 52, 309 を見よ。

20 Reyner Banham, *A Concrete Atlantis* (Cambridge, MA, 1986), p.104.

21 Carl W. Condit, 'The First Reinforced Concrete Skyscraper: the Ingalls Building in Cincinnati and its Place in Structural History', *Technology and Culture*, IX/1 (January 1968), pp. 1-33; repr. in F. Newby, ed., *Early Reinforced Concrete* (Aldershot and Burlington, VT, 2001), pp. 255-91 を見よ。

22 W. A. Starrett, *Skyscrapers and the Men Who Build Them* (New York, 1928), pp. 35-6.

23 トラス・コンクリート建設会社については Andrew Saint, *Architect and Engineer: A Study in Sibling Rivalry* (New Haven, CT, 2007), pp. 242-9, 同社の英国における分社に関する概説は M. Fraser with J. Kerr, *Architecture and the 'Special Relationship': The American Influence on Post-war British Architecture* (London, 2007), pp. 76-7 を見よ。

24 Albert Kahn, 'Reinforced Concrete Architecture these Past Twenty Years', *Proceedings of the American Concrete Institute*, XX (1924), p. 109; Saint, *Architect and Engineer*, p. 513, n. 85 における引用。

25 *Progressive Architecture*, XLVII (October 1966), p. 186.

26 Reyner Banham, *Theory and Design in the First Machine Age* (London, 1960), p. 202 における引用。

27 Gio Ponti, *In Praise of Architecture*, trans. G. and M. Salvadori (New York, 1960), pp. 32-3.

28 Saint, *Architect and Engineer*, pp. 398-402 を見よ。セイントが引用したバンシャフトのコメントは C. H. Krinsky, *Gordon Bunshaft of Skidmore Owings and Merrill* (Cambridge, MA, 1988), p. 138 より。

29 Torre Velasca についての情報は、Leonardo Fiori and Massimo Prizzon, eds, *BBPR – La Torre Velasca* (Milan, 1982) より。一九五九年ＣＩＡＭ会議でのトーレ・ヴェラスカへの反応は Oscar Newman, *CIAM '59 in Otterlo* (London, 1961) に報告されている。

30 Marian Bowley, *The British Building Industry: Four Studies in Response and Resistance to Change* (Cambridge, 1966), pp. 114-16.

31 エコノミスト社・ビルのアメリカ的側面に関するさらなる議論と、スミッソン夫妻のアメリカへの態度は、Fraser with Kerr, *Architecture and the 'Special Relationship'*, pp. 372–82 に詳しい。エコノミスト社ビルの建物としての経緯については Irenée Scalbert, '"Architecture is not Made with the Brain": The Smithsons and the Economist Building Plaza', *AA Files*, no. 30 (1995), pp. 17–25 を見よ。

32 P. Smithson, 'Letter to America', *Architectural Design* (March 1958), p. 95. スミッソン夫妻のアメリカへの態度の転換に関する議論は Fraser with Kerr, *Architecture and the 'Special Relationship'*, pp. 365–70 を見よ。

33 P. Smithson, 一九九七年のインタビュー, National Life Story Collection: Architects' Lives, part 12 of 19, https://sounds.bl.uk, accessed 22 February 2012.

34 こうした過程の説明は、R. B. White, *Prefabrication: A History of its Development in Great Britain* (London, 1965) を見よ。

35 英国でのモパン・システムの使用に関しては Alison Ravetz, *Model Estate: Planned Housing at Quarry Hill, Leeds* (London, 1974), pp. 53–7 を見よ。

36 フランスのプレファブ産業、都市復興省、グラン・ザンサンブルに関しては、Bruno Vayssières, *Reconstruction – Deconstruction: Le Hard French ou l'architecture française des trentes glorieuses* (Paris, 1988) を見よ。

37 同書、p. 12.

38 *Bison High Wall Frame, a System for Multi-storey Flats*, 2nd edn (December 1967), p. 3. 異なるシステムの使用に関する数値については B. Finnimore, *Houses from the Factory: System Building and the Welfare State* (London, 1989), Appendix 5, pp. 266–72 にある。

39 これはインタビューにおいてベルジオジョソが報告している。Fiori and Prizzon, eds, *BBPR – La Torre Velasca*, p. 30.

40 二〇〇七年のセメントの世界推定生産量二六億トンのうち、中国は一三億トン、インドが一・六億トンである。米国地質調査所のデータは http://minerals.usgs.gov/minerals/pubs/commodity/cement/mcs-2008-cemen.pdf より得られる 'Cement' (2008) から（二〇一一年二月二五日現在）。

41 David P. Billington, *The Tower and the Bridge: The New Art of Structural Engineering* (New York, 1983), chap. 10［デビッド・P・ビリントン『塔と橋——構造芸術の誕生』伊藤学、杉山和雄、海洋架橋調査会訳、鹿島出版会、二〇〇一年］を見よ。

42 Philip L. Goodwin, *Brazil Builds: Architecture New and Old, 1652-1942*, exh. cat., Museum of Modern Art, New York (New York, 1942), p. 104.

43 Brazilian Embassy, *Survey of the Brazilian Economy* (Washington, DC, 1965), pp. 110, 140; W. Baer, *The Brazilian Economy, Growth and Development*, 4th edn (Westport, ct, 1995), p. 77.

44 Reyner Banham, *Guide to Modern Architecture* (London, 1962), p. 36.

45 Zilah Quezado Deckker, *Brazil Built: The Architecture of the Modern Movement in Brazil* (London and New York, 2001) を見よ。

46 H. Segawa, 'Oscar Neimeyer: a Misbehaved Pupil of Rationalism', *Journal of Architecture*, ii/4 (1997), pp. 291–312 (pp. 299–300) に引用されている。

47 See Arthur J. Boase, 'Building Codes Explain the Slenderness of South American Structures', *Engineering News Record*, no. 564, 19 April 1945, pp. 68–77. ウーゴ・セガワに、ブラジルのコンクリート基準の後年の変更に関する情報の提供に感謝する。

48 Max Bill and Ernesto Rogers, 'Report on Brazil', *Architectural Review*, CXVI (October 1954), pp. 238–40; and Ernesto Rogers, 'Towards a Non-formalist Criticism', *Casabella*, no. 200 (February–March 1954).

49 L. Recaman, 'The Stalemate of Recent Paulista Architecture', *AA Files*, no. 41 (2000), pp. 9–17 (pp. 12–13). L. Recaman, 'High Speed Urbanisation', in *Brazil's Modern Architecture*, ed. Elisabetta Andreoli and Adrian Forty (London, 2004), pp. 106–39 も見よ。

50 Recaman, 'Stalemate of Recent Paulista Architecture', p. 13, and Richard Williams, 'Brazil's Brutalism: Past and Future Decay at the FAU-USP', in *Neo-avant-garde and Post -modern: Postwar Architecture in Britain and Beyond*, ed. M. Crinson and C. Zimmerman (New Haven, ct, and London, 2010), pp. 103–22.

51 Deckker, *Brazil Built*, pp. 200–201.

52 V. Artigas, 'Em "Branco e Preto"', *AU Arquitetura e Urbanismo* [São Paulo], no. 17 (April–May 1988, p. 78. H. Segawa, *Arquiteturas no Brasil, 1900-1990* (São Paulo, 1999), p. 150 に引用されている。

53 同書、p. 150.

54 Ken Oshima, 'Introduction of Reinforced Concrete in Japan: the Work of Antonin Raymond', in *Japan Concrete*, Congress Proceedings, Brussels (2002), p. 42.

55 地震と日本での鉄筋コンクリート受容の意義に関する議論は、Gregory K. Clancey, 'Foreign Knowledge or Art Nation/Earthquake Nation: Architecture, Seismology, Carpentry, the West, and Japan, 1876–1923', PhD thesis, MIT (1999) による。

56 同書より引用、p. 192.

57 R. Legault, 'Catastrofe e nuovi materiali. Parigi-Messina, un laboratorio per la casa in cemento armato', in *150 anni di costruzione edile in Italia*, ed. M. Casciato, S. Mornati and S. P. Scavizzi (Rome, 1992), pp. 295–306 を見よ。

58 この情報や前川と日本の戦後建築に関するさらなる事柄は、松隈洋から提供された。

59 タウトの桂離宮読解に関しては、Arata Isozaki, *Japan-ness in Architecture*, trans. Sabu Kohso (Cambridge, MA, 2006), pp. 9–14, 256–9 を見よ。

60 Reyner Banham, 'The Japanization of World Architecture', in *Contemporary Architecture of Japan*, ed. H. Suzuki (London, 1985), p. 17.

61 Walter Gropius and Kenzo Tange, *Katsura, Tradition and Creation in Japanese Architecture* (New Haven, CT, 1960).

62 Isozaki, *Japan-ness in Architecture*, p. 46〔磯崎新『建築における「日本的なもの」』新潮社、二〇〇三年〕.

63 Aly Ahmed Raafat, *Reinforced Concrete in Architecture* (New York, 1958), p. 229.

64 劣化したコンクリートの表面仕上げを除去して木板型枠で打ち直す日本の実践は、コンクリートの木材のような特徴に与えられた価値をさらに示している。槇文彦は自分の建物が、この過程によって打ち込まれて新たな表層を備えた――当初の建物よりかなり高額の費用で――と語っている。

65 吉岡保五郎「テクスチャとしての建築コンクリート」『新建築』三四号（一九五八年三月）、三四頁。Ken Tadashi Oshima, 'Characters of Concrete', in *Crafting a Modern World: The Architecture and Design of Antonin and Noémi Raymond*, ed. Kurt G. F. Helfrich and William Whitaker (New York, 2006), p. 74 に引用。

66 Jonathan Glancey, 'I don't do Nice', *Guardian G2* (9 October 2006), p. 21 に引用。

67 David Harvey, *The Condition of Postmodernity* (Oxford, 1989), pp. 295–6〔デヴィッド・ハーヴェイ『ポストモダニティの条件（社会学の思想）』吉原直樹監訳、青木書店、一九九九年〕.

1969年1月21日、イースト
ロンドン、キャニングタウン。
フェリエー・ポイント19階の
自らのアパートから景色を
確認するリンダ・マーシャル夫人。
遠方に見える4棟は、
ローナン・ポイント、
メリット・ポイント、
ドッドスン・ポイントと
ギャノン・ポイント。
ラーセン・ニールセンの
プレキャストパネルシステムを
使って1966年から68年に
かけて建てられた。
これらはその後すべて
解体された

FIVE
POLITICS

第五章 政治

コンクリートは様々な意味合いで政治的であり、二〇世紀初頭から辿ることのできる傾向として、とりわけ左翼的な政治と同一視されてきた。この長きにわたる連想における早期の事例は、一九一三年に完成したブレスラウ（当時はドイツだったが、現在ではポーランドのヴロツワフ）の一〇〇年記念会館である。それはプロイセンのフリードリヒ・ヴィルヘルム三世（Friedrich Wilhelm III）が、ナポレオンに敵対するよう臣民に呼びかけてから一〇〇年経ったときの記念行事の一つとして建てられたものであった。この巨大な円形ホールは一万人の収容人数を誇り、竣工時点においては世界最大の無柱の内部空間であった。そしてそれは近代建築史あるいは鉄筋コンクリートの歴史を飾る象徴的な建物であったが、その政治的な含意については、当時には十分明確であったにもかかわらず見過ごされてきた（1）。愛国的かつ帝国主義的な色合いが濃い祝祭であったにもかかわらず、皇帝は一九一三年八月の記念行事の際、彼に歌を披露するために学童の合唱団が待機していたのにホールの中に入ることを拒否した。彼が異議を唱えたのはその行事の平和主義で民主主義的な潜在的な意志に対してで、それは社会民主党と自由党からなるブレスラウの自治体が主催したものであった。この町は建築家、マックス・ベルク（Max Berg）とともに記念館を建てたが、そこで開催されるあらゆる階級の人々が集う一大イベントを通して「有機的」な社会的共同体を再結成することを期待していた。この進歩的な政治的プログラムは皇帝だけでなく、多くの人々に理解されており、鉄筋コンクリートがそれを実現可能にしたと了解されていた。評論家、ロベルト・ブロイヤー(Robert Breuer)が、皇帝の訪問の五か月前にこの建物の批評文に書いた言葉は、「鉄筋コンクリートと民主主義は切っても切り離せない」であった(2)。

ブロイヤーは、ホールの内部を「先史時代の獣の胸郭の中にいるよう」と表現し、その体験に対して極めて両義的な態度を示した。「この建設の勇敢さが人を困惑させる。この感覚は不安と熱狂の間にある」。そしてすべての構造要素が斜めか、湾曲している内部について「垂直面がどれも透けている閉ざされた空間は、静寂さに欠く」ものであるとも述べている。「印象は刺激的だが満足いくものではない」。しかしブロイヤーはこの建設的偉業の政治的重要性については疑念を持たなかった。このコンクリート製のホールは彼に言わせると、「権力を得る過程にある人々の勝利のしるし」であった。

鉄筋コンクリートが人々を結びつける手段を与え、そのこと

建設中の100年記念会館、
ポーランド、ヴロツワフ
(旧称ドイツ、ブレスラウ)、
1913年春撮影、
マックス・ベルク設計

マックス・ラインハルト演出のドイツ韻律による祝典劇の謁見。
ヴロツワフ、100年記念会館、1913年

を通して共同体の社会的意識を高めるという感覚は、ロシアにおける一九一七年の一〇月革命後、よりいっそう支持された。体制における新しい建物の多くがコンクリートで建てられただけでなく、化学合成からなる鉄筋コンクリートは、レーニンの思い描いた、革命を経て形成された労働者階級の「永続的な団結」の象徴となった。ロシア内戦中とその後におけるセメント工場を舞台としたフョードル・グラトコフ（Fyodor Gladkov）の古典的な社会主義リアリズム小説『セメント』（一九二五）では、セメントの重要性は社会主義と同様、膨大な数の遊離した粒子を結合する点に置かれている。主人公のグレッブ・クマロフ（Gleb Chumalov）の言葉を借りると「我々はセメントを生産する。セメントは堅い絆である。同志よ、セメントは我々だ、労働者階級だ」（3）。

戦間期の西欧では、コンクリートは決まって急進的な政治と結びつけられていた。左翼的な自治体はこの材料《メディア》を活用することに尽力した。当時のそういったコンクリートの「宣言的」な建物の一つに、建築家トニー・ガルニエ（Tony Garnier）による

フィンスベリー健康センター、
ロンドン、1935－8年、
リュベトキン＝テクトン設計。
コンクリートが
政治的プロパガンダに
使われた

パリ郊外の労働者階級の街、ブーローニュ＝ビアンクール市庁舎（一九三一－四）が含まれる（彼は、これ以前に「工業都市」というコンクリートによる理想都市を計画した）。かつて共産主義を標榜し、それまでには社会党に転向していた市長、アンドレ・モリゼ（André Morizet）によると、この建物で「豪華さは実用性のために犠牲にされた」（4）。これもパリの郊外であるが、共産党が支配していたヴィルジュイフに一九三二年から三三年にアンドレ・リュルサ（André Lurçat）設計で建てられたコンクリート造のカール・マルクス学校もその一例と言えよう。イングランドではロンドンの社会主義的な市、フィンズベリーにある、ロシア移民の建築家、ベルトルド・リュベトキン（Berthold Lubetkin）によるフィンズベリー健康センター（一九三五－八）が挙げられる。この建物は小さな「社会のコンデンサー」として計画され、国家の社会制度の欠如に対して、大胆なコンクリートの使用を通じてフィンズベリーの急進性を訴えた（5）。いたるところでコンクリートは左がかった政治と関連づけられた。英国の美術史家、アンソニー・ブラント（Anthony Blunt）は、後にソ連のスパイだったことが暴露されたが、一九三〇年代に詩人、ルイス・マクニース（Louis MacNeice）とスペインに行き、社会主義革命を期待して帰国した。マクニースは後日以下のように記した。

> もしスペインが共産主義に走れば、フランスは必ずその後を追うだろうし、その後に英国もそうなり、そうしたらみんなにとってよいことになるだろうとアンソニーは言った。それはちなみに芸術に新しい血が入ることを意味する——それは例えばすべての行政区にディエゴ・リベラ（Diego Rivera）の作品を、というように。そしてイーゼルを立てて描く絵画がついにその死を認め、あらゆる市庁舎では壁画やコンクリートの浅浮彫が花開くだろう。なぜなら、コンクリートこそが新しい素材《メディア》であり、不可欠なものだからである。（6）

しかし、鉄筋コンクリートの政治的な成熟は、冷戦の強力な兵器の一つと見なされるようになった戦後まで待たなくてはならなかった。冷戦の文脈においてコンクリートは一般的に掩蔽《えんぺい》壕、ミサイルサイロ、強化された飛行機格納庫、核シェルターやその他諸々の軍事的な施設と結びつけられるが、これらすべては原則としてコンクリートを消極的な役割、すなわち爆発の吸収や、人や装備の放射能からの防御に限定している（7）。コンクリートがより積極的な役割を果たしたのは冷戦におけるイデオロギーの戦略においてであった。冷戦時代の建築にまつわる政治行動は、通常「見せ物」としての建築利用と見なされる。それは例えば東ベルリンのスターリン街であり、あるいはそれに対する西側の返答として、複数の西側の建築家による国際様式の集合住宅棟が緩やかにレイアウトされたハンザ地区であった（8）。しかしイデオロギーの対立はこれらの比較的例外的なプロパガンダ色の強い作品に限定されていたわけではなく、一般的な建築生産においてより幅広く存在していた。ここでは共産主義の東と資本主義の西がそれぞれ相手を上回れるよう努力をした。これらの闘争のなかでコンクリートはそれに相応しい地位を占めることになり、そのなかで東が時の勝者となった。ただし、勝つための代償は自らの最終的な崩壊であり、そしてそれは旧ソ連支配の国々が今後長い年月にわたって背負い続けなくてはならないものとなった。

ソヴィエト連邦と東欧におけるコンクリート

一九四五年、ヨーロッパ全域は、戦争時の破壊と六年間にわたる新築工事の停止によって引き起こされた厳しい住宅不足に見舞われていた。そのなかで最も悪影響があったのがソ連であった。そこでは、一九三九年以前からすでに住宅が不足しており、複数の家族が一つのアパートに同居することが珍しくない状況であった。新しい住居に対する喫緊の必要性という点ですべての国が似たような状況に置かれていた。特に迅速な対応と熟練労働者をほかの産業から建設産業に引き抜いて経済復興を阻害しないことが求められた。そこで、一般的にコンクリートが素材《メディア》として適しているとされた、プレファブ化がその解決策と見なされた。すべての国が鉄筋コンクリートのプレファブシステムを考案したが、ソ連ほど徹底して利用したところはなかった。鉄筋コンクリートのパネルからつくられた、プラッテンバウテン［大型パネル化］工法のアパート群はソ連の象徴となると同時に、東欧諸国におけるソ連支配の象徴ともなった。どのようにしてこうなったかは説明に値する。

ソ連がコンクリートパネルを唯一の建設工法とする方向に舵を切ったのは、共産党中央委員会第一書記のニキータ・フルシチョフが建設業、建築家と建設材料業界の労働者の全連邦会議において演説を行った一九五四年一二月七日であった(9)。この演説がいかに卓越したものであったかはいくら強調しても足りないくらいだ。「工業的手法の幅広い導入、建設の質の改善とコスト削減について」と題された演説はほぼ二時間に及んだに違いないが、その内容のほとんどすべてがコンクリートによる建設についてであった。国家元首がコンクリート建設に関するこれほど長くかつ詳しい演説を行ったことは、これを除いて後にも先にもなかった。この演説はソ連のイデオロギーにおいてコンクリートが以前から重要な位置を占めてきたことを再確認したただけでなく、政治的に非常に重要な時期に行われたものでもあった。スターリンは一九五三年の三月に亡くなり、その後の駆け引きの中でフルシチョフが有力な人物として台頭してきていた。しかし、彼が決断力を持って個人崇拝を糾弾し、スターリニズムの終焉と「雪解け」の始まりを告げた有名な演説は一九五六年初頭まで待たねばならなかった。その一年あまり前に建設業者や建築家を前にして話したとき、フルシチョフは建設工法を、スターリンの政策に対する初めての批判の立脚点として選んだ。したがってこの演説はソ連の政治において重大な転換を示したものである。

演説の内容を吟味する前に、まず一九五〇年代初期のソ連の建築生産の特色を説明したいと思う(10)。戦後、新しく建てられた集合住宅の一部はプレキャストコンクリートでつくられていた。あるものではパネルは建物全体にわたって採用されたが、その他では鉄骨フレームとの組み合わせであった。スターリン原理主義はすべての建物が適切な装飾を施した新古典主義様式で建てられることを求めた。プレキャストコンクリートを用いた集合住宅では装飾部分はパネルと一体的に製作されており、パネル間の継ぎ目を隠すために付柱が設けられていた。こういった納まりは、パネルの破損を容易に招くような複雑な施工を必要とし、その補修のために熟練労働者を必要とした。建築家や技術者が辿りついた結論は、もしプレファブ化の利点を生かそうとするならば、まず古典主義の意匠を放棄しなくてはならないということであった。しかし、これは彼らが自ら決断して進められるようなことではなかったことは明白であった。フルシチョフの演説の直後に発行された専門誌の記事を引用すると、建築家たちは、「凹凸のない、平滑なパネルを設計し、プレファブ化された建物を大きなパネルで、しかも目地を露出した形で建設していくことが肝要である」との立場をとった。これらはまさにソ連の建設を特徴づけることとなっていく性質そのものであった(11)。ロシアの建築家は、西欧の国々が一九五〇年代中期までに、鉄筋コンクリートパネル工法の技術において飛躍的な進歩を遂げたことを十分認識していた。しかしソ連の孤立主義と西側のものをすべてブルジョア的として条

エストニアのコンクリート製の電柱。木材の産地におけるコンクリート

件反射的に無価値とみなす姿勢が、これらの新しい展開を享受することへの妨げとなった。

こういった状況の中で一人の若い建築家、ゲオルギイ・グラドフが一九五四年二月に一〇〇ページ以上にわたる長い手紙をニキータ・フルシチョフあてに書き、そのなかでソ連の建設の欠点を洗いざらい、詳細に述べた。一九三〇年代にモスクワの地下鉄網の工事責任者として建設の経験があったフルシチョフは、グラドフの大胆な手紙に政治的な可能性を見出し、建築家と建設業者を集めた会議を呼びかけ、その締めくくりに、グラドフの助言に応えて演説を行うこととした。このフルシチョフの演説は広く知られ、歴史家たちにしばしば取り上げられた。その理由は建築において社会主義リアリズムを批判したからである——「現代の集合住宅は……教会や博物館の模造品のように変形させてはならない」——しかし実際のところこれらの発言は、演説全体との比較では小さな、比較的取るに足らない部分に過ぎず、いずれにせよフルシチョフは社会主義リアリズムの行き過ぎに言及することはあっても、それを否定することはこのときにも後にもなかった(12)。演説の大半はコンクリートと建築生産におけるその位置づけについてであった。

フルシチョフの主張には五つの段階があった。一つ目は、コンクリートでつくりうるものはすべてコンクリートでつくるべきだというものであった。鉄道の枕木、電信柱、工場の骨格などである。「同志よ、我々は断固として金属の派手な浪費を止めなくてはならない。本当に重要なものだけが金属でつくられるべきである。建物の構成要素でコンクリートや鉄筋コンクリートによって代替できるものはすべてそうすべきである(拍手)」(13)。この原則は究極的にはいくつかの教条主義的な不条理をもたらした。例えば木材が豊富なバルト地方でも、すべての電信柱がやはりコンクリートであった。煉瓦も労働集約的で非効率な材料と見なされていた。「壁をつくるにも、煉瓦の代わりにコンクリートで既存のホイストクレーンが使える、二、三から五トンの壁用ブロックをつくったほうがよいのではないか。ブロックで建設するほうが労働の高効率化と生産性の増大を実現することができる」(14)。

二つ目のテーマは、コンクリートの現場での打設と比較した際のプレファブ材の利点についてであった。現場作業は「結果として建設現場の汚れに結びつく。また様々な種類や形態の型枠材は鉄の浪費、セメント、骨材やコンクリートの無駄に結びつく」(15)。コンクリートの現場打設は無駄が多いだけでなく、最も悪いことに手作業に頼る、したがって「遅れている」建設方法だったのである。

現場打設に対するプレファブ化の優位性を明確にしたところで、次の検討すべき課題は、どのようなプレファブ形式が採用されるべきかであった。つまり大型ブロックか、それとも重量パネルかである。フルシチョフの主張は、二〇から二五パーセント少ない労働力で成立する、パネル工法に軍配を上げるものであった。フルシチョフはプレキャストの壁パネルにとどまらず、床スラブもプレキャスト化したシステムを求めた——「パネルを壁と床に大々的に採用することによって、建設から現場打ちコンクリートを使う〝職人〟を追い出すべきである」(16)

次頁:ソ連、エストニアのニュータウン、シラマエの未完の重量ブロック工法の集合住宅。2004年撮影。現場の放棄は、フルシチョフによるソ連の建設工法の、重量ブロックからプレキャストコンクリート工法への方針変更による

と、フルシチョフは職能に頼った建設工法への攻撃を繰り返した。そして彼は続ける。

現在、階段や踊り場は鉄筋コンクリート工場から建設現場へ仕上げがみすぼらしい状態で届けられている。したがって建設現場で階段や踊り場を取りつける際に、その場で仕上げを施さざるを得なくなっている。床、壁、天井のパネルでも同じような事態がよく起こっている。これは誤りである。鉄筋コンクリートの構成要素の仕上げ工程すべてが工場で執り行われなくてはならない。階段は上下面ともに仕上げられた状態で現場に搬入される。（……）構成要素はそれぞれ完全な形で、取りつけ可能な状態で建設現場に届かなくてはならない。そうでなければ、プレファブ化のメリットはどこにあると言えようか、もし工場で用意したプレファブ部材が八階に取りつけられた後に、その表面を清掃したり、磨いたりするためにどうやってそこまで上っていこうかなどと考えなくてはならないとしたら。(17)

この議論を受けて、ソ連では大型パネル生産に向けた、建設業界全体の再編成が行われた。

重量パネルの優位性を明確にしたところで、フルシチョフは四つ目のテーマである、規格化された設計の必要性について議論を進めた。

なぜ今、学校のために規格化された設計が三八も存在しているのだろうか。これは目的に適ったものなのか。実際のところこれは多くの役人が建設に関して浪費的な態度を持っているからに他ならない。我々は、集合住宅、学校、病院、幼稚園、保育所、店舗などほかの建物や施設において、限られた数の標準設計を選択し、大量の建設をそれらに限って五年間だけ実行すべきである。

そして彼は説明を続ける。

規格化された設計によって可能になることは、構造部品や部材の工場製作であり、建物を建てるにあたっては在来工法を捨て去り、より短時間でできる方法の獲得である。

明らかに反対者がいることを想定して、彼は続けた。

規格化された設計を導入するにあたって我々は覚悟を決め、粘り強くなければならない、なぜならこのことに関しては抵抗にあうかもしれないからである。規格化された設計の必要性についてきちんとした説明を必要とする人々がいくらかいることは確かだ。

建設における規格化された設計は、建設作業の効率化、迅速化と質の向上の面において驚くべき効果が見込まれる。これに関して疑う余地はない（嵐のような拍手）。(18)

新しい政策の中で設計の規格化は導入が最も容易なものであった。そして一九五五年八月二日の法令で一組の標準設計を制定した。一つのシステムに辿りつくまでいくぶんかの時間がかかり、またそのシステムにも常に例外がついて回ったが、「全国共通の建設システム」というスローガンは維持された。

演説の五つ目のテーマは建設労働に対するプレキャストパネルの重要性についてであった。パネル工法は手仕事的な労働に終止符を打ち——とはいえ後に第八章で見ることになるが、多くの国で掲げた目標でありながら実践ではなかなか達成できなかったこと——、同時にソ連という国の文脈においてより重要なこととして、非熟練労働者をなくし、全員を「技術者」に成らしめたことである。

コルホーズから農民が建設現場にまったく技能も資格も持たずに到着すると、彼は非熟練労働者としてこき下ろされることはよく知られていることである。そうすると彼は便利屋として働くことになり、生産性は低く、特殊技能もないので、それほどの収入を稼げない。彼は周りを見回すと、同志が彼のところにやってきてこう言う、「なあ、この仕事をあきらめて工場で働いてみてはどうだ。そこでは六か月で職能を得ることができる。そこで等級をもらえるし、場合によっては住むところも得ることができるかもしれない」。彼は周りをうかがい、即座に行ってしまった。工場で六か月働いたところで、彼は職能をものにし、建設現場のときより二倍、三倍の給料を稼いでいる。こういうことなのではないか（「そうだ。そのとおりだ」の叫び声）。（……）もし支援を通してすべての建設労働者が何らかの職能を十分体得できるようになり、また工具を巧みに使いこなせるような熟練工になれたとすれば、彼は自分の仕事に愛着を持つようになり、誇りを持って「自分こそは建設者だ」と言うだろう。(19)

フルシチョフの演説は、冷戦において最も重要な素材《メディア》が、なぜコンクリートであり、鉄やガラスでなかったかという疑問に一つの答えを提供する。フルシチョフが最も熱心に行ったことは、コンクリートでのプレファブ化が、住宅供給の促進と技術力不足の二つの問題をどのようにして同時に解決できるかということに人々の関心を集めることであった。これは東欧特有のことではなく、西欧でもまったく同様であった。フルシチョフが演説を行った時点では、ロシアの都市で建設されている集合住宅のうち、プレキャストパネル工法を採用していたのはごく一部にとどまっていた。ロシアの建設労働者は、賃金も少なく、低い技術で働いていた。一九五六年における推定によれば、建設労働者の四〇パーセントが女性で、また都市における建設労働者の大半が田舎の地域からの新規移住民であった。

フルシチョフの発案のもと西側との連絡がとられるようになり、プレキャストシステムを学ぶために専門家が英国、フランスや他のヨーロッパ諸国に派遣された。最も緊密な関係を築いたのはフランスであった。ロシア人はフランスのカミュ・システム（第四章を参照）に最も興味を示しそこから派生したシステムをソ連で採用した。一九五七年の法令によって、標準化された部材を生産するためＤＳＫと呼ばれる建設協同組合が設立され

エストニア、タリン、ラスナマエ、
1977年以降。
1960年代初頭から
ソ連と東欧で
建設されてきた型式の
9階建てのプレキャスト
パネルの集合住宅

た。その最初のものが一九五九年にレニングラードに設けられ、一九六七年までにその数は三〇〇に達した。そして一九八二年には四八二のDSKがソ連国内にあり、年に五八四〇万㎡の集合住宅を生産していた。一九六五年に新築集合住宅の二五%が大型パネル工法を採用していたのに対し、一九七七年には五〇%、さらに一九八八年までには、モスクワ地域の新築集合住宅の九〇%がDSKによって生産された大型パネルによって建てられた(20)。最初の標準設計は五階建ての集合住宅棟でフルシチョビーという愛称(スラムを意味するロシア語トルシチョビーをもじったもの)がつけられた。これは大型パネルを採用した工法でエレベーターのない構成であったが、一九六〇年代初頭にこのシステムの集合住宅は、比較的高くつくことが判明した。エレベーターがないことによる減額を考慮しても、パネルの生産と運搬にかかるコストを正当化できなかったのである(21)。まさに西側同様、工場の資本コストに対してより高い見返りを得るためにより高く——例えば九階とか一六階建てに——建てる判断が下された。しかしながら、五階建てのフルシチョビーのために開発されたパネル工法は、高層化に適用できなかったのでこれに代わる新たな規格を考案しなくてはならなかった。一九六〇年代にソ連は、チリやキューバといった南米の同盟国に対し、当時すでに時代後れとなっていた五階建てを製造する工場を気前よく寄贈し、ソ連のコンクリート住居を遠く国外に分散した(22)。一六階建ての新しい標準化住宅は、ソ連の時代が終わりを迎えた後でも生産が続いており、モスクワのDSK－I工場は二〇〇〇年の時点でも年一二〇万㎡の集合住宅を生産していた(23)。もともとは西側で考案された製品を活用しながら、硬直化で悪名高い規格の生産を西側の誰もが想像しえなかったほど大規模にソ連は展開した。最盛期には一三〇〇万人の従業員を配した一つの組織の指揮下、ウラジオストックからエルベ川まで同じ建物をつくり続けた(24)。

フルシチョフによる住宅生産の工業化に向けた推進の背景には、あらゆる物質面において、アメリカに追いつき一九六六年には追い越すという、ソヴィエト連邦の公表目標があった。このために、手工業を排斥しすべての労働者を技術者にしようとする欲望と同様、コンクリートへの執着はイデオロギー的なものであった。また他方で、フルシチョフが彼の演説で明らかにしたように、ほかの建設素材ではなくコンクリートを選択した理由は経済性でもあった。二つのモスクワの学校にかかった労働力の比較を行い、煉瓦造は七三六〇人工《にんく》かかったのに対してコンクリートパネル工法を採用して建てられた学校はわずか一七八〇人工、すなわち煉瓦造の建物の二四％の労働力しか必要としなかった。煉瓦造の建物の労働者の一日の平均生産高は二六八ルーブルであったのに対しコンクリートのほうは一四三二ルーブル、すなわち五・四倍であった。「同志たちよ、ここにこそ労働効率の向上と給与増大のための隠れた蓄えがあるのだ」(25)。コンクリートパネルシステムは非熟練労働から逃れられないでいる隠れた蓄えを解放し、そこで剰余金がつくりだされ、ソ連ではそれが軍備や防衛費に流用された。そしてこれらの費用のソ連国内GDPに対する飽くなき膨張が、ソヴィエト連邦の最終的な崩壊の原因となったのである(26)。

西欧におけるコンクリート

西欧ではロシアほどコンクリートに熱中しかつ大規模に生産手段を発展させた国はなかったが、西欧の国々もコンクリートを採用するのはロシアとほぼ同じ理由からであった。フルシチョフがプレキャストコンクリートのシステムを正当化した理論、すなわち新しい建物の供給の迅速化、専門的な職能の排除と非熟練労働者の活用は、どれも西欧でも馴染み深い議論であった。しかし政治的状況において西欧の国々はかなり異なっており、したがってコンクリートの政治的な意味も異なる側面を呈することとなった。戦後、すべての西欧の民主陣営諸国にとっての中心的課題は、資本と労働との間に安定的な合意を形成しそれを維持することであった。あらゆる国で展開された戦略は、すべての国民にある最低限度の医療保険、教育、住宅供給、老齢年金と失業手当を保障する福祉国家の形成であった。それを英国の政治家、アナイリン・ベヴァンは「ゆりかごから墓場まで」と表現した。しかし、最も累進的な課税制度を採用し最大の富の再配分を達成した国々においてでさえ、社会的あるいは経済的な不平等がまったく解消するとの主張はなかった。その代わりに、総じてこのシステムが支持されるには、生活の水準が常に向上していくこと、すなわち常に変化している世界に生きている感覚と、今はどうあれ、将来はよくなるだろうという確信が得られるかにかかっていた。福祉国家としての英国の主唱者、T・H・マーシャルが一九五〇年に記したように、「国民にとって重要なのは筋の通った期待の枠組みなのである」。しかし、このシステムは延々と上昇し続けるインフレの循環を招いた。なぜなら、国家が提供できるものが多くなればなるほど人々の期待も膨らみ、国家もいっそう多くの出費を約束することになるからである。「サービスの水準の向上に伴って、進歩的な社会においては義務も自動的に増えざるを得ない。目標は常に前進し続けるので国家がその域に達することは永久にないかもしれない」(27)とマーシャルは続けた。政治家の望みは、社会変革を示す包括的な証拠を短期間で出すことによって、この絶えることのないプロセスを短絡させることであったようだ。

英国の高速道路網の建設を開始した運輸大臣、ハロルド・ワトキンソンの発言は喩え以上の意味合いを持つ。「どうにかして我々は膨大な煉瓦を藁なしでつくらなくてはならなかった［必要な材料なしで仕事をする］――しかも迅速に」(28)。コンクリートのプレファブ化は社会民主主義政権を政治的困難から救出した。なぜならそれは住宅、病院、学校や道路が迅速に、非熟練労働者の手によってつくられる展望を示したからである。

　コンクリートとプレファブ化が建設費の削減に寄与するとの主張はほとんどなされなかった。西欧ではどの国でも熟練職人の余力が十分あり、いつでも伝統的な建築工法でより安くつくることができたからだが、これらの方法は速さを提供できなかった。速さと提供する水準の飛躍的な向上が見込まれることがプレファブ化コンクリートを魅力的なものとした。住宅供給における系統的な建設工法の奨励を司る英国の政府機関の責任者、クリーブ・バーが強調したことは、プレファブ化されたコンクリート建設はより安価だということではなく、より品質の高いものだということであった。「標準化はより大きな空間をわずかな追加コストで提供できる」(29)。政治家は高まる期待に応えられない可能性を心配した。この不安につけこみ、一九六四年労働党政権の経済顧問、マイケル・シャンクスは、建設業界は急速に高まりつつある水準に見合った住宅をまったく生産していないと警告した。「もし様々な国で現在の生産性の傾向が続くことがあれば、一九七〇年初頭までに平均的英国人は大陸の多くの親族たちよりも惨めな状況になり、平均的なロシア人、ヴェネズエラ人あるいはイスラエル人と肩を並べることとなるだろう」(30)。この憂慮すべき光景、すなわち住居の水準がロシアのレベルにまで落ちるということが、英国や他の西欧諸国の政府をプレキャストコンクリートパネル建設工法の採用へと促した。それは、この工法の採用によって建設費の削減が図れないことを十分認識したうえでの判断であった。こういった観点からすると、例えば一九五〇年代から六〇年代にかけて英国で幅広く採用されたバイソン壁パネルを使ったような集合住宅棟は、冷戦の戦略的な武器の一つと見なすことができよう。英国の期待に反して不幸なことにその武器は、ほとんど打ち上げ直後に爆発してしまった。一九六八年五月一六日の早朝に、ロンドン、カニングタウンの高層棟で、ラーセン・ニールセン工法を採用したローナン・ポイント［公営住宅］は、その一八階で起こったガス爆発によって建物の隅が崩れ落ち、四名の死者と一七名の負傷者を出した(31)。他のどんな出来事にもましてこのローナン・ポイントの崩壊は、コンクリートが生活の質を高めるという英国人の期待を捨てさせることになった。コンクリートのプレファブ化に対して持たれていたいかなる信頼も消失し、プレファブ化のシステムはそれ以降急速に衰退していった。

　イデオロギーの本拠地と見なされている東欧の共産圏では、コンクリートの建設資材としての選択は一義的にイデオロギー

イーストロンドン、ニューナムの
ローナン・ポイント。
1968年5月16日の
ガス爆発による部分崩壊

的な理由からだと人は思うかもしれない。その反面、市場の力に動かされる西欧では、コンクリートの採用が経済的な理由から決定されていると思うだろう。しかし実状はそのまったく逆だったことがわかる。東側諸国では、経済的な景気づけ、すなわち軍備のプログラムに資金を提供するための余剰金を捻出することがコンクリートの幅広い採用の主たる要因だった。それに対し、西側での誘因はとりわけイデオロギー的であり、社会民主主義の政府が選挙を優位に進めるために、仮に生活が停滞していても、状況を変化させ続けることであった。西欧ではプレキャストコンクリートの採用は国家の助成が続いている期間に限られていた。助成が打ち切られると、建設業者はその採用を中止し、より伝統的な建設工法に戻ってしまった。国家がコンクリート建設を助成したのは、それが経済成長の源泉としての製造業から熟練労働力を枯渇させることなく、日常の光景が加速度的に変化しているという錯覚をつくりだすことに寄与していたからである。戦後の西欧における混合経済において、コンクリートは第一義的にイデオロギー的であった。コンクリートのプレファブ化のイメージ形成にこれだけのものが投じられたので、大ロンドン議会による最大かつ最後の集合住宅開発であるテムズミード計画（スタンリー・キューブリックによる一九七一年の映画『時計じかけのオレンジ』の舞台となる）では、伝統工法を用いて建てられた住居棟が、システム工法を用いたと見えるようにつくられた。この開発は、バレンシー・システムと呼ばれるプレファブコンクリートパネル工法を用いて建設されるよう計画されていたが、そのうちのいくつかの三階建ての住居棟に適用するのは、合理的でないことが判明した。これらの棟は工法に適した形に調整されることなく現場で打設された。そして非構造壁に関しては、同じプレファブ工法で建てられているかのように見せるために、ほかの箇所で使われたパネルに合わせて特注された(32)。ソ連においてでさえ、ここまで呆れるほど教条的なコンクリートの使われ方はなかったであろう。

一九八九年以降

ソ連の崩壊後、東西を問わず欧州が直面している大きな課題

テムズミード、南東ロンドン、
1967－71年。
大ロンドン議会建築局設計。
テムズミードの他の部分では、
バレンシー・システムの
プレキャストコンクリートパネルが
使用されたが、
この部分は在来工法で
作られた。ただし、ここで
使われたのは
システム工法を模倣した
特殊パネルであった

は、コンクリートパネル工法で建てられた集合住宅の「退役」である。これは一般的には「再生」の問題として提示されるものであるが、ここではそれは、単なる維持管理、あるいは今となっては老朽化している大きすぎて役に立たなくなったものの改良という問題だけではなく、冷戦の連想の浄化でもあった。それは、東欧諸国にとっては共産主義であり、西欧諸国にとっては福祉国家であった。この過程は、西欧のほうで先に始まり、二つの戦略から構成されていた。一つは入居者に住戸を購入する機会を与えることで、もう一つは購入希望者、あるいは購入できる入居者がいなかった場合の解体であった。これらの解体はしばしば爆薬を使った爆破解体として日常的な見世物となった。そしてそれらは、政治家たちが人々に終焉を迎えたと思ってもらいたい歴史の一章に終止符を打つに相応しいものであった。しかし西欧でのコンクリート建築のストックへの対応の問題は、プレキャストパネル工法の建物の絶対数がはるかに多く、全住宅ストックに占める割合も高かった東欧やソ連と比べると些細なものであった。

東欧やソ連の多くの箇所においては、コンクリートのプラッテンバウテン［大型パネル建築］の物理的な問題は、人口の減少によってさらに深刻化した。国家によって運営されていた産業の閉鎖によって、人々は転出し、集合住宅には人気がなくなり、残された人々への維持管理の負担が増大した。このことが大きな問題となったドイツ東部において解体は解決策の一つであった。しかしなかにはより想像力に富んだ解決策もいくつかあった。プラッテンバウテンの一部を解体し、残りの部分にバルコニーを付加するなどの改良を加える解決策は、ベルリンの郊外のマルツァーン地区で採られた方法である。あるいは、より過激な方法として、プラッテンバウテンを分解し、同じパネルを再利用して新しい二、三階建て住宅をつくるというものもある。この方法は、［ブランデンブルク州］コットブスで行われ、また建築家、ヘルヴェ・ビーレによってベルリン郊外のメーロウでも試みられた(33)。

プラッテンバウテンの「退役」に関連するものとして、それを「未完」のものと見なす、新しい認識への誘導がある。コッ

爆破解体、ロンドン、ハックニーのホリー街団地、1996年3月

トブスの改築の責任者である建築家、フランク・ツィマーマンは以下のように説明した。「システム工法による住宅は、ごく一般的な住宅であるが、仕上げ工程の最中に［人が］住み始めた、いわば入居が早すぎたものとして捉えることができる。それは、確実な技量によって仕上げられ、使用されている材料の品質の良さを示す必要性がある。それがなされれば、これらの住宅は完璧なものとなる」(34)。西ヨーロッパにも似かよった考え方が見受けられる。フランスの建築ユニット、ラカトン&ヴァッサルは、コンクリートパネル工法によって建てられたかつての低所得者住宅棟の改修を専門としており、建物を外側へ拡張することによって各々の居住空間を増やした。これらの事例すべてにおいて示されようとしているのは、コンクリートパネル工法は、共産主義あるいは福祉国家の産物であるという起源に永遠に縛られるものではなく、導入の一つの段階にすぎないということである。そしてそれらの「完成」は、新たな政治的領域への転換を達成させるのである。

しかしながら、これらの未完とされた建築群を「完成させる」選択肢は、より裕福な国家にしか許されないものである。東欧とソ連の大部分における、朽ちつつある、十分な断熱が施されていない、置き去りにされつつあるコンクリートの都市は、規模的に上記のような手法の限度を超えている。一九五〇年から一九九〇年までの四〇年間に類似した工法によって建設された数百万戸の住居は、同じくらいの年数を経て、あるいはいっそう早く劣化する。東欧やアジアの国々にとってこれらの建物は彼らの手に負えないほどの負担になっており、構造の性質上、そこに住む人々にも手に負えないものとなっている。二〇〇〇年には世界保健機構の係官が、建物の状態によって、建っている地域の政治的安定が脅かされる可能性があると予測した(35)。コンクリートは、社会の統一をもたらす手段としての役割とはほど遠く、やがて革命を誘発するかもしれないのである。

1 一〇〇年記念会館に対するこの政治的な解釈は、Kathleen James-Chakraborty, 'Simplicity', *German Architecture for a Mass Audience* (London, 2000), pp.10–20 から引かれている。同時に、Jerzy Ilkosz, 'Expressionist Inspiration', *Architectural Review*, CXCIV (January 1994), pp. 76–81、並びに Jerzy Ilkosz, *Max Berg's Centennial Hall and Exhibition Grounds in Wroclaw* (Wroclaw, 2006) も参照。

2 R. Breuer, 'Die Breslauer Ausstellung', in *Die Hilfe: Zeitschrift fur Politik, Wirtschaft und geistige Bewegung* (Berlin, 29 March 1913), p. 348 に収録。

3 Fyodor Gladkov, *Cement* (1925, Eng. Trans. Moscow, 1985), p. 103.

4 Tony Garnier, *L'oeuvre complète* (Paris, 1989), p. 184.

5 Philip Temple ed., *Survey of London*, vol. xlvii: *North Clerkenwell and Pentonville* (New Haven, CT, 2008), pp. 77–83、並びに John Allan, Berthold Lubetkin, *Architecture and the Tradition of Progress* (London, 1992) を参照。

6 Miranda Carter, *Anthony Blunt: His Lives* (London, 2001), p. 147.

7 英国でのこれらの採用事例の概観については、Wayne D. Cocroft and Roger J. C. Thomas, *Cold War: Building for Nuclear Confrontation, 1946–1989*, ed. P. S. Barnwell (Swindon, 2003) を参照。

8 Francesca Rogier, 'The Monumentality of Rhetoric: the Will to Rebuild in Postwar Berlin', in *Anxious Modernisms, Experimentation in Postwar Architectural Culture*, eds. Sarah Williams Goldhagen, Réjean Legault (Cambridge, MA, 2000), pp. 165–89 を参照。

9 N・フルシチョフ、建設業者、建築家、建設材料産業従事者の全国大会における演説、一九五四年一二月七日より。これは全文が英訳にて以下に再録されている。Thomas P. Whitney, ed., *Khrushchev Speaks: Selected Speeches, Articles and Press Conferences, 1949-1961* (Ann Arbor, MI, 1963), pp. 153–92.

10 ソ連におけるプレファブ工法とフルシチョフの演説の状況に関する説明は、Natalya Solopova, 'La préfabrication en URSS: concept technique et dispositifs architecturaux', PhD thesis, University of Paris 8 (January 2001) による。

11 L. Vrangel, *Arhitéktura SSSR*, 4 (1955), p. 15, Solopova, 'Préfabrication en urss', p. 102 での引用。

12 Khrushchev, p. 169. フルシチョフの社外主義的リアリズムに対する立脚点に関する最近の議論に関しては、Catherine Cooke (with Susan A. Reid), 'Modernity and Realism, Architectural Relations in the Cold War', *Russian Art and the West*, ed. Rosalind P. Blakesley and Susan A. Reid (DeKalb, IL, 2007), pp. 172–94 を参照。

13 フルシチョフ、p. 161.

14 同上。

15 同上、p. 157.

16 同上、p. 159.

17 同上、pp. 159–60.

18 同上、pp. 166–7.

19 同上、p. 185.

20 数値はSolopova, 'Préfabrication en URSS', p. 223より; Jonathan Charley, 'The Dialectic of the Built Environment: a Study in the Historical Transformation of Labour and Space', PhD thesis, University of Strathclyde (1994), p. 217に収録。

21 Solopova, 'Préfabrication en URSS', p. 262; 並びに Blair A. Ruble, 'From Khrushcheby to Korobki', in *Russian Housing in the Modern Age*, eds. William Craft Brumfield and Blair A. Ruble (Cambridge, 1993), pp. 232–70, p. 240を参照。

22 Pedro Ignacio Alonso and Hugo Palmarola, 'A Panel's Tale: The Soviet KPD System and the Politics of Assemblage', *AA Files*, 59 (2009), pp. 30–41参照。

23 Solopova, 'Préfabrication en URSS', p. 289.

24 Charley, 'The Dialectic of the Built Environment', p. 165.

25 フルシチョフ、建設業者、建築家、建設材料産業従事者の全国大会における演説、p. 185.

26 Charley, 'The Dialectic of the Built Environment', p. 165にてこの議論をさらに展開している。

27 T. H. Marshall, *Citizenship and Social Class* (Cambridge, 1950), pp. 58–9.

28 Harold Watkinson, *Turning Points: A Record of Our Times* (Salisbury, 1986), p. 70.

29 Cleeve Barr, 講義原稿、B. Finnimore, *Houses from the Factory: System Building and the Welfare State* (London, 1989), p. 100に引用されている。

30 同上、p. 70に引用されている。

31 この出来事と原因については、Ministry of Housing and Local Government, *Report of the Inquiry into the Collapse of Flats at Ronan Point, Canning Town*, under the chairmanship of H. Griffiths (London, 1968)に詳しい。また、E. W. Cooney, 'High Flats in Local Authority Housing in England and Wales since 1945', in *Multi-Storey Living*, ed. Anthony Sutcliffe (London, 1974), pp. 151–80も参照。

32 Finnimore, *Houses from the Factory*, pp. 222–6.

33 Steve Rose, 'This was once a Tower Block', *Guardian G2* (14 November 2005), pp. 18–20.

34 'New Towns Become Normal Towns Too', Cor Wagenaar and Mieke Dings, *Ideals in Concrete: Exploring Central and Eastern Europe* (Rotterdam, 2004), p. 31におけるWolfgang Kilの発言。

35 Ian MacArthurの発言。David Gilliver, 'Eastern Blocks', *Housing* (September 2000), pp. 29–33での引用

ジェーン＆ルイーズ・
ウィルソン作、《アゼヴィル》、
2006年。アルミ基材、
白黒レーザークロムプリント、
180.3cm x 289.7cm

SIX

HEAVEN AND EARTH

第六章 天と地と

「コンクリート――宗教への神からの授かり物」（1）

――ブレントウッド教区司教

コンクリートは基礎《ベース》材料である。その高密な塊は自然、人工を問わず、様々な力への抵抗に役立つ。基礎、岸壁、城壁、核遮蔽など不動の一体構造が求められるところに適しているが、その性質によってコンクリートは材料のヒエラルキーとしては低い位置に追いやられることとなる。しかしこれと同時にコンクリートは、初期の頃から教会を建設する人々を引きつけた。実際コンクリートの最も壮大で創造的な活用法のいくつかは宗教建築に見られる。この劣等《ベース》な素材《メディア》は逆説的に、最も神聖なる目的で採用されることになる。意図されたかどうかは不明だが、コンクリートの、精神に関わる図像学的意味はその高潔とは言いがたい使用によって曲解されてきた。とはいえこの関係の力学は一定ではなく、時代を通じて変化を遂げた。

コンクリートが最初に開発された一九世紀の初めには、基礎や擁壁に適した低級の物質と見なされた。しかしその名誉を取り戻すことを使命としたフランスのフランソワ・コワニェや英国のW・H・ラッシェルズ（W. H. Lascelles）やジェームズ・プラム（James Pulham）といった起業家たちにとって、建築において最も誉れ高い部門である教会建築は、この材料《メディア》を劣等との連想から救いあげる最良の機会を提供した。教会は最初期のコンクリート建築の事例に含まれており、そのいくつかは、一八三五年のフランソワ＝マルタン・ルブランによるタル＝ネ＝ガロンヌ県コルバリュの事例や一八三五―六年のウィリアム・レンジャーによるサフォーク州ウェストリーの事例、あるいはボワローとコワニェによる〔イル＝ド＝フランス〕ル・ヴェジネ（一八五五）の事例のように、今でも建ち続けている。英国に限っても、一九世紀から二〇世紀初頭にかけて、驚くほど多くの教会が全体あるいは部分的にマスコンクリートによって建てられていた。時には初歩的な補強でしかなかったが、一九一〇年までには、より伝統的な考え方の建築家もコンクリートを教会に採用していた（2）。材料の選択が象徴的な理由から行われたことはほとんどなかった。その稀な例外がグレイヴゼンドのノースフリートの教会で、そこでは建築家のジャイルズ・ギルバート・スコットが、コンクリートの採用を正当化するにあたってその土地の歴史的連想を挙げた。その土地がウィリアム・アスプディンのセメント工場の近くであったということがその理由であり、数多くの石灰の縦坑の廃墟が現在でも残っている（3）。コンクリートを採用するにあたっての通常の動機は経済性であったようだが、コンクリートを推奨する人々は、それをコンクリートを地面より上の建造物に採用することに対する偏見を克服する方便だと捉えていたことは間違いない。英国ではその偏見は、英語初のコンクリートのマニュアルを著し、大きな影響力を誇った陸軍のエンジニア、チャールズ・パースリーによって植えつけられたとされている（4）。同様に、商売人気質のフランソワ・エンネビックが総数一八五にも上る数多くの教会の仕事をメキシコからアルメニアまで手がけたのも、利益というよりはむしろ名誉のためだったからであろう（5）。聖職者がこの新しい材料をどのように捉えていたかはほとんどわからない。しかしコンクリートが教会建築の伝統的な素材である石と似ていることで、教会という本質的に保守的な世界において、他の入手可能な新しい材料よりも脅威と見なされにくかったのであろう。そうはいっても、この素材《メディア》の幅広い採用をもってしても、ウィリアム・バターフィールドが煉瓦に神聖さを付与したことと同じような運動を開始するような建築家や建設者は一九二〇年代まで皆無であった。一般的にコンクリートは見えな

建設中のグルジア、トビリシ市の聖ギオルギアルメニア大聖堂、1903年。ザロウビアンツ＆アクナザロン建築設計、ロティノフ構造設計。エンネビック・システムの特許で建設された

い状態にあり、例えばウエストミンスター大聖堂の上部のように打ち放しになっている場合は、それは意図せざるもの、すなわち、より高貴な材料で覆う計画が資金不足で頓挫した場合であったりするのである。

巨大な力に耐えることのできる、本質的に受動的な素材《メディア》であるコンクリートの防御的な特質は早くから認識されていたことでもあり、初期の建築以外の採用事例は堤防や港湾事業においてであった。フランスの技師は一八三〇年代にはアルジェ港の突堤の建造に、そして一八四〇年代には、マルセイユの新しい防波堤の建造にコンクリートをうまく活用した(6)。海岸の防御から軍事防御への移行はほんの一歩で、そこではコンクリートの一体的《モノリシック》な特質が爆薬の爆発に対して極めて良好な防御を提供した。一九世紀の後半までにはコンクリートは軍事要塞に幅広く使われるようになっていた。英国で初めてコンクリートが大々的に防御に使われたのはニューヘブンにおいて一八六五年に建てられた軍事要塞で、そこには二万立方メートルのコンクリートが使われた。一九一四年以前の、こういった土木または軍事の工学との連想がコンクリートの認識のされ方にどこまで影響を与えたかは不明だが、第一次世界大戦を体験したことがこの材料《メディア》に対する人々の認識を決定的に変えてしまったことは疑う余地がない。フランスのヴェルダンやベルフォールにおける要塞には膨大な量のコンクリートが利用され、戦線がほとんど膠着していた軍事行動の中で防御の第一の手段として本領を発揮した(7)。特にドイツ軍は西部戦線でそれを広範にわたって活用した。一九一八年以降、コンクリートは戦争との関連性から逃れようがなかったが、それはコンクリートにとって有利に作用しなかった。英国の建築家、チャールズ・ライリーが、一九二四年にウェンブリーで開催され、大部分がコンクリート造の環境で占められていた大英帝国博覧会の会場について述べたように、「間近で見る素のままのコンクリートは常に戦争とその影響について思い起こさせる。個性と強さを持ち合わせていることは認めるが、私が思うにこれは、大英帝国が文明の尺度からするとかなり低い位置にあることを示唆している」。そして彼は辛辣に次のように問いかけた。「戦争は本当に我々を再び穴居人にしてしまったのか」(8)。コンクリートは価値の尺度においてさらに下降していった。

フランスとドイツにおけるコンクリート造の教会、一九一九―三九年

第一次世界大戦終了後、コンクリートはフランス、ドイツ両国の教会建設において重要でかつ目に見える材料《メディア》となった。これらを見ていく前に、コンクリートと二〇世紀の宗教建築との間に横たわる議論が残されている。すなわち教会建設においてコンクリートが支持されたことは、単に一般的な建築材料の一つと見なされるようになったゆえに特別の意味がないからなのか、それともコンクリートには一九世紀の教会論で言われた「聖餐性」すなわち典礼学あるいは図像学的に教会の他の材料と比べて優位になるような性質が備わっているからなのか、という問題である。そして、仮にそのような性質を持っていたとすれば、我々はさらにこのように問いかける。そのうちのどのくらいがコンクリートのもつ基材という連想に由来するものであるかと。これらは容易に答えられる問題ではない。特に二〇世紀の聖職者は魂の交わりより教会建築の建立のほうを何らかの形で優先したかのような議論に巻き込まれることを不本意としたからだ。本章の冒頭に引用されている、ブレントウッド教区司教の真偽不明の発言は、彼らしからぬものと言えよう。二〇世紀の神学は、少なくとも西欧において、教会を社会的で精神的な側面を持つ団体として強調する傾向があり、その特徴をその建物の物質的実体に求めようとしなかった。聖職者がコンクリートに認められる神学的意義について触れようとしないのだから、我々は建物あるいは建築家たちの発言に頼らざるを得ない。しかし建築家は、宗教建築にコンクリートを採用する利点を語るときは、神学的な見地から語ることよりもむしろ建築的な観点から語ることが多かった。一例を挙げると、フランスの建築家、ジョルジュ＝アンリ・パンギュソンは一九三四年に、コンクリートは教会建築に適した高貴な材料だと主張したが、それは本質的に建築的な理由、すなわち一つの材料で建設すべてをまかなうことができるという、その一体性によるもの

であり、その聖餐性に関しては触れることがなかった(9)。

どこよりも先んじて完全に鉄筋コンクリートで建てられた教会は一般的にアナトール・ド・ボドがコタンサン・システムを採用したサン＝ジャン＝ド＝モンマルトル教会（一八九七－一九〇四）(p. 100) だとされている。この教会は、構造合理主義の議論に寄与したことから、建築界では大きな関心をもたらした反面、教会建築へのインパクトはわずかであり、鉄筋コンクリート造の教会が続々と続くというような事態にはならなかった。第一次世界大戦後になって初めてコンクリートは教会の建設における一般的な材料になった。このうち最も著名な事例はオーギュスト・ペレによるランシーのノートル＝ダム教会(pp. 106-7) であった。ペレは打ち放しコンクリート造の教会をいくつも設計したが、彼の素材《メディア》を探求していこうという姿勢は第一義的に建築的理由からであった。ペレが教会建築の神学的な側面にとりわけ興味があったという証拠は見当たらないし、典礼の観点からしても彼の設計は比較的伝統に根ざしていた(10)。実際は非常に異なるにもかかわらず、たびたびランシーのノートル＝ダム教会と結びつけられて語られるのが、ほとんど同時期のもので、はるかに大規模なバーゼルの聖アントニウス教会である。これはカール・モーザーによって設計され一九二五年から一九二七年にかけて建てられたもので、こちらもすべて打ち放しコンクリートである。自立したオブジェであるペレの教会とは異なり、その古典的傾向を持たない聖アントニウス教会は、通りに面した北向きのファサードと典礼的に正統な西正面玄関と南側入口扉が組み合わされている。両方の扉には通りから巨大なアーチを通って辿りつくことができる。タワー、アーチ、北側壁面といった要素が自由に配置されている様は、これを街路《ストリート》の建築として特に効果的なものとしている。こういった都市の周辺環境との関連性は、とりわけ戦後のイタリア教会建築に対する重要な先例となった。ペレの教会ほど構造的に独創的ではないが、ここでは打ち放しコンクリート面が建築的効果により大きく作用している。建物の規模に対してより多くのコンクリートがあるというだけでなく、それらが格間《ごうま》、平滑で何もない面や窓格子の組み合わせを通して、より明確に

聖アントニウス教会、バーゼル、1925－7年。カール・モーザー設計。ローマのバシリカ形式だが、内外とも打ち放しコンクリート仕上げ

造形的な使われ方がされている。

宗教と近代建築のより明確な連携についてはドイツを見ていく必要がある。ドイツ並びにオーストリアにおいて鉄筋コンクリートは一九一四年以前から教会建築でより大がかりに採用されていた。傑出した事例がテオドール・フィッシャー設計のウルムの聖パウロ教会である。これは一九一〇年に完成した二〇〇〇人収容の非常に大きな教会で、祭壇と牧師が妨げなく見えるようにとの要望から劇場のような、側廊なしの幅広い身廊とコンクリート梁に載せられた屋根の空間が生み出された。ウィーンでは、一九一三年に完成したヨジェ・プレチニック設計の聖霊教会の大部分が鉄筋コンクリート造でつくられていた。特に地下聖堂のコンクリートは打ち放しで、外部はびしゃん仕上げであった。しかしドイツにおけるコンクリートと宗教の結びつきを理解するには、他と比べて建築的な革新の社会政治的な含意に多大な関心を寄せた第一次世界大戦前のドイツにおいて、世俗建築に何が起こっていたかを予め見ておく必要がある。ドイツの技師たちは、建築の内部に柱脚がないことが利点となる市場や鉄道駅舎のために、鉄筋コンクリートのアーチの架かった大きく広々とした内部空間を先駆的に開発してきた。一九一四年以前の傑出した事例としてはミュンヘンやブレスラウの市場のホール、ライプツィヒやカールスルーエの駅コンコースがある。大戦前のドイツにおいてこの技術を使って建設された建物で最も大きかったものが、すでに第五章で紹介した、一九一三年に建設されたブレスラウ（現在のヴロツワフ、ポーランド）の一〇〇年記念会館であった。一〇〇年記念会館は、未だかつてないほどの大人数の人々を大衆向け催しのために集めることを可能にした。そして、ホールの集中的な空間構成は、マックス・ラインハルトによって特別に演出された大衆的な娯楽をすべての人々が等しく楽しめることを確実にした(11)。

一九二〇年代に教会建築における大々的なプログラムを始動させたとき、ドイツカトリック教会は、大衆向けの見世物のために建てられたこれらの建物を参照した。保守的な組織であったが、ベルクやラインハルトによって開発された技法を宗教の再活性化のために活用した。ことに教会は、ドイツ表現主義の名の下で芸術の前衛主義と社会の進歩主義とを緩やかに関連づけて示された考えに呼応した。ここでは芸術と建築が、都市的な工業社会の一部であることの意義を意識させることのできる手段と見なされていた。鉄筋コンクリートと見世物と集団をこのようにまとまりあるものにするにあたり、カトリック教会の建築家たちは、典礼的にも建築的にも革新的な教会建築のプログラムをつくりあげていった。

ドイツでは第一次世界大戦の壊滅的な終結と、その後に起こった革命と新たな共和国の樹立によって、フランスでは見ることのないレベルの政治的議論と社会的内省が起こった。カトリック教会の建設活動はこの社会を安定させる運動の一部であり、芸術と建築がそのための手段となりうるとしたブルーノ・タウトやペーター・ベーレンスといった建築家たちの信念に頼った。神学では、指導的な思想家は、『典礼の精神』(一九一八)を著したロマーノ・グァルディーニであった。グァルディーニの考え方は教会建築の再生における二人の優れた建築家、ドミニクス・ベームとルドルフ・シュヴァルツ(Rudolf Schwarz)によって採り上げられた。グァルディーニも参加した典礼運動の目的は、礼拝に関するあらゆる側面を再考することにあり、それには礼拝の場も含まれていた。初期のキリスト教信者たちが礼拝を行った状況には多大な緊張が伴っていた。最初は使うことのできる安全な所であれば、地下墓地であれ、洞窟であれ、個人住宅の一室であれ活用し、その後キリスト教が正式に認知されるようになってからは、バシリカのようなそれまで他の公的用途のために使われてきた空間を使用した。典礼運動は、キリスト教の礼拝が求めるものに純粋にかつ素直に応えられるものを求めて、一五〇〇年に及ぶ年月に積み重ねられた伝統を剝ぎ取っていくものと自らを見なしていた。ここでは宗教の儀式が司祭と信者との間の対話の場となるよう、相互のヒエラルキーを解消することに力点が置かれていた。これは建築計画的には、身廊と祭壇をより近しい関係とし、視線が構造体によって妨げられないことを意味した。これらの条件から戦前の集団の空間が推奨されることになり、ベームはマインツのビショフスハイムの教会においてブレスラウの市場のホールに極めて近い放物線ヴォールトを採用した。またより大規模なケルンの聖エンゲルベルト教会ではこの考え方をいっそう発展させて、集中形式の円形の身廊を、複数の放物線ヴォールトを交叉させることで実現した。キャスリン・ジェームズ＝チャックラボーティによると、典礼運動は、

> 芸術さながらのコンクリート建築を駆使して、歴史的様式のニュアンスや複雑なイコノグラフィーに無知な労働者からなる信徒たちを建築と儀式の感情移入体験を通して結びつけた(12)。

この効果は、同時代の演劇から学び取ったものを直接活用した結果だと彼女は示唆する。

グァルディーニのもう一人の建築界の弟子、ルドルフ・シュヴァルツは、一九二六年から亡くなる一九六一年までに七〇近いカトリック教会を設計した(13)。建設があまり行われていなかった一九三八年に彼は『教会の建設』――後に『教会の具現化』というタイトルで英語に訳される――という本を著した。建設することの意義が最も純粋にかつ完全に表現されているのが教会の建設だと見なしていたシュヴァルツは、この本で教会建築だけでなく建築全般の哲学を提示した。シュヴァルツのこの本は、建築における現象学への貢献という観点からすると、はるかに有名なマルティン・ハイデッガーのエッセイ「建てる・住まう・考える」よりも、様々な面でより興味深いものとなっている。シュヴァルツの教会でもコンクリートは使われているが、それはだいたい石、煉瓦、木と鋼材といった他の材料との掛け合わせであった。より重要だったのは、シュヴァルツによる伝統的な形態と材料の否定であった。彼は、建築の技術的な手法と建築形態の意味合いがあまりにも変わってしまったので、伝統的な形態や材料は時代後れとなってしまい、二度と戻ることはないと考えた。

> 我々にとって壁はもはや重い石積み等ではなくピンと張った皮膜である。我々は鋼材の卓越した引っ張り強度の

知識があり、それを活用してヴォールトを克服した。我々にとっての建築材料は、かつての巨匠にとってのそれと異なるものなのである。我々にはその内部構造、原子の配列、内部の張力の流れがわかっている。そして我々はこれらすべてを知ったうえで建設する。それは止めることのできないことである。古い、重量のある形態を我々がつくると、それは芝居がかった虚飾となってしまう。人々はそれが空疎な包装にすぎないことを見抜いてしまうだろう。(14)

このようにシュヴァルツは新技術の自由をもたらす能力に大きな信頼を寄せていた。そして新しい建築に関してはドミニクス・ベームと比較するとより寛容であった。シュヴァルツが近代建築と宗教を同一視したことは、新しい教会建設のプログラムが幅広く展開されていた戦後のドイツにおいてことさら重要なこととなる。一九四七年のドイツにおける「教会を建設するうえでの指導」は、シュヴァルツの原則をやや薄まった形であれ受け入れたものである。「現代の教会建築は、我が時代の人々を対象としている。したがってそれは、現代の人々が自分たちのために建てられていると認識でき、感じられるようにつくられなくてはならない」(15)。

ドイツの教会建設者による戦前の近代建築擁護は、戦後のヨーロッパ全土における先例となったが、それと同時に典礼に付与された意義の変化もあった。ベームらによる、戦前の教会は個人が集団に没入することに関心があり、より大きな社会的な調和を視覚的に表現することに力点が置かれていた。グァルディーニはこのように述べた。

典礼は個人ではなく多数の信者によって執り行うものである。これは教会にいる人々、すなわち参列した信徒たちだけを指すものではない。逆にそれは空間の境界を越え、地球上のすべての信者たちへ手を差し伸べ、包み込むものである。(16)

見えるか否かを問わず、大衆の集団(collective mass)を個人以上に尊ぶ傾向は、ファシズムを含んだ、他の反近代的な批評に合致するとジェームズ＝チャックラボーティは指摘する。そして第二次世界大戦後、教会は集団的な精神への言及にはより慎重になり、個々の信徒団の強さにより重きを置くようになった。ベームの建築の政治的意義は、彼自身の変化した政治信条と同様、多くの議論の対象となった。彼によるコンクリートの教会がナチズムに加担したとまでは言えないものの、戦後ヨーロッパで許容されなくなった方法による、より大きな集団への個人の没入を推進したことは否定できない。戦後のヨーロッパにおける建築の政治学の役割の一つは、一九二〇年代から三〇年代の偉大なコンクリート建築が世俗、宗教を問わずして可能にした、巨大なスペクタクルの類いとの連想から「近代建築」を切り離すことであった。

一九四五年以降

第二次世界大戦は、その過程において前代未聞の量のコンクリートが使用され、コンクリートの基本的《ベース》な連想を永久に変えてしまった。大戦はコンクリートを暴力と破壊と死に結びつけ、価値の尺度において未だかつてないレベルにまで下げることになった。しかし、それは教会においてコンクリートの使用を断念させることには直結せず、コンクリートは教会建築において今までよりはるかに人気の高い材料となった。最近行われた戦後に建設された一三〇の教会建築の調査では、そのうち六〇が打ち放しコンクリートでつくられており、その他の多くでも表に出ない形でコンクリートが使われていた。この調査対象が、ドイツ語圏において建築的に名声を博したものに限られていた点を差し引いたとしても、コンクリートの広がりは免れようのない事実である(17)。

防御の素材《メディア》としてのコンクリートの最も壮大な使われ方は、〈大西洋の壁〉の建設においてであった。これは、第二次世界大戦中にドイツによって建設された海岸沿いの要塞のことを指すが、それはデンマークからスペイン－フランス国境にまで及ぶものであった。この建設の後期に責任者となったアルベルト・シュペーアによると、これらの要塞、兵士用シェルターやトーチカの建設において、二年間に一七三〇万立方ヤード［一三二三万立方メートル］のコンクリートを消費した。後にシュペーアが認めたように、軍事的観点からすると「これらの出費と努力のすべては完全な無駄」であったが、特に戦後世代に対する防御の象徴としての効果はかなりのものがあった(18)。『トーチカの考古学』（一九七五）は、コンクリートの象徴性に関する、他に類を見ない優れた考察であるが、その著者、ポール・ヴィリリオは、高速で機動的な戦闘の時代において、掩蔽壕が機能的にまったく時代後れだと言及しつつも「コンクリート製の疑似戦車」の象徴としての力を認めていた(19)。ヴィリリオは掩蔽壕の形態の「自然さ」について論評し、掩蔽壕の近代性と先祖返り的な形態との対比について言及した。あたかも過ぎ去った文明の遺物のような印象で、「一つ一つの砲郭は儀式のない神殿のよう」である(20)。ヴィリリオは、掩蔽壕を人工装具のようなものとして捉えていた。その湾曲した気体静力学的な形と丸みを帯びた角は、「早いうちから擦り切れて、滑らかになった」一種の保護服のようなものとして、一方では爆発や発射体の衝撃を防御し、また他方では、そのシルエットとその投影する影を和らげて見つかりにくくするという二つの役割を果たしている。彼はまた、掩蔽壕の重要性がそれ自身ではなくその陰画としての性質にあることに光を当てた。これは攻撃するものを映す鏡であり、この場合は連合軍の軍事射撃能力であった(21)。掩蔽壕の忌まわしさはそれ自身にあるのではなく、それが敵対するものにあると彼は提示した。この陰画としての特性は、戦後の核の時代にその重要性をよりいっそう増すことになる。なぜならその危険の源泉である放射能は不可視であり、そのほとんどが想像の領域に存在するものだからである。こういった意味では、核シェルターは、見えないもの、わからないものへの恐怖に形を与えている。

第二次世界大戦時にヨーロッパ全域でコンクリートが防御的な要塞や防爆シェルターに幅広く使われたことは、かつての進歩との連関の上に攻撃性や防御といった異なる特性をまとわせることにより、コンクリートの意味するところを完全に変質させてしまったとヴィリリオは主張する。純粋なコンクリートの塊である掩蔽壕は、庇護という最も根源的な人間の欲求に応える。戦場ではコンクリートは安全性によって貴重なものとなる。一九七〇－八〇年代にかけてベイルートの市民は、爆撃のあるときはコンクリート製の建物に保護を求めることを即座に学んだ。それはヴィリリオが記すように「コンクリートは守ることを通して生命を与える」からである(22)。攻撃と防御といった二重の特性は、コンクリートを以前と比べて、教会建築に相応しくない素材とする一方、より好ましい素材にもした。ヴィリリオが建築家、クロード・パランと協働した、ヌヴェールの聖ベルナデッタ教会（一九六六）は、この両義性を探求している。それは掩蔽壕のようであり、聖ベルナデッタが啓示を受けた洞窟の記憶の要素と、核兵器の時代における保護と救済のシンボルといった要素を同時に併せ持つ。他の数多くの戦後の宗教建築は、この攻撃性と防御の二重の特性を主題として扱っている。ロンシャンのノートル＝ダム＝デュ＝オー礼拝堂の巡礼者向けの宿泊施設はまさに掩蔽壕で、その銃眼が窓となっている。そしてコンクリートの外壁に不規則に埋め込まれた石は、砲弾で打ち込まれたかのような様相を呈している。ル・コルビュジエのラ・トゥーレットの修道院の教会は、補助的な稜堡つきのコンクリートの砲郭である。この教会の外壁と稜堡とを見て防塞を思い起こさずにはいられないだろう。それでも足りなかったのか、建築家自身がその光源に関して「大砲」や「機関銃」という言葉で説明して、建物の軍事的連想を強調している。外部の攻撃性と表面の粗々しさは明らかに修道士たちに建物を「苦しみの聖痕」と見なすことを促した。これはコンクリートが宗教的図像と結びつけられた稀な場面である(23)。しかし、教会の内部は、完全な静寂に包まれた、安全な、外界から隠遁した感じである。そこには低い所にあるスリットと狭い高窓から射すわずかな光しかなく、果たして地上なのか地下なのかが判別できない。

教会と都市

戦後建てられた教会のうち掩蔽壕であったのはごく少数にすぎない。コンクリートで建設された戦後の教会に関して言えば、

バンレイの
聖ベルナデッタ教会、
ヌヴェール、1963－6年。
クロード・パランと
ポール・ヴィリリオ設計

聖母マリア・
ラ・トゥーレット修道院の
教会、エヴー・ラルブレル、
1953－9年、
ル・コルビュジエ設計

そこには大まかに二つの領域に対する関心があった。一つは都市との関係で、もう一つは「貧しさ」との関係であり、それらにおいてコンクリートはいくばくかの役割を果たした。第二次世界大戦後の欧州都市における急速な郊外化によって、人々が宗教に接することができない大きな場所が生まれてしまった。そしてほとんどの国において、すでに信仰の衰退に動揺していた聖職者の機関は、都市の周縁の地域における新しい教会の建設を喫緊の優先事項と位置づけた。そしてこれらの教会がどのような形をとるべきかについては幅広く議論された。フランスでは一九三五年に創刊した専門誌『ラール・サクレ〔神聖なる芸術〕』が、一九六九年の廃刊まで、このテーマを長年にわたって論じた。そこでは、塔や豊かな装飾、記念碑性、壮大さの表現といった、いわゆる教会建築へのお決まりの参照に反対し、貧しさや謙虚さを推奨し、また通俗性と慣習的な宗教的シンボルの不在も推奨した。しかしながら、建設された教会自体が新しい都市の文脈に最も明確に対応したのはイタリアにおいてであった。ここでは、建築家やそのパトロンたちは、教会が独立したオブジェではなく都市の建築の一部分であるという理解に最大の注意を払った。戦後イタリアにおける教会建築の復活の重要人物であった、ジャコモ・レルカーロ枢機卿は、一九五〇年代後半から一九六〇年代初頭にかけて、ボローニャの教区においてかなり多くの建築的に斬新な教会を依頼した。そのうちの多くは、コンクリート造のものであったが、彼は一九五五年の演説において教会建築のあるべき姿に注意を促した(24)。初期のキリスト教徒が世俗のバジリカを宗教的な目的に転用したことを説明したうえでレルカーロは次のように言った。「ここにあった建物は、自らはっきりとした用途があったにもかかわらず、それを取り巻く世俗建築の中でまったく違和感なく存在し、これらの建築とともに都市を形成していた。それでいてもその建物にはまったく新しい精神がみなぎっていたのである」(25)。新しい教会は、このような方法で都市の環境と関わるべきだと彼は信じていた。イタリアの建築家たちにとってこの都市と建築との関係性は大きな関心事となり、それは様々な形で解釈された。模範的でありその実践が多く言及されているのが、

聖マリア訪問教会、
ティブルティーノ、ローマ、
1965－71年

ジャンカルロ・デ・カルロとルドヴィコ・クァローニによる、ジェノヴァ郊外の聖家族教会（一九五六－九）であり、それは丘の斜面にある公共の階段と一体化している。戦後イタリアで建設された数百に及ぶ教会は、建築を社会的あるいは都市的文脈の中で意義深いものにする意図といった観点から検証されるべきである。

建てられたもののうち、いくつかは意外なものである。ローマのティブルティーノ地区は、一九五〇年代初頭に公営住宅として建てられたが、住民の数多くが出身の南イタリアの村落にそのイメージを求めた。建物ブロックの不規則なヴォリュームと見通しの利かない曲がりくねった道路パターン、勾配屋根と外開きの鎧戸等の伝統的集落の特徴によってティブルティーノは「新写実主義的」と説明されるにいたった。二階建ての住居一つ一つには小さな閉じた中庭があり、あたかもこれらの中庭で仕事に精を出すような工芸職人のコミュニティーのために建てられたかのようである。これらのいくぶんロマンチックな建物群の上にそびえ立つのは、大きなコンクリートのオブジェで

聖アルベルト・マーニョ教会、
ノヴェグロ、ミラノ

あり、私は最初に見たときはその用途がよくわからず、何らかの公共施設に関係する、例えば給水塔か変電所の類だろうと推測した。近寄って初めてわかったのだが、それは実際のところ教会であった。集落の後に一九六五年から一九七一年にかけて建てられた、この聖マリア訪問教会は周辺環境の真逆である。住居棟のスタッコ塗りの壁に醸し出されるそれとなくノスタルジックな雰囲気に対して、打ち放しコンクリートの傾斜した壁を特徴とするこの教会は、イタリアの村落の伝統的な教区の教会の写しとはほど遠いものである。明白なのはこの教会が、何か大きく異なるもの、つまり見かけのとおり、都市のインフラの一部、霊的な力を蓄え住民に供給する容器として意図されていることである。

また別の事例を挙げてみよう。ノヴェグロというこれといって特徴のないミラノの郊外に粗い仕上げの大きなコンクリートの箱がある。建築的なオブジェと呼べるほどの代物ではなく、コンテナかインフラ設備の中継所のようなものである。このコンテナ、つまり別名聖アルベルト・マーニョ教会が分け与える

聖アルベルト・マーニョ教会、
ノヴェグロ、内観

固有の資源は物質ではなく精神的なものであるが、建築言語は同じである。もしこのように幹線道路、変電所や給水塔と同じようなものとして扱うことが郊外に宗教を広める一つの方法であったとすれば、コンクリートの採用はこの関係性をよりいっそう明白にしている。この建物の内部空間は二つの建築的「奇跡」を内包している。最初は、壁には外からは認識できない小さなステンドグラスの小窓があけられていることである。二つ目は屋根が四周の壁に支えられておらず、教会中央に長手方向に架けられた梁の上に載せられていることであり、それによって四周の壁の頂部は連続的なガラスの帯となっている。こういった類いの技術的な離れ業は、ミケルッチが太陽道路の教会においてことさら避けようとしたことである。

ミラノ郊外にあるもう一つのよく知られた戦後の教会は、すでに石とコンクリートの組み合わせ方で言及したバッジオの清貧なるマリア聖堂である(26)。六階建ての集合住宅棟が大半を占める地域に建つこの教会の外観は倉庫のようで、通常教会とわかるような記号が一切ない。内部空間は長く高い身廊と低い側廊からなる見慣れたバシリカ風である。コンクリート製の格子が内陣を照らし、いくらかの光が石とコンクリートの壁を通してギャラリーに注がれる。下の仕上げはすべてコンクリートである。二本の巨大なコンクリート製のハニカム梁が内陣の手前で身廊を横切っており、その開口は鋼鉄を示唆し、内部空間に技術の要素を取り込んでいる。この教会における工業的要素と初期キリスト教との融合は、おそらくこの地域に住む工場労働者が同一視し、日常生活における工業的な光景と精神生活の光景とのつながりを生み出すよう仕向けられることが意図されていた。同時にこの教会の捧げるものは、戦後において建築家と神学者の間でよく議論されるもう一つのテーマにも光を当てた。それは「貧しさ」が教会建築の言語においてどこまで組み込まれるべきかというテーマである。

貧しさとキッチュ

貧しさと経済性は同じではない。教会の素材《メディア》にコンクリートを選択する理由としてコストはしばしば挙げられる。確かにシカゴのフランク・ロイド・ライトのユニティー・テンプル、ペレのランシーのノートル＝ダム教会、あるいはル・コルビュジエのラ・トゥーレットの修道院はコストを下げるために打ち放しコンクリートで建設されたが、これがコンクリートの幅広い採用の一般的な説明と言い切ることはできない。コンクリートが実際に安いか、安っぽいか、つまりそれは本当に安いのか、そう見えるだけなのかは宗教建築との関係において諸刃の関係にある。供犠の原理からすると教会建築においては最高のものしか認められないことになる。しかし、戦後ヨーロッパの事例において顕著だったのだが、教会における際限なき出費に対する制限があった。そこでよく言われたのが、安く建設されたたくさんの教会のほうが豪勢な数少ない教会より信仰の趣旨に合致しているということである(27)。この文脈において安さは徳となった。しかし同時に他方でコンクリートが本当に「安価」であるかという問題もある。そのように幅広く認識されているのは確かであるが、ここで問わなくてはならないのは、何との比較のうえでそうなっているかである。石造に対してはそうか

清貧なるマリア聖堂、バッジオ、ミラノ、1952－4年、フィジーニ&ポリーニ設計。建築的貧困?

Gloria al Padre al Figlio allo Spirito Santo

もしれないが、煉瓦、鉄骨、あるいは木材といった二〇世紀において十分活用可能な代替材料と比較すると必ずしもそうとは言い切れない。多くは要求される出来栄えの水準と材料費に対する現地の労働コストによって決まるが、一般的に教会で見られるコンクリート工事は「安価」とはほど遠いものである。教会建築にコンクリートを選んだ理由としての経済性という説明は、破綻してしまうことのほうが多いのである。

教会が果たして壮大さを表すべきか、それとも貧しさを表現すべきかは、戦後ヨーロッパのキリスト教界で熱く議論された問題であった。一九四七年のドイツの「教会建設における」「指導」は以下のように言葉を濁した。

> 教会の内部を快適で居心地の良いブルジョアの住宅のように構成、あるいは装飾することは誤りだろう。また、労働者階級の住居の貧しさを真似たがることも同様だろう。教会の内装は、ブルジョア的でも労働者階級的でもあってはならない。(28)

壮大さをことさら厳しく批判したのは、フランスの神学者、ポール・ヴァナンジェ神父であった。彼は第一義的なニーズは急速に拡大しつつある神不在の郊外に教会を早く建設することであり、集合住宅や学校のために使われていたものと同じプレファブシステムを導入すべきだと主張した。キリスト自身が貧しさの中で生き、生涯を終えたことから、ヴァナンジェは天上のエルサレムを宮殿のようなイメージで建てることは不適切であり、「最も貧弱な小聖堂でも楽園の象徴として有効である」とした。彼が好んだ質素な教区の教会が醜いことなどはない。なぜなら「木やセメントは偽りがない高貴なものであるから」である(29)。もしコンクリートが便利であるということで正当化されたのであれば、戦後の復興と建設の工業化という文脈の中ではキリスト教の世俗的な富の放棄を表象することでコンクリートは典礼的な重要性をも満足させた。

シュヴァルツも壮大さに対して異を唱えていたが、それは教会の建設という行為が宗教的には一時的なものにすぎないという理由からであった。

　我々の力だけでは教会を建てることはできない。それは神が行わなくてはならないことである。しかし真の高貴な建築の領域のはるか下方に、かの異なる領域があり、そこには住宅が、貧相な洞穴やペラペラの避難小屋にすぎない一時しのぎの建造物として存在している。それら緊急の建造物が神の前で人間のつくりうる唯一のものである。彼の敷居の前の待合室……これが神の行いが始まる前に教会を建設する清廉なやり方である。(30)

このシュヴァルツのほとんどカルビン派的な心情は、カトリック信徒の発言かと思うと驚きである。しかし教会は安全の場所であると同時に質素さの場であるべきだという戦後の見方は、コンクリートの処方箋にはならなかったものの、教会におけるコンクリートの採用に有利に働いたことは確かである。素っ気なさは新しい建築の美意識と同時に起こっており、モダニズムの延長線上に位置していた建築家たちは、建物という物質的媒体を通して、貧しさが表象されることに好意的であった。ル・コルビュジエはラ・トゥーレットの禁欲主義（内装における「完全な清貧さ」）の表現について肯定的に記述し、そして少なくとも何人かの評論家にとっては、これは神聖さと同義とされた。ジャーナリスト、アレクサンドル・ペルシッツは、ル・コルビュジエの教会について、「材料の貧困がこれほど高貴な精神性の豊かな表現になったことは未だかつてなかった」と述べた(31)。また別のコンクリート信奉者、ジョルジュ＝アンリ・パンギュソンは自ら設計したコンクリートの教会について「貧しくて簡素だと非難されることは私にとって喜ばしいことである。質素であることは欠陥を意味するわけではない」と述べた(32)。しかし人々は「貧しさ」に様々な解釈を加えた。そしてコンクリートにおける低俗と神聖、豊かさと貧弱さとの対立の背後には、また一つの対立が輝いている。それがジェンダーである。

　フランスの状況では、パンギュソンによる質素さへの言及は、アール・サクレ運動によって批判されていた大衆的な宗教芸術への反発も同時に意味していた。『ラール・サクレ』誌が不適としたものは、カトリック教会に充満していた派生的で審美的で単純なアート、いわゆるキッチュであった。ロマンス小説やハリウッドのくだらない感傷的な話などの大衆文化を女性と結びつける、昔からある軽蔑的な伝統に沿う形でアール・サクレは大衆的なカトリックアートと建築を女性的とけなし、力強い、男性的な美意識に替えることを目指した(33)。パンギュソンの禁欲の徳に関するコメントはこういった論争の中に位置している。「偽りのアート」への反論にジェンダーを持ち込むのは、ある神学者の一九五〇年代の記述に特に明らかである。「キリスト教信者はアートとして流布している信心ぶった詐欺行為に対しては強い軽蔑の念を抱く。木のごとく使われているコンクリート、あたかも石のように使われているスチール、化粧梁や偽造の大理石、見せかけのドレープ等々。……それは男に見えながらも実際には違うものとキリストを考えるのと同じである」(34)。教会は女性との関連づけが強すぎた時代に勢力を失った。戦後の教会改革の狙いの一つは、より多くの男性に教会への参列を促すと同時に、信仰を活動的で、一般社会との関わりを多くし、家庭的な方向性を薄めるところにあった。この活力や男っぽさの強調は典礼の改革に現れているが、同様のことは新しい教会建築にも見ることができる。ペレのランシーのノートル＝ダム教会以降のコンクリート造の教会のほとんどが男性的な、装飾のない、可視化された構造形式と、素の仕上げ、そしていくつかの事例では極端に粗い仕上げ等の考え方を踏襲している。これらの特徴は貧しさの象徴と解釈することもできるが、より活力のあるキリスト教への切望ともつながっている。しかし、これには例外があった。ル・コルビュジエはロンシャンの教会をあえて女性的と分類したのである。粗い吹きつけコンクリートの外壁仕上げを彼は女性の肌と関連づけた。またそれ以外にも典礼を行うための慣例にとらわれない配置に関わる部分でも女性とのつながりがあった。ル・コルビュジエはこの教会が宗教的な要望以上に「感情の心理−生理学的」に関する作品だと明確にしている。それは言い換えると、この建築は官能と感情を喚起することを意図していたということである。ルドルフ・シュヴァルツはそれを「くだらぬもの」だと見なした。なぜならそれは彼にとっては大衆文化に近すぎるもの、女性的すぎるものであったからである(35)。

太陽道路の教会をはじめとするいくつかの北イタリアの教会の設計者、ジョヴァンニ・ミケルッチは、貧しさに対して、かなり異なった解釈をしていた。ミケルッチは、ピストイア近郊のコリーナで一九四六年から五三年にかけて教会を建設した。そこで彼は経済的な理由と「原初的な宗教性」を喚起するため周辺の住居の粗々しさを再現した。しかしその反響に落胆した(36)。教区民はできた建物を嫌い、その結果としてミケルッチはその後の彼の教会設計ではこういった手法で貧しさを表象することを放棄し、その代わりに建設の過程のほうに注力するようになった。ミケルッチは「貧しさは仕事における倫理的条件」だと規定し、粗々しい材料に「生の感動的な証し」を与えることによって「我々の内なる豊かさ」に気づかせることができると信じていた(37)。仕事の贖《あがな》いの力を信じる、このネオ・ラスキン的な信念は太陽道路の教会で具体的に示された(pp. 122-3)。ミケルッチは建物の敷地を人間のあるいは精神の共同体の象徴と捉えていた。それはすなわち手作業と頭脳労働を行う作業員が集結し、貧相な材料からできているかもしれないが、創造的な協働を通じて人間性の豊かさが示される場であった。太陽道路の教会では無秩序で醜くかつ一見仮設的な(ちなみにこれらは来たるべき「貧者の都市」に向けてミケルッチが表明した要望項目であった)枝分かれする柱は各々が異なった形状で寸法が変化し続ける極めて複雑なもので、建設するには最高レベルの技術と忍耐を必要とした。実際ミケルッチは中世の大聖堂のように現場を監理した。毎日現場を訪れ、施工における問題が発生すると率先して解決していくよう職人たちに促した。その結果は粗野ではあったが、経済性の観点からは「貧しさ」からほど遠いものであった。太陽道路の教会は教区の教会ではなかったので、ミケルッチ自身が宗教的な建物を完成させるのに必要と考えていた、建築家、施工者と建て主あるいは教区民との間の継続的な話し合いが不在であった。しかしその後のヴィチェンツァ近郊のアルツィニャーノの教会では

次頁:聖ジョヴァンニ・バッティスタ教会、アルツィニャーノ、ヴィチェンツァ近郊、1966－90年、ジョヴァンニ・ミケルッチ。派手な屋根の下の装飾的な板目打ち放しコンクリートの外壁

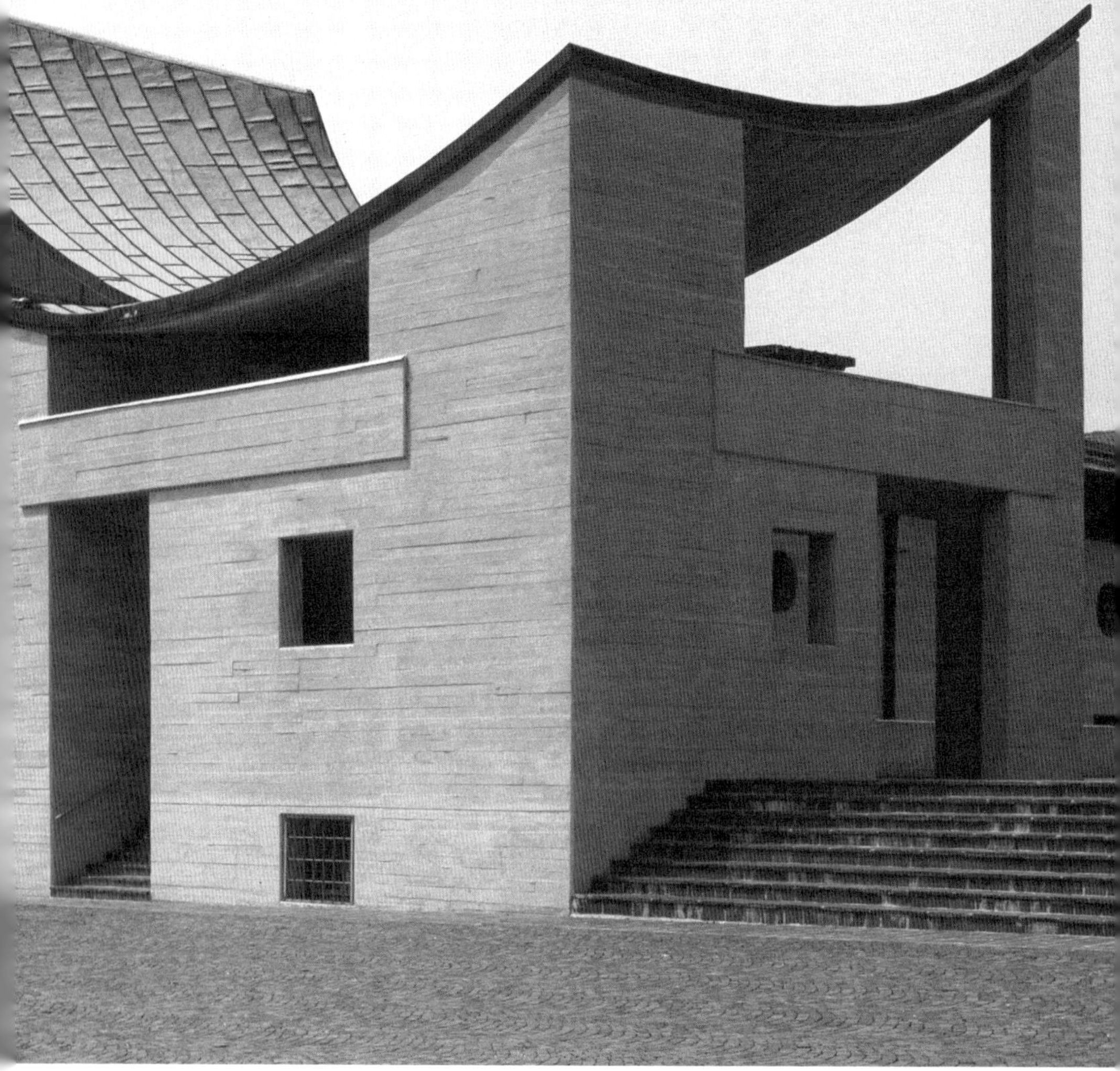

そういった協働の機会に恵まれた。司祭や教区民は完全に機能する教会をできるだけ早く完成させたいと望んでいたが資金に限りがあったことから、この教会が長年にわたって完成を見ることがないと認識したうえでミケルッチは設計を行った（建設は一九六七年に始まり、建築家と司祭がともに亡くなった一九九〇年まで続いた）。結果を生み出すための唯一の素材ではなかったにせよ、コンクリート製の骨格をつくることによって完全な教会の殻を得ることができた。それは最初から利用可能であると同時に時間をかけて後に装飾を付加したり、発展させることができるものであった(38)。

建物における豊かさは様々な形で現れてくるが、ミケルッチがことさら反発したのは技術的洗練によるものであった。ゴシック大聖堂の構造における成果を手掛りに近代における多くの教会や大聖堂もその効果を実現するために技術力を頼りにした。ブラジリアのニーマイヤーの大聖堂や、メキシコシティのキャンデラによるミラグロッサ聖母教会やアルヴァー・アアルトの一連の教会は著名な事例であるが、ミラノの聖アルベルト・マーニョ教会のような構造的な創意工夫によって効果が生み出されている事例は、さほど有名でないものも含めると他にも数多くある。純粋な技術力と見なせる好例は一九五五年から六五年にかけてジュゼッペ・ヴァッカーロの設計で、ボローニャ郊外の外周にあるボルゴ・パニガーレ地区に建てられた小さな、純心聖母マリア教会であり（この建築家は以前により伝統的ではあるものの、高い評価を受けた［ヴィチェンツァの］レコアーロ・テルメの教会も設計している）、ここでは二人の著名なエンジニア、ピエール・ルイジ・ネルヴィとセルジオ・ムズメチが参加している。正円をした屋根は、先端で細くなってリブへ展開する四本の柱のみによって支えられており、連続した高窓が屋根と壁面を分断している。ヴィチェンツァの北にあるトリッシーノに、第二ヴァチカン公会議記念として法王から贈られた聖ピエトロ・アポストーロ教会は一九六八年から七一年にかけて建設されたが、それは純心聖母マリア教会の拡大版である。こちらは、二本の柱と屋根まで延びる祭壇によって支えられているが、この教会は五〇〇〇人収容できる規模であった。こう

聖ジョヴァンニ・バッティスタ教会、アルツィニャーノ。将来の装飾を可能とする控えめのコンクリートの内壁

ノートル=ダム=デュ=オー
礼拝堂、ロンシャン、フランス、
1950－55年、
ル・コルビュジエ設計。
自由な形か、それとも
工学的技巧の賜物か

いった技術による「豊かさ」はまさにミケルッチが忌み嫌ったものであり、太陽道路の教会で拒絶したものであった。教会が記念していたものが国家の偉大な技術的成果である太陽道路であったことは何とも皮肉なことである。

この技術的妙技の対極としての「貧しさ」に関する議論の締めくくりとして、ル・コルビュジエのノートル＝ダム＝デュ＝オーは多義的で示唆に富んでいる。ロンシャンの最も驚異的で印象深い特徴は、見る場所によって常に形が変わる屋根である。ル・コルビュジエによるとその形態の発想はカニの甲羅からきたとのことだが、他の者は飛行機の翼ではないかと推測した。両方とも同様に妥当と言えるが、いずれが正しいにせよ一般的にこの建物はル・コルビュジエが彼の作品群の中ではっきりとそして完全に直線と決別したと一般的に見なされている建物である。その設計は初期のスケッチから模型へと移行し、そこから線織面を使って［曲面を平面に展開して］最終の施工用図面が作成されたと伝えられている。想像力に富む方法で生まれた「自由な形状が」線織面という「工学的技法によって実現を見た」

というお決まりのストーリーは、しかしながらロビン・エヴァンスによって疑問にさらされている。なぜなら彼は、線織面は当初からあり、想像力の衝動の力強さを弱めないために隠されていたことを示したからである。この建物の設計を進めるには彼の戦前の「機械時代」の作品のいずれよりも多くの工学的技法が含まれている証拠がある。しかしル・コルビュジエはまるで過度な技術が建物の信心深さを損なわせると考えていたかのように、この事実を隠蔽した(39)。

二〇世紀宗教のコンクリートへの熱狂も冷めてきている兆しがある。フォッジア近郊のサン・ジョヴァンニ・ロトンドに最近できた「ピオ神父」巡礼教会は、石のアーチで支えられている巨大な屋根を特徴とするが、その設計者、モダニストとして名高いレンゾ・ピアノは、「石は建物をより教会らしく見せてくれる。それは石でつくられた教会という本能的な記憶があるからである」(40)と述べた。戦時中のコンクリートの攻撃や暴力とのつながりを想起するには、少なくとも西欧諸国においては、あまりにも遠い過去のことになってしまっているので、もしかするとコンクリートに精神的な意味合いを付与することはもはやできないのかもしれない。

1　ブレントウッド教区司教の発言。故ハワード・マーチン氏によって私に伝えられた。

2　より多くの初期のコンクリートの教会は、P. Collins, *Concrete: The Vision of a New Architecture* (London, 1959), pp. 83–5, 並びに Andrew Saint, ‘Some Thoughts about the Architectural Use of Concrete’, *AA Files*, 22 (1991), pp. 4–5 に列挙されている。

3　カレン・ブッティからの情報。

4　パースリーと彼の影響については、Andrew Saint, *Architect and Engineer: A Study in Sibling Rivalry* (New Haven, CT, 2007), pp. 209–12. を参照。

5　G. Delhumeau, J. Gubler, R. Legault and C. Simonnet, *Le Béton en représentation* (Paris, 1993), p. 184.

6　Antoine Picon, *L'Invention du l'ingénieur moderne: l'École des Ponts et Chaussées, 1747-1851* (Paris, 1992), pp. 368–9.

7　John Weiler, ‘Military’ を参照。*Historic Concrete: Background to Appraisal*, ed. James Sutherland, Dawn Humm and Mike Chrimes (London, 2001), pp. 371–81 に収録。第一次世界大戦時のコンクリートの実績については、Peter Oldham, *Pill Boxes on the Western Front* (London, 1995) を参照。

8　C. H. Reilly, ‘First Impressions of the Wembley Exhibition’, *Architects' Journal* (28 May 1924), pp. 893–4. Saint, *Architect and Engineer*, p. 259 での引用。

9　G.-H. Pingusson, ‘L'art religieux et les techniques modernes’, *L'Architecture d'aujourd'hui* (July 1934), p. 66.

10　パリ地域におけるランシーのノートル＝ダム教会の影響とパリの他のコンクリート製の教会については、Simon Texier, ‘Les Matériaux ou les parures du béton’ における *Églises Parisiennes du XXe siècle*, ed. S. Texier (Paris,1997), pp. 66–113 を参照。ランシーのノートル＝ダム教会と同時期の他の教会に関する調査は、Pierre Lebrun, ‘Le béton consacré’, *Monuments Historiques*, 140 (September 1985), pp. 30–33 を参照。

11　一〇〇年記念会館のこの解釈については、Kathleen James-Chakraborty, *German Architecture for a Mass Audience* (London, 2000), ch. 2 を参照。一〇〇年記念会館と教会を結びつけた考えは彼女によるものである。

12　James-Chakraborty, *German Architecture*, p. 65.

13　シュヴァルツに関しては、Christoph Grafe, ‘Barren Truth: Physical Experience and Essence in the Work of Rudolf Schwarz’, *Oase*, 45/46 (1997), pp. 2–27, 並びに Richard Kieckhefer, *Theology in Stone* (Oxford, 2004), ch. 7 を参照。

14　Rudolf Schwarz, *The Church Incarnate* [1938], trans. Cynthia Harris (Chicago, IL, 1958), p. 9.

15　テオドール・クラウザーによって構想され、フルダで開催されたカトリック司教の大会にて作成された。その英訳は、*Documents for Sacred Architecture* (Collegeville, MN, 1957) を参照。

16　R. Guardini, *The Spirit of the Liturgy* (London, 1937), p. 37. James-

Chakraborty, *German Architecture*, p. 63 での引用。

17 Wolfgang Jean Stock, *Architectural Guide to Christian Sacred Buildings in Europe since 1950* (Munich, 2004).

18 Albert Speer, *Inside the Third Reich*, trans. R. and C. Winston (London, 1970), pp. 352–3［アルベルト・シュペーア『第三帝国の神殿にて——ナチス軍需相の証言（上・下）』品田豊治訳、中公文庫、二〇〇一年］.

19 Paul Virilio, *Bunker Archaeology* [1975], trans. G. Collins (New York, 1994), p. 47.

20 同上、p. 12.

21 同上、pp. 43, 46.

22 Juan Carlos Sánchez Tappan and Tilemachos Adrianopoulos, 'Paul Virilio in Conversation', *AA Files*, 57(2008), p. 32.

23 Réjean Legault, 'The Semantics of Exposed Concrete' in *Liquid Stone: New Architecture in Concrete*, ed. Jean-Louis Cohen and Martin Moeller (New York, 2006), p.47 に収録。

24 ボローニャの教会の多くは、Giuliano Gresleri, ed., *Parole e linguaggio dell'architettura religiosa, 1963-1983: venti anni di realizzazioni in Italia* (Faenza, 1983) に収録。加えて、*Bologna Nuove Chiese* (Bologna, 1969) も参照。

25 ジャコモ・レルカーロ枢機卿。*Dieci anni di architettura sacra in Italia, 1945-1955* (Bologna, 1956), p. 17 に収録。

26 ミラノ教区は戦後、特に積極的な教会建設計画を推進していた。詳細に関しては、以下を参照。Antonietta Crippa and Giancarlo Santi, 'G. B. Montini e le nuove chiese di Milano', in *Parole e linguaggio dell'architettura religiosa*, ed. Gresleri, pp. 31–46, 並びに C. de Carli, *Le nuove chiese della diocesa di Milano* (Milan, 1994).

27 例えばポール・ウィニンジェによる、経済的な教会建築を推奨する主張はその一つである。Paul Winninger, *Construire des églises* (Paris, 1957), chap. 6.

28 *Documents for Sacred Architecture*, p. 22.

29 Winninger, *Construire des églises*, pp. 229, 235.

30 Schwarz, *Church Incarnate*, p. 230.

31 Le Corbusier, *Oeuvre complète*, vol. vii: *1957-1965* (Zurich, 1966), p. 49; Alexandre Persitz, *L'Architecture d'aujourd'hui* (June–July 1961), p. 4［ル・コルビュジエ『ル・コルビュジエ全作品集 Vol. 7 1957-1965』ウィリ・ボジガー編、吉阪隆正訳、A.D.A. EDITA Tokyo、一九七七年］.

32 G.-H. Pingusson, 'Construire une église', *L'Art Sacré* (November 1938), pp. 315–18.

33 Andreas Huyssen, 'Mass Culture as Woman: Modernism's Other', *After the Great Divide: Modernism, Mass Culture, Postmodernism* (Basingstoke, 1988), pp. 44–62 に収録。

34 Kilan McDonnell, 'Art and the Sacramental Principle', *Liturgical Arts*, 25

(1957), p. 92, Colleen McDannell, *Material Christianity: Religion and Popular Culture in America* (New Haven, CT, 1995), p. 171. での引用。宗教建築におけるコンクリートのジェンダー化を示唆する私の考えは多くをマクダネルに負っている。

35 Robin Evans, *The Projective Cast: Architecture and its Three Geometries* (Cambridge, MA, 1995), pp. 284–95; 並びにFlora Samuel, *Le Corbusier in Detail* (Oxford, 2007), pp. 42–3. シュヴァルツのコメントは、Richard Kieckhefer, *Theology in Stone* (Oxford, 2004), p. 252 に収録（ロンシャンに対するカトリック教会の否定的な評論について pp. 282–3 を参照）。

36 F. Dal Co, 'Giovanni Michelucci: a Life One Century Long', *Perspecta*, 27 (1992), pp. 99–115 を参照。

37 G. Michelucci, 'La chiesa nella città'. *Dieci anni di architettura sacra in Italia*, p. 24に収録。Luigi Figini, 'Appunti e digressioni sulla chiesa dell'autostrada', *Chiesa e Quartiere*, 30/31 (June–September 1964), p. 59 を参照（フィジーニはミケルッチの「貧困さ」へのこだわりに光を当てた）。

38 太陽道路の教会については、Claudia Conforti, *Casabella*, LXX/748 (October 2006), pp. 6–17 を参照。アルツィニャーノの教会については、Claudia Conforti, 'Vent'anni di cantiere: la parocchia di San Giovanni Battista ad Arzignano di Giovanni Michelucci' を参照。これは、*150 Anni di Costruzione Edile in Italia*, ed. M. Casciato, S. Mornati and C. P. Scavizzi (Rome, 1992), pp. 427–43 に収録。

39 Evans, *The Projective Cast*, p. 312 を参照。

40 Edwin Heathcote, 'On the Fast Track to the Middle of Nowhere: Architect Renzo Piano Talks to Edwin Heathcote about How and Why He is Building the Largest Modern Church in Europe', *Financial Times* (16–17 June 2001), Weekend section, p. viii. Kieckhefer, *Theology in Stone*, p. 19 に収録。

ヨーロッパの虐殺された
ユダヤ人のための記念碑、
ベルリン、1997－2005年、
ピーター・アイゼンマン設計

SEVEN
MEMORY OR OBLIVION

第七章 記憶か忘却か

今日、記念物は一般的なサイズから大きなものまで、どれもコンクリートでつくられている。ピーター・アイゼンマン(Peter Eisenman)によるベルリンのホロコースト記念碑を考えてみよう。高さ三―一五フィート〔九〇―四五〇センチメートル〕の二七五一個のブロックで構成され、波打つ濃灰色のコンクリートが一一エーカー〔四万五〇〇〇平米〕に広がっている。ダラスのケネディ記念碑は五〇フィート〔一五メートル〕四方で、高さ三〇フィート〔九メートル〕のコンクリート壁で囲まれている。旧ユーゴスラビアでチトー元帥(Marshal Josip Broz Tito)に依頼された、第二次世界大戦パルティザンのための一連の途方もない「スポメニク」と呼ばれる戦争記念物群もある。他にもあまりにたくさんの例が挙げられる。コンクリートは記念物にとっての標準的な材料となっている。

これについて奇妙なことは、コンクリートは同時に、記憶を消して跡形もなくし、人々を過去や自分たち自身やお互いから切り離す忘却の素材とあまりにしばしば見なされてきたことである。フランスの哲学者、ガストン・バシュラール(Gaston Bachelard)は、コンクリートに囲まれたときに夢を見ることができないと不平を述べた。「パリにいるとき、この幾何学的な箱にいるとき、このセメントの部屋にいるとき、この鉄のシャッターで閉ざされた寝室にいるとき、夜の世界に敵対するこれらにいるとき、私は夢を見ないのだ」(1)。もう一人の哲学者、アンリ・ルフェーヴル(Henri Lefebvre)は、戦後フランスのニュータウンでコンクリートの建物が歴史を受け入れないように見える様子に反発した。「ここに私は諸世紀を、時間を、過去を、何が可能かを読みとれない」(2)。こうして深みを欠くことによって、新たな郊外はどうしようもなく退屈になった。こうしたすべては、一九九二年にドイツ・マールブルクの立体駐車場のコンクリート壁に見つかった落書きに簡潔にまとめられている。「コンクリートは昏睡(*Beton ist Koma*)」(3)。

それではコンクリートと記憶の関係はどうなのだろうか。かくも広範に記憶喪失的と見なされたある素材が、同時に記憶の保存に最適な素材《メディア》とどうしてなりうるのだろうか。一九六〇年代に従来の彫刻のほとんどの慣例を疑問に付したミニマリズム美術が出現したことで、この逆説にさらにひねりがつけ加えられた。彫刻的表象の全形式、とりわけ記憶に関わるあらゆる表象に全面的に対抗しながら、ミニマリズムの美術家は流通している工業材料にも興味を持ったため、コンクリート——不活発で工業的で感性に響かない——にも理想の材料《メディア》としての魅力を感じたと思うかもしれない。しかし奇妙なことに、ミニマル・アートの美術家はめったにコンクリートを使わず、使うときもそれは一般的には少々例外的な状況、あるいはミニマリズムの関心に疑問を突きつけるような仕方で使った。結果的に、戦後期のコンクリート記念物のいくつかは、美的意図は明らかに正反対にもかかわらず、ミニマル・アート作品との不思議な物的類似性をはらんでいる。ベルリンの記念物の場合、この類似が現実となっているのは、アイゼンマンが設計の初期に彫刻家、リチャード・セラ(Richard Serra)と共同したからだが、こうした個人的関係がないときすら、視覚上の類似性は避けがたい。

この循環する謎——忘却の素材としてのコンクリートでありながら、記憶の表象に敵対する芸術家には避けられ、記憶を表象したい者には選ばれている——を解きほぐすことで、我々は近代の記憶の表象についてとは言わずとも、少なくともコンクリートの記号論について何かわかるだろう。

二〇世紀は記憶に執着し、数々の破壊的な戦争の死者を追悼するため、歴史上過去のどの時代よりも多くの記念物が建てられた。同時に哲学と心理学は、記憶の過程に関して先行世代に可能だったよりも深い洞察をもたらした——その全般的な結論とは、記憶の本質的な偶有性、つまり想起の難しさと、忘却と抑圧という力へのもろさを強調し、また記憶を永続化するためにそれを象徴しうる具体的な物をつくるあらゆる試みが完全に無益だと力説するものであった。要するに、記憶に関する近代的理解では、記憶の特性として可変性が付与され、よって何かを類推させる具体的な物はすべて不適切になった——コンクリートでつくられたものは特にその不活発性と壊しにくさのため、人間の記憶に対して言われていたことすべてと正反対であるように見えた。

もし大衆的な記念物造営という営みが、哲学と心理学の記憶についての主張を受けつけなかったとしても、近代の芸術家と建築家は一般に記念物に慎重な傾向があった。記念物は芸術と建築の境界上という奇妙な位置を占めながら、どちらの実践においても条件を満たさない。というのも記念物はまったく象徴的であるため、通常建築に期待される有用性の側面を欠く一方、概して単一のメッセージを発するため、通常芸術作品で尊重される、個人の反応の多様性を生む機会が打ち消されるからである。特定の人々や出来事を記念するシニフィアンとしての機能を持つ記念物は、一般にそのような文字どおりの意味作用を避けようとしてきたほとんどの近代的な芸術実践から、境界の外に置かれる。より具体的に言えば、記憶の集積所としての記念物の役割は、一般的な二〇世紀の芸術と建築双方において、表象における記憶という面で禁忌と直接衝突することになるのだ。近代美学は、対象自らが直接感覚に訴えるという、対象の内在性を強調し、観念連合、つまり対象が喚起する思考やイメージの連なりによって生起する美的反応という見方には一般に敵対していた。一九三九年以前の建築の言説において、記念碑や記念碑性の持つあらゆる形態に対する異論は絶えなかった。第二次世界大戦以降はとりわけ絵画と彫刻の分野において、記念という行為への最も強い反対がみられた。例えばアメリカの批評家、クレメント・グリーンバーグの影響によって、いまここにいて作品を見ている人との直接関係による作用以外は認めないという禁令が作品すべてに課されたほどである。モダニズムと関わった芸術家と建築家のほとんどが記念物に懐疑的だったのも、彼らは記念物が自らの芸術的評判を落とすことを恐れたからである。

しかしより進歩的な芸術家と建築家が記念碑や記念物の建造に携わることに躊躇したにもかかわらず、第一次世界大戦の終結以降、世界中で町や村の風景は死者を追悼する記念物で変貌していた。一九三九年までその図像体系は一般に保守的で伝統的で、記念物の設計にも創意はありえたものの、数少ない例外を除けば、この創意は建築の前衛から何の恩恵も受けていなかった。ほとんど例外なく、これら記念物は栄光と敬意を示す伝統的な素材である石かブロンズでつくられた。コンクリートは基礎と構造に使われたかもしれないが、それはほぼいつも他の素材で覆われており、ごく稀な事例においてのみ、コンクリートは記念物の表面に現れた。コンクリートでつくられたかのように見えたり、コンクリートでつくられたことを暗示したものであっても、実際には石でつくられたか、少なくとも石で覆われているとわかる。イタリア・コモの戦争記念碑は、未来派の建築家、アントニオ・サンテリア（Antonio Sant'Elia）のスケッチをもとに、合理主義の建築家、ジュゼッペ・テラーニ（Giuseppe Terragni）によって設計され一九三一－三年に建てられたが、こうした経緯を持つ作品に期待されるようなコンクリートではなく、石で覆われている。サンテリアとマリネッティ（Filippo Tommaso Marinetti）はむき出しのコンクリートに熱狂し、石造建築を軽視したにもかかわらず、おそらくコンクリートでは死者の記憶への敬意を欠くと考えたのだろう。

第二次世界大戦の犠牲者を追悼することは、一九一八年以後の場合に比べ、はるかに大きな問題となった。第一次世界大戦の比較的静的な性質――死者が主に兵士のものであり、比較的容易に把握できる――に比べ、第二次世界大戦は動的で、事態があらゆる場所で展開し、さらにほとんどが民間人である犠牲者の数は加害者側によって故意に隠されるため、しばしば見えてこない。テオドール・アドルノ（Theodor Adorno）が、大戦の終盤に書いた著書『ミニマ・モラリア――傷ついた生活裡の省察』で論評したように、第二次世界大戦の特殊性は、前線部隊

戦争記念碑、コモ、
1931－3年、
ジュゼッペ・テラーニ設計

に従軍カメラマンや写真家がいたため、先の大戦での場合に比べ、一般公衆が戦闘をよりよく知っている、戦闘により密接に関与しているという印象を持った一方で、その軍事行動の戦略を理解するのがずっと困難になったことであった。

> 身体の運動と機械の動作が切り離されたように、二度目の大戦は完全に経験から切り離されている……戦争が連続性、歴史、「英雄詩的な」要素を欠き、むしろ各局面においてその都度最初から始まっているようにみえるので、永遠の、無意識に保存される心像を記憶に残さないだろう。(4)

戦争は記念できるもの、あるいは代理経験を可能にするほど十分記録されたフィルム以上のものを何も残さなかった。

同時に戦争とファシズムの残虐さは、従来のどの時代の残虐さをもはるかに超えており、これによっても追悼は不可能と言わずとも困難になった。最も大きな危険とは出来事をありきたりなものにしてしまうこと、何事も起きなかったかのように以前のことを連続させてしまうことだとアドルノは指摘した。第一次世界大戦後の巨大な記念建造物を反復し継続することは、まさにそのような常態、現状への回帰を示唆し、アドルノによれば見た目だけ変えてどこかでファシズムが継続するのを許すものとなったのであろう。

前衛の建築家やデザイナーの視点からすれば、戦後の記念物は非近代的で、同時代性がないことと、残虐さの状況を酌量することとの二重の危険を冒していた。こうした批判によっても人々は記念物を建てるのをやめなかったものの、その結果として、かつてのほとんどの記念の規範は不適当なものとなり、凡庸でなく、記憶される事象への加担でもない効果を達成するのはより困難なものになった。新しく、決定的に独創的な解決策はここからいくつか出てきて、モダン・アートをめぐる批評的言説が人に期待させた以上に、それらに前衛美術の関心とより共通するものがたくさんあるとわかった(5)。

記憶の言説にもコンクリートの言説にも、追想の媒体としてのコンクリートには注意が払われてこなかった。稀な例外は、スイス・ポルトランドセメント会社のために制作された『現代美術におけるコンクリート（*Le Béton dans l'art contemporain*）』という本である。そこには次のような言明が見られる。「コンクリートの使用が十分正当化されるのは記念碑的作品の創造においてである」（6）。しかしこれは驚くべき発言だろう。つまり橋梁でも、ロングスパンの屋根でも、最小限で最大の効果を達成するという理想――その材料の使用を正当化する通例の基準――を満たすどんな構造でもコンクリートは十分正当化されず、むしろゆゆしき材料の過剰を示すことで悪名高い記念碑によって正当化されるというのだ。著者のマルセル・ジョレイ（Marcel Joray）によれば、コンクリートが特に記念碑的作品に適しているのは、第一に必要とされる大きなスケールに手頃な唯一の材料だからで、第二に石やブロンズでは不可能であろう形を制作できるからである。

しかしこうした説明は十分説得的ではない。記念物についてコストは無関係、あるいはそう見られるべきもので、というのも記念物において安上がりであることはそれが記念している人々に対して侮辱的だからである。記念物は教会以上に、少なくとも表面的にはどんな支出も惜しまれたと見られてはならず、それが理由で第二次世界大戦まで花崗岩か石灰岩の使用がほとんど不変の規則だったのだ。もし記念物の材料としてコンクリートを選択することを十分に正当化する要素としてコストが含まれないならば、コンクリートの構造的な可能性に関する議論もまた含まれえない。堅固さ、マッス、重みこそ、最も頻繁に記念物によって示される特質である。もし構造上の創案の例を見出そうというとき、記念碑から探そうとは普通はしないだろう。特定の個々の記念碑における構造上の野心的な試み（あるいは記念碑の提案におけるもっと多くの試み）を無視するわけではないが、それらは構造の観点からは最も保守的な部類に属している。

もし経済も構造も記念物にコンクリートを選ぶことの説明にならないとすれば、ほかの説明はあるのだろうか。最もありがちな説明はコンクリートのモダニティとの連関においてである。というのももし記念物というものがそもそも非近代的な形式であるとしても、コンクリートはそれにモダンであるという趣きを与えたからである。コンクリートは記念物を古風で時代後れの状況から救い、現在のものとなるのを助けたのである。

逆にコンクリートの立場からすると、記念物は過去に関わる稀少な機会をコンクリートにもたらす。コンクリートは不変の新しさという神話にもかかわらず、記念物によってただ未来と現在（あらゆるコンクリート製記念物に不可避な特性）だけでなく、歴史的事象も伝えられるようになった。コンクリートには歴史に言及する機会が与えられなかったが、記念物に分類される建造物において、しきたりによってコンクリートが扱うことを許されなかったもの、つまり過去について関わることができるようになった。コンクリートが記憶にどう役立ってきたかはともかく、記念物は通常抑圧されたままのものを露わにすることでコンクリートに寄与した。

かくも多くの記念碑がコンクリートでつくられた理由としてしばしば推測されることは、その相対的な壊れにくさである。それによって、より壊れやすい材料ならば忘れられるだろうことを永遠に保存する可能性が広がるからである。コンクリートの塊が大きく高密であるほど、記憶も安泰だろうというわけだ。しかしこの推測は、物体に人間の記憶を持続させうる力があるという誤解に基づいている——記憶を持続させるにあたり記念碑をここまで無力にしているのは、物理的な崩壊ではない（7）。コンクリートがほかの材料にはないような、意味を示す何か内在的な特性を持っているとも考えにくい。これは単に歴史的根拠に基づいたものではない。以下に示す四つの記念碑に関する議論が明らかにすることが一つあるとすれば、どんな材料も、とりわけコンクリートのような近代の合成材料は、何らかの絶対的で内在的な価値を持っているわけではないということである。三つの記念碑は建築家が設計し、一つは芸術家が設計したが、どの場合においてもコンクリートの選択は予め決まっていたことではなく、その制作過程に関連していた。

おそらく最も古い著名なコンクリート製記念碑は、その頃ヴァイマールにあったバウハウスの当時の校長、ヴァルター・グロピウスが設計した、ヴァイマールの墓地にある三月革命記

三月革命記念碑、
ヴァイマール、1921－2年、
1945年再建。
ヴァルター・グロピウス設計

念碑である(8)。記念碑は一九二〇年三月、社会民主党政府を転覆すべくヴォルフガング・カップに導かれた右翼一揆に抵抗して亡くなった七人の労働組合員を追悼している。カップは第一次世界大戦後のドイツの騒然とした歴史において大勢を誇った退役軍人の準軍事団体であるドイツ義勇軍のうちの一つに支持されており、労働組合員が亡くなったのもドイツ義勇軍との衝突によるものであった。カップ一揆は、労働組合が政府を支持して行ったゼネストの組織化に成功したのを一つの原因として失敗に終わった。またこの事件は、組織化された労働者階級の行動が、過激派から新憲法を守るために有効であることを実証し、ヴァイマール共和国の短い歴史において重要な出来事となった。一二年後、労働組合が立憲政治を支持すべく組織化できなかったことは、ヒトラーが一九三三年一月に政権を掌握できたことの一因となった。

記念碑の原案はグロピウスによって一九二〇年終わりに準備され、一九二一年九月に建設が始まり一九二二年五月に竣工した。したがってこの記念碑は、終戦後の［戦争とは直接関係のない］

死者を追悼しているにもかかわらず、第一次世界大戦の死者を追悼する記念物の大多数よりも時期的に先行しており、戦争記念物と混同させてはいけないということが、この計画の明らかに重要な一面であった。労働者階級の殉教者に献じられた政治的記念物として、手本や先例のない類型のものであった（ヴァイマール期のほかの有名な政治的記念物は、スパルタクス団の指導者、ローザ・ルクセンブルクとカール・リープクネヒトのためのベルリンにある記念碑で、ミース・ファン・デル・ローエが設計したが、より後になる一九二五－六年に建設された）。記念碑の明らかに政治的な意味とヴァイマール共和国の殉教史における位置づけによって、なぜそれが一九三六年ナチスによって（爆薬により）破壊され、一〇年後の一九四六年にソヴィエトによって再建されたかが説明できる。一九四六年の再建は、ほとんど同じ材料と同一の制作方法で実現した、ほぼ正確な複製であり、ソヴィエトの占領下で実行されたまさに最初の再建行為の一つに違いない。今日我々が目にするのは一九四六年に再建された記念碑だが、これは二重の記念物、記念物への記念物である。

記念碑が建っているヴァイマールの広大な墓地は、ドイツ芸術・文学のいわばパンテオンであり、なかにはヘルダー、ゲーテ、シラー、リストらの墓もある。三月革命記念碑はこれらと少し距離があるとはいえ、それでも記念碑のデザインと素材の選択はデリケートな問題であった。偉大なドイツ人作家の記念碑は有名なカッラーラの白大理石でできていた。三月革命記念碑のグロピウスによるによる原案はライムストーンを想定していた。これは、ヴァイマールで伝統的に建物、扉まわり、窓まわりの装飾に使われてきたが墓石には使われていない材料である。したがってグロピウスが記念碑にライムストーンを選んだのは、形状――ギザギザな水晶の煌めき――とほぼ同程度に思い切ったことだった。しかしライムストーンは墓石に使われなかったものの基礎には使われていたため、この石材を選んだことによって、突飛な形態ではあるが受け入れられやすかったのであろう。石材は芸術家と職人の協働というバウハウス創立宣言の原則に適うものであった。というのも芸術作品を実現するうえで地場の職人仕事を用いたであろうからである。結果的に記念碑はかなりバウハウス的な計画となった。作品はバウハウスのマイスターの一人ヨゼフ・ハルトヴィッヒに監督され、バウハウスのスタッフと学生が労働を提供したからである。一九二一年初めには記念碑をライムストーンで建てるのに十分な資金がないことが明らかになり、グロピウスは設計をライムストーンで覆われたコンクリート構造に変更した。同時に記念碑はより大きくなり、ライムストーンの無垢材であればつくれなかったはずのよりダイナミックで不安定な形状が与えられた。この設計も高額すぎることがわかり、グロピウスは被覆石材をより安価な砂岩に変更したが、わずかな減額しか生み出さなかったので結果的にコンクリートのみで、しかしさらに大きくなったヴァージョンでつくられることに決定された。

　当初は美学的、あるいは記号作用上の理由というよりむしろ、金銭的理由からコンクリートが選ばれたのだが、一九二一年のバウハウスと前衛芸術界に現れていた新材料への熱狂とコンクリートの選択は同時に起こっていた。バウハウスではヨハネス・イッテンの基礎課程が材料の特質を探究する実験を促進していたし、ドイツとロシアの建築批評家は新材料がいかに新形態を生み出すかについて書き記していた。実際コンクリート構造にすることが決められると、この記念碑の形態は変化したのだ。しかしコンクリートの選択は、自然石の骨材と混ぜられない限り、墓地でのコンクリートの使用を禁じていた地元の建築基準に阻まれた。したがって建設工事が一九二一年九月に始まったとき、コンクリートは付近の採石場から採れたライムストーンの砕石を使ってつくられ、テラゾーもまた加えられたため、自然石と人工骨材の組み合わせになった。この混合は石の骨材という伝統主義をより「近代的な」骨材によって中和したため、グロピウスの興味を引いたかもしれない。

　この記念碑の制作で最も熟練を要した部分はコンクリートの仕上げにある。打設過程で残されたセメントの表面は下部の石の骨材を露出させるためハンマーとのみで斫《はつ》り取られ、端部は伝統的な石工術どおり、のみで仕上げられた五センチ幅のへりに、端部と垂直な細い溝を切っている。その効果は際立って繊細であり、素材の荒々しさにもかかわらず、人の手の技能がこれを洗練されたものに変えうることを示している。

　コンクリートのこの表面仕上げは、ドイツで先行し、ベトンヴェルクシュタイン、つまり石加工されたコンクリートとして知られ、ドイツ文化において一九一〇年から第三帝国の終焉まで長く続いたコンクリートの良い作法についての議論の下に成り立っている。第一次世界大戦前でさえも、ベトンヴェルクシュタインはコンクリートの最良の仕上げとして促進されていた。ドイツコンクリート協会議長のヨゼフ・ペトリ（Josef Petry）が一九一三年に主張したところでは、この方法でコンクリートを仕上げることはコンクリートを価値の低い材料とする批判に応える方法であるという。ペトリはコンクリートが石材の代用と見なされるべきではなく、その人工性にこそ美がある素材であり、手作業によるこの仕上げ技術によってそれが最高の形で表れると主張した。ベトンヴェルクシュタインは一九二〇年代にほかの記念碑にも時折使われたが、一九三〇年代になって、第二章で述べた国家社会主義者による素材に関する議論の中でより大きな重要性を得た。

　三月革命記念碑が建てられた当時にはそれがコンクリートでつくられていることに関する議論はほとんどなかった。一九三六年に爆破されたときでさえ、その理由は単にそれが「醜い」ということだけであった——明らかにそれ以上の理由があったにもかかわらず。というのもヴァイマール共和国の殉教者を追悼する記念物の存在が、国家社会主義の下では地元の恥であったに違いないからだ。コンクリートでつくられたという事実が決定を左右したかどうかは記録されていない。

　一九三六年の破壊の後になって初めて、そのコンクリートが意味を持ち始めた。一九四六年に再建されたとき、（骨材に砕かれたテラゾーを加えることはなかったとはいえ）オリジナルの表面仕上げを再現するのに多大な注意が払われただけでなく、評論家たちは素材と、素材が社会主義を象徴する仕方に明らかに着目していた。彼らが言うには、継ぎ目がなく連続した形態は個人化を寄せつけず、個人の痕跡を何ら示さず、集団的な労力のみを示す。しかも素材自体が異なる構成要素の化学結合の

三月革命記念碑、
コンクリート表面の細部。
石材のように装っている

所産であり、個々の要素のどれよりも強く硬い製作物を生み出している——それはすでに見たとおり、作家フョードル・グラトコフが社会主義の社会においていかに個人個人がともに、見えない絆によって集団としての協調を形成するようになるかを記述した際に用いた類比である。長期にわたる沈殿過程の結果である石材と異なり、コンクリートは硬化とともに形になるため、社会主義共和国の歴史形成に類似していると言われたのである。というのも社会主義共和国も、長い期間を経て展開してきた他の体制と異なり、瞬間の衝撃的な出来事から即座に生まれるからだ。しかし三月革命記念碑はこうした類いの解釈を一九四六年になって初めて獲得した。一九二〇年代にはこの記念碑の政治的読解はもっと多義的であった。批評家アドルフ・ベーネはかつて一九一八年の芸術労働評議会でグロピウスの同僚だったが、一九二五年にこの記念碑について「極めて広範に訴えるべき暴動の象徴として政治色を拭おうとあまりに神経質だったため、カップの軍勢によって建立されていたとしてもおかしくないだろう」と述べた(9)。グロピウス自身一九四八年に、すでにアメリカにいたものの、マッカーシーの時代にあって何であれ共産主義とされるものに分類されまいと不安であったためであろう、記念碑は労働者ではなくカップ一揆の激動で亡くなった全階級の人々を追悼するため設計されたと主張した(10)。

三月革命記念碑に関して、コンクリートが当初何も意味しなかったことをあらゆる証拠が示している。材料は象徴的理由ではなく経済性を理由に選ばれ、後年になって初めてそこに政治的意味が関連づけられた。このことは我々に、コンクリートが何らかの積極的で決定的な意味を持っていると想定することに対して警告する。まさにこの場合においては、長い年月を掛けて、状況が変化するにつれてはじめて、コンクリートが政治的で記憶を保持する図像性を獲得したのである。

考察すべき第二の記念物は、ローマのアッピア街道に沿って二キロメートルほどの、いくつかのローマ期のカタコンベに近いアルデアティーネ洞窟にある(11)。この記念碑はドイツ軍によって射殺された三三五名のイタリア人の墓に相当する。彼らはパルティザンによる攻撃で殺害された在ローマ親衛隊のドイ

アルデアティーネ洞窟記念碑、
ローマ、1944－7年、
N・アプリーレ、
C・カルカプリーナ、
A・カルダレッリ、
M・フィオレンティーノ、
G・ペルジーニ設計

ツ人三三名への報復として、一九四四年三月二四日にドイツ軍によって射殺された。殺されたドイツ人一人に対し一〇人のイタリア人を二四時間以内に殺すようヒトラー自身が命令したため、地元の親衛隊司令官、カール・ハス少佐は命令を実行するべく、慌ててローマの監獄と警察署に投獄されていた者から無作為に、要求された人数に五名を加えて連行したが、このうち誰一人として攻撃に関与した者はいなかったし、パルティザンであるかすらも問われなかった。犠牲者は比較的離れたアルデアティーネ洞窟にある廃坑となったポゾラン［凝灰石］採掘場に連行され、射殺され、落石を引き起こして死体を隠すため洞窟はダイナマイトで爆破された。一九四四年六月四日に始まるドイツのローマ撤退の直後、虐殺現場が発見され掘り出された。死体は棺に入れられたものの、洞窟に残された。一九四四年九月、イタリアの一部は未だファシスト党の統治下だったが、記念碑のための設計競技が行われ、二案が選ばれた。入賞した二つの建築家チームは最終計画を協働してつくるよう促され、マリオ・フィオレンティーノとジュゼッペ・ペルジーニの指揮の

アルデアティーネ洞窟記念碑、内観

下、この計画で建設され虐殺のちょうど五年後の一九四九年三月二四日に除幕された。

初めから記念碑に関しては論争があった。犠牲者の親族は洞窟に遺体を残すよう望んだ。しかし洞窟は不安定で、犠牲者を追悼するのみならず出来事を後世に伝えるうえで必要と思われた記念碑的な存在感にも欠けていた。解決策は、洞窟に接続した屋根付きの霊廟をつくり、洞窟を通ってそこに入るというものだった。霊廟は地上から約一・五メートルの浅掘りの部分に三三五名の犠牲者の墓を収容し、広さ四八・五×二六・六五メートルで高さ三メートルの、六点のみで支持された一体のスラブで覆われている。巨大でほとんど支持点のないそのスラブの下に、押し潰されそうな暗いがらんどうの高さ二メートルほどの空間があり、スラブと地面の間の狭いスリットから差し込んでくる光に照らされている。スリットは入口側で高さ六〇センチメートルから、逆側の一一〇センチメートルへと広がっているが、これは視覚の矯正でスリットをずっと同じ高さのように見せるためである。これほど大きな面では下向きに撓《たわ》むかのような錯視が生じる。スラブの下面は平らに見えるものの、実際は一メートルほど上にアーチを描いてむくりがついており、その影響が弱まっている。下面は粗いコンクリート仕上げで吹きつけられており、スラブ外側ののみで叩かれた仕上げと同じ見た目にしており、スラブが実は一つの塊であるかのように見せている。外側から見れば墓廟は厚く継ぎ目のないスラブで地面の上に浮かんでいるかのように見える。それは見たところ密だが実際には中空で、梁とトラスを内包したコンクリートの箱である。外表面はコンクリート壁に厚塗りのコンクリートが施されており、のみで叩いて仕上げたことでブレシア産角礫岩の骨材を露わにしている。このように眼に見えるものは一枚岩、実際に掘り出そうとしても決して掘り出せないほど大きく重い岩として現れている。つまりコンクリートによって実際の石では達成できなかっただろうことが達成されているのだ。実際の石材ではこの寸法のスラブが不可能だっただけでなく、もしコンクリートの箱に石が張られたとしてもそこには目地が出てしまい、その支持方法に疑問が生じたであろう。代わりにここでは、コンクリートは自然を超え、自然素材で達成できるあらゆることを上回っている。ここで自然素材の代用物としてではなく、ヨゼフ・ペトリが一九一三年に主張したように、その人工性に美しさが存する素材としてコンクリートが使われたことは確かに重要である。しかしそれ以上に、石材では決して呼び覚まされなかった感情と情動をここでコンクリートは想起させている。アルデアティーネ洞窟でコンクリートは記念碑の素材における石材の代用ではなく、石材に勝ったのである。

アルデアティーネ洞窟はイタリアの戦争直後における最初の主要な建築作品であるが、その萌芽はそもそも戦争が終わる以前のものである。虐殺は共和国意識の誕生を印したものと広く見なされた。つまりそれは戦後のイタリア共和国の歴史において礎となる出来事であり、さらに言えばそれがローマで生じたためにローマを共和国の起源の地と公認するのに役立った(［マンフレッド・］タフーリが述べたように「幾何学が物質に屈従している」という、墓廟の明らかにローマ的な特徴も、ローマを起源とする主張を強めるのに役立った)(12)。したがって記念碑は政治的意義を帯びており、実際彼らの殉教史を学ぶイタリアの児童たちが今も訪れている。アルド・アイモニーノの一九九八年の記述によれば「結果として、この五〇年間に国が生み出しえたただ二つの国家的記念碑の一方が、新生の共和国に対してつくられた」（アイモニーノの見方ではもう一つは太陽道路である）(13)。アウトストラーダと同様、アルデアティーネ洞窟もコンクリート製である。

コンクリートの選択は、すでに説明したとおり一部は美的理由のためだが、政治的含意も持っていた。第一に、それはムッソリーニのイタリアがつくった記念碑の「帝国的」形象への反動であった。それらが決まって古典を参照したのに比べ、アルデアティーネ洞窟はその沈黙と図像体系上の象徴の不在とにおいて近代主義的である（その隣りに、完成当初から現在にいたるまで批評家の非難の的であった、社会主義リアリズムの彫刻があるとはいえ）(14)。その代わり図像学的な働きはすべて材料に込められている。

第二に、一九四〇年代イタリアの文脈において、コンクリートは「安い」素材でも代用素材でもなかった。再建の素材として当時は供給不足であり、記念物にそれほど多くのコンクリートを費やすことは、その時点では犠牲的行為だったのである。第三に、ムッソリーニの記念物が決まって石造だったにもかかわらず、ファシズム期のイタリアでは熱狂的かつ創造的にコンクリートを使用した。イタリア人技術者たちは、特に有名なのはピエール・ルイジ・ネルヴィであるが、輸入制限によって当時最も革新的な構築物をいくつか生み出すよう促されており、コンクリートが国家の技術的進歩主義を示す材料であった点においてはドイツ以上であった。ファシズム期のイタリアでいかにコンクリートが高く評価されていたかを示すもう一つの例は、一九三六年に完成したコモの［テラーニによる］カサ・デル・ファッショの中の奇妙な「神殿」である。党書記の執務室では独立柱の一部がむき出しのコンクリートのまま残され、ファシスト党の様々な記念品がガラスケースの中に展示されている。カサ・デル・ファッショではコンクリートの躯体がすべて他の材料で覆われているが、中心の重要部分だけはそれ自体が宗教的な遺構であるかのように躯体が露わになっている(15)。もしイタリアにおけるコンクリートがファシズムの素材だったならば、戦後イタリア建築の一つの役割は、コンクリートからファシズムの含意を除染することであった。実際にはその除染過程は戦争が終わる前から始まっていた。というのは、ドイツ軍は撤退しながら、ネルヴィが一九三〇年代末にイタリア空軍のために建てた創意に富むコンクリート格子構造の航空機格納庫を、すべて爆破してしまっていたからである。この破壊行為は、一九四四年以降ネルヴィが格納庫に言及するたびにいつも述べていたものであるが、これによって好都合にもコンクリートはファシズムの呪縛から解き放たれ、新共和国の素材となることができた(16)。

アルデアティーネ洞窟は一九四五年以降の「空箱」記念物のはしりである。これは例えばテル・アヴィヴにあるヤド・レバニム［戦没兵士］記念碑（一九六三－四）のように、それ以降かなりしばしば繰り返された類型である。ヴォイドの上に浮かんだ威圧的なコンクリートスラブもまた、例えばエルサレムのヤド・ヴァシェム［ホロコースト犠牲者］記念碑（一九五三）とイタリア・ウーディネのレジスタンス記念碑（一九五九－六九）のように繰り返されている。しかし大きなスラブと空箱が記念碑のお馴染みのモチーフとなっているからといって、そうした特徴やコンクリートそのものが記憶の「生来の」シニフィアンであると推測すべきではない。アルデアティーネ洞窟でコンクリートは非常に意識的かつ意図的な選択であった。それは旧体制の象徴体系から解放された対象を生み出すことと、復興のための材料を利用することでいかなる自然素材でも成し遂げられないものを生み出すことを考慮した結果である。アルデアティーネ洞窟に当てはまった条件がどこにでも当てはまるとか、同じ意味を喚起するためにそれを当てにできると考えてはいけない。それでも、この場合であれ次の例の場合であれ、素材の選択はコンクリートが記憶の素材として習慣化されるのに貢献したのである。

第三の記念物はパリの移送ユダヤ人犠牲者記念碑である。シテ島の東端にあり、ジョルジュ＝アンリ・パンギュソンが設計

移送ユダヤ人犠牲者記念碑、
パリ、1953－62年、
ジョルジュ=アンリ・
パンギュソン設計

し、一九五三年から一九六二年の完成まで従事したものである。ノートル＝ダム大聖堂から一〇〇メートルほどのため、ここは歴史的に慎重に扱われるべき敷地であり、どんな種類の建設であっても論争を巻き起こしたであろうが、コンクリートでできた記念物ではなおさらだった(17)。

屋外庭園を横切って近づくと、それは見えないも同然である。記銘の入った低い壁以外にそこには何もないが、かなり狭い階段を下りて舗装された三角形の中庭へ出ると、空に開かれているが四方を四メートルの高さのコンクリート壁ですっかり閉ざされており、ただ金属の格子を通してセーヌ川の流れる水を見通す四角い穴だけがある。この変化は驚くべきものである。地上レベルではパリの歴史的中枢を見渡すパノラマの中心にいる。記念碑へと下りると、空と水以外のすべてから遮断され、外へ出るには不愉快なほど狭く急な二本の階段しかない。それら階段と同じ側で、川に開けた頂点とは反対側では、マッシヴなコンクリートの塊に細い分け目があり、そこを通り抜けると今にも両側面に押し潰されそうな危険を感じる。その裂け目は地下室へと通じるが、そこでは金属製のグレーチングを通して何千もの小さな光が終わりなく続く廊下の壁を淡く照らしている。

　本章で論じてきた四つの記念碑の中で、これは記念碑という観点から唯一の成功例と考えられるものである——というのも部分的には、記念碑の伝統的な形式の反転だからである。それは突出ではなく掘り込みであり、オブジェではなくヴォイドである——ヴォイドにいると、自分自身、空、水面、コンクリート壁の連続する表面以外に見つめるべきものはないのだ。パンギュソンは我々が注目してきた設計者の中で初めて、記憶の儚さと、次第に消え行く精神に残った記憶を実体のある物質に移し替えるあらゆる試みに共通する不十分さに気づいているように思われる（パンギュソン自身の記念碑の説明は次のように始まる。「いつの日か姿を消すのは生きた被造物、存在、物体が持つ法則である……すべては消え去り、過ぎゆくのであり、何に対しても永続を望むのは途方もない挑戦である……」(18)）。地下室を別にすれば、この記念碑には標示がない。だからそれは純粋な体験であり、読まれるべきものはなく、コンクリートそのものだけがある。

　三月革命記念碑とアルデアティーネ洞窟に比べると、パリの記念碑においてコンクリートという選択は十分計算された図像学的戦略の一環として初めから計画されていたように思われる。記念碑に入ると、コンクリートで囲まれる。舗装は石材だが、壁は非常にきめ細かくのみを打たれたコンクリートであり、密実で豊かな骨材の混合を露わにしている（骨材はフランスのあらゆる山岳地帯から選ばれ、少なくとも地質学に通じた者には地域限定というよりも国全体という象徴性を与えている。多くの異なる骨材が均等に配合されているという困難さはとても想像できるものではない）。パンギュソンは石灰岩、砂岩や花崗岩はホロコーストの苛酷さと暴力を表現できないとして拒み、コンクリートを選んだ。しかしコンクリートの仕上げは、例えばル・コルビュジエのラ・トゥーレットの礼拝堂のように、軍事要塞を想起させるような粗雑さも荒々しさもない。その代わりここでの重点は、まったく継ぎ目のない一枚岩のような効果にある。つまりパンギュソンは記念碑が一枚岩から切り出されたように見えることを望んだのだ。コンクリートの表面仕上げは構造壁と同時に打設され、何ら継ぎ目の跡もなしに両者が完全に一体となった。アルデアティーネ洞窟ではスラブの構造体が完成してから表面仕上げが施され、結果として表面のわずかな違いが目に見えるため、一枚岩のような効果を減じている。しかしパリの記念碑ではコンクリートの部分ごとの目地の痕跡は一切ない。パンギュソンにとって最も問題だったのはコンクリートに継ぎ目のないことだった——自然をものともしないことともそのことの特質だとつけ加える者もいるだろう。むき出しの組積造の表面は常に風化と過ぎた時間の跡を示している——しかしこのコンクリート仕上げは年月や気候の効果にまったく影響されないようだ。フランスのコンクリート製記念物はそれ以前にもあった。それは一九二〇年に建造されたヴェルダンの銃剣の塹壕記念碑であるが、建築家が言うには最低五〇〇年の「耐久性を保証」するためコンクリートが石材よりも好んで使われた。当時の記述が説明するところでは「銃剣の塹壕は年月の経過という攻撃や訪問者の周期的な略奪から永久に守られるだろう。雑草の成長という侵略からも守られるだろう」(19)。つまり敷地をコンクリートで覆った目的は、自然の作用に抵抗することだった。パンギュソンもパリの記念碑で同じ意図を持ったかもしれないが、そこでの彼による仕上げの選択は銃剣の塹壕におけるそれよりはるかに優れていた。

移送ユダヤ人犠牲者記念碑に見られるのは、一般にコンクリートが嫌悪されるのとまったく同じ理由——その反自然的な特性、他の材料と同じ風化や劣化の過程に屈しないという事実——で採用されたコンクリートである。パンギュソンの記念碑は一種の感覚遮断を生み出しており、観者が空と現前とに集中するよう強いている。取り囲むコンクリートはいかなる種類であれ、歴史を振り返るばかりか時間の経過を思い返すことも促さない。もし記憶のようなものがありうるとしても、それはその瞬間のものであり、把握することも保存することもできないもので、これこそコンクリートが認めるものであり、それによってコンクリートの常なる新しさが生まれているのである。他の文脈ではこうした記憶に対する影響は一般的に歓迎されず、コンクリートはしばしばそれを誘発する点で非難されてきた。しかしここでは、それが作品の記念碑的機能を成り立たせる主要因である。

英国人芸術家レイチェル・ホワイトリード（Rachel Whiteread）が一九九三年に、ロンドンのテラスハウスの内側を象った《ハウス（*House*）》は、これまで言及してきた全作品と同じ意味では記念物ではない。なぜならそれは誰をも記念していないからだ。《ハウス》において空間を象ることになった住宅の最後の主として、不幸にも有名になってしまったシドニー・ゲイルさえも記念していない。それでもレイチェル・ホワイトリードの《ハウス》やほかの作品は、しばしば記憶の観点から言及されてきており、コンクリートでつくられたことで、誰に向けて、あるいは何についての記念物か明らかではないとはいえ、何らかの記念物であるという期待をかきたてた。記念物に似ていることは同時に、それが立っている東ロンドンの一部で敵意をもって受け止められることにもつながった。そのため作品は言葉の上でも、落書きによって物理的にも攻撃され、仮にそれが何かを記念していたとしても、それは記憶にとどめるに値しないと感じられたようである。すでにコンクリート過剰にある地区で「巨大物」とか「無用の長物」として様々に呼ばれ、明白な指示対象が一切ないコンクリート記念物は、余計なコンクリートのオブジェとしか映らなかった。《ハウス》が当初の予定どおり一九九四年に解体されたとき、そのことは安堵をもたらした――地元にも、きっと芸術家にも、またそれを依頼した団体アートエンジェルにとってもである（20）。

《ハウス》はパブリックアートとして多大な関心を払われてきたが、これをコンクリートという観点から見ることで、少々異なった光を投げかけられる。素材《メディア》としてのコンクリートの選択は注意深く行われたもので、先の作品《ゴースト》で石膏で部屋の内部を型取りしたことに表れたとおり、プロセスとしての型取りに対するホワイトリードの関心から発展したものである。ホワイトリードがこの頃に収集していたイメージ素材から判断すると、彼女はコンクリートに特別な興味を持っていた。資料にはダム、ギリシアの未完の住宅群、英国ドーセット州スワネージにあるコンクリート製地球儀のような種々雑多なコンクリート・オブジェの写真がある。さらにもう一つの彼女の作品である《解体後（*Demolished*）》は、爆薬解体されているコンクリート造の高層ビルの写真一二枚で構成されている。彼女はもっと小さな作品をいくつかコンクリートでつくっているが、《ハウス》はコンクリートであれほかの素材《メディア》であれ、それまでに完成させた作品の中で最大のものであった。

《ハウス》のために、建物の内部空間が鋼鉄の骨組みを取り巻いて打設され、その後建物自体は壊された。したがって残されたものは不在を指し示している。これはコンクリートでつくられたあらゆるものに当てはまるとはいえ、通常我々は、一旦取り外されてしまえば型枠について考えることも、型枠がどのようであったかを想像することもないであろう。コンクリート製の作品群の中でも《ハウス》は、痕跡を刻み込んだ、今となっては不在の対象に注意を喚起することで、またこの印象が作品の第一の特徴であることで、例外的である。暖炉のように凹んでいた住宅の一部は突出部となり、電灯のスイッチやコンセントのように突出部だった要素は孔となったのである。しかしそうすると三階部分のドアの型のように説明しがたい特徴がいくつかあった――これはどこにつながっているのだろうか。ホワイトリードは先行する作品《ゴースト》について、壁の解体に伴って「自分がしたことが突然わかった」と記している。「私は観者が壁になるようにしていた」(21)。

規模と形態において「建築的」ではあるが、ホワイトリードの《ハウス》は建築の伝統というよりは彫刻の伝統の範疇で制作された。二〇世紀彫刻においてコンクリートは通常、いくばくか周縁的な素材であり、石材の代用物として、あるいは彫刻において伝統的な石膏という素材《メディア》のより耐久性のあるかたちとして使われてきた。すでに見てきた記念物群のように、もし彫刻家が石材よりもコンクリートを好んで選択するとしたら、その理由は通常、一塊として継ぎ目なしの建造が可能となるから、あるいはより冒険的な形態が可能であるからという二つの理由のどちらかであった。レイチェル・ホワイトリードの《ハウス》に起こったような、型取り過程そのものを主要な特徴とするこ

レイチェル・ホワイトリード、《ハウス》、ロンドン・ハックニー、1993年（1994年解体）

とは従来誰もしてこなかった。型取りの行為に関心を向けたがらないのは驚くべきことではない。というのも彫刻の中では塑造よりも彫造のほうが特権的であるという長年の伝統があり、この立場から判断すれば、注ぎ込まれるコンクリートは石材に劣るものと常に見なされることになったからである(22)。

彫刻のしきたりの多くは一九六〇年代の欧米における、通常ミニマリズムと呼ばれる運動によって覆った。ロバート・モリス（Robert Morris）、リチャード・セラ（Richard Serra）、ロバート・スミッソン（Robert Smithson）、ドナルド・ジャッド（Donald Judd）のような芸術家たちが、それまでの彫刻とは異なり「対象」化されることを拒む作品群をつくり始めたとき、彼らは多様な戦略を採用した。一つは制作工程を他者に委嘱することで、芸術家の手の跡によるアウラを取り除くことだった。もう一つは彫刻家が伝統的に好んできた石材、木材、ブロンズの代わりに既成の工業材料を採用することだった。第三の戦略は作品を完成された事物としてよりも制作過程の証しとして提示することであった。コンクリートはこれらの特徴すべてによく適合した——工業的であり、内在的な価値を持たず、他者の指示で作業するのに慣れた職人に頼っており、過程はしばしばあまりに明白である——し、ミニマリズムの芸術家に魅力的と考えられたかもしれなかったが、なぜか実際はそうならなかった。いくつかの例外はあるが、ミニマリズムの彫刻家はコンクリートを避けた。その例外も一般には、いくばくかの皮肉が意図されたときか、標準的な指示対象から外れてコンクリートが使われる場合かに生じているようだ。

ブルース・ナウマン（Bruce Nauman）の《私の椅子の下の空間の鋳造（*A Cast of the Space Under My Chair*）》（一九六五－八）はホワイトリードの塑像に先立つもので、ミニマリズム彫刻の作品のように見える。それは生気も特徴もないコンクリートの塊で、タイトルがなければ観者のいかなる没入をも拒むだろうが、そのタイトルによって作品は、馬鹿げたほどこの作家特有のかつ個人的なものに転じる。ナウマンの作品は、明らかに同時代の作家がしていたことに皮肉として着目したものだった。リチャード・セラの初期の作品群は鉛、ラテックスやゴムを用いて過程に着目した実験だったが、一九七〇年代初期に彼は野外でより大きなサイト・スペシフィックな作品群を制作し始めた。最初の作品の一つがトロント郊外のキング・シティの草原にある《シフト》（一九七〇－七二）で、八インチ［〇・二メートル］から五フィート［一・五メートル］の高さで異なる長さの六枚のコンクリート壁が、敷地を歩く人の道筋に沿うような配置で並べられている。しかし《シフト》以後セラは鉄を好み、コンクリートを放棄し（二つの例外はバルセロナの《ヤシ（*La Palmera*）》とオランダ・ゼーヴォルデの《シー・レヴェル》である）、後にコンクリートはあまりに建築的だと思ったと語った。セラの異議とは、コンクリートでつくられた彫刻作品は建築との比較を招くというものだった。「彫刻にとって無意味な問題を呼び寄せたくなかった」。現場打ちコンクリートでつくられるものは規模において限界が見えず、一方鉄であれば制作と運送の過程によって最大の寸法が決まったのである（23）。

三人目のアメリカ人芸術家、ドナルド・ジャッドもまた、一九六〇年代から工業的材料——金属板、パースペックス［アクリル樹脂］、ベニヤ板——を用いて彫刻をつくってきた。一九七八年にジャッドはテキサス州マーファに農場を購入し、自分の作品と数人のほかの芸術家の作品を設置し始めた。一九八〇年にジャッドはそれぞれ同じ寸法で約二・五メートルの高さを持つ六〇の開いた箱一五組を砂漠の風景の中に設置する大きな新作を構想した。当初ジャッドは、日干煉瓦とコンクリートを考えていたとはいえ、材料を特定していなかった。彼の主要な関心はそれらオブジェが砂漠の風景の一部として現れることであり、コンクリートは日干煉瓦の原始的な性質の一部を残しながらも、これより耐久性があるため選ばれたようである。言い換えるとコンクリートの選択は、工業製品を彷彿とさせるためではなく、むしろ逆に土との親和性のためだった——もっとも、ジャッドは皮肉にも、最初の箱のできが悪かったことに落胆し、より「工業的」な基準に適合した出来栄えをもたらすためコンクリートの専門家を呼んだのだが（24）。

こうした作品のすべてにおいて、コンクリートの選択は何にせよミニマリズムにとって周縁的な理由からだった。つまりコ

ンクリートはミニマリズムの芸術家に好まれた材料だったとは言えない。ホワイトリードの《ハウス》はミニマリズムの作品ではないが、それでもミニマリズムの再解釈である。抽象的でも具象的でもなかった《ハウス》は明らかにミニマリズムを十分理解してつくられた。そして一九九〇年代初めの芸術界におけるミニマリズムへの関心の高さを考慮すれば、ミニマリストの問題意識の介入がないとはまず考えられないものだった[25]。しかし記憶を喚起せず、観者と対象の出会いの直接性を決して阻害しないことを旨とするミニマル・アートにとって、記憶に関わるすべては呪詛の対象だった。他方でホワイトリードの塑像はわざわざ先行する対象の痕跡をも記録していた――露出した漆喰の破片、割れたタイル、壁からの染み、これらによって我々は、自分が特定の住宅の不在を見つめており、住宅の何か一般化された抽象を見つめてはいないということを確かに受け止める。こうした痕跡は、ホワイトリード作品に関するほかの事柄と同様に、ミニマル・アートへの多義的な連関を露わにしている。制作過程の証しとして、またその過程から帰結する偶発性として、それら痕跡はミニマリズムと一致するものの、一方でそれらは住宅の以前の有り様について推測を促すため、反ミニマリズム的である。しかし記念物の伝統の中で考察すると、この作品は記念物らしからぬほどに具体的である――記念物の目的が総じて一般的なるもの、高貴なる大義、壊滅的な損失、偉大な犠牲への反省的思考を引き起こすことであり、日常生活の些細なことに対するものではないのだから。《ハウス》がなしたことは、かつて私的だったもの、つまり内表面を、外表面に転じて公的なものにしたことだけである。これはまったく英雄的なものではない。一方、作品の記念碑的規模はコンクリートでつくられたことと併せて、何か大きなことが記念されているだろうという期待を生み出す。しばしば述べられたことだが、ホワイトリードの作品は死に関するもののような感じがある――これは芸術家自身によって否定されも認められもした側面である[26]。モリー・ネズビット（Molly Nesbit）が記しているように「彼女は死に出会って型を取るために、どこか別のところで死に触れた。死の正確な位置と構成は謎のままだ。彼女は

ドナルド・ジャッド、
コンクリート作品No.12、
テキサス州マーファ、
1980－84年

レイチェル・ホワイトリード、
ユーデンプラッツ・
ホロコースト記念碑、ウィーン、
1996－2000年

どうにかしてそれを外に出したのだ」(27)。死のアウラは《ハウス》を取り巻いている——たとえそれが死についてのものではなくとも、死についてであるべきだったのだ。

コンクリートを記念物に好まれる素材《メディア》にしてきた耐久性への期待と矛盾する《ハウス》の解体という出来事から間もなく、オーストリアのナチズムによるユダヤ人犠牲者のためのウィーンの記念碑がホワイトリードに委託されることになった(28)。まさに実際の死者を追悼する記念碑であるこの作品のため、記念碑が建っているユーデンプラッツを取り囲む部屋群と似た大きさと比率の、本が並べられた部屋をコンクリートで型取ることで、ホワイトリードは《ハウス》と同様の構想に従った。ここでコンクリートは死と追憶の双方にはっきりと結びつけられている。しかし《ウォーター・タワー》や《モニュメント》などその後の公共作品では、ホワイトリードはコンクリートの使用をやめ、もっぱら透明な樹脂で型を取った。コンクリートを放棄したことで彼女の作品は記憶と死という先だっての先入観から解放され、樹脂によって、記念碑や記念物と見られがちな傾向が弱まったのである。

　コンクリートという素材《メディア》が、いかに同時に記憶と忘却の材料でありうるかについての理解に、どうにか近づいただろうか。近づかなかったかもしれないが、少なくともコンクリートがある条件において記憶に関わる素材《メディア》に変換されたことを見ることはできた。ここで論じられたケースから明らかなのは、このことはコンクリートに記憶を保持する特性がすでに存在していたから起こったのではなく、純粋に偶発的な理由から起こったことである。例えばつなぎ目のない物体を生み出すためコンクリートが与える可能性、例えば自然を抑制するコンクリートの性質（皮肉にもまさに同じ理由によりコンクリートはあまりにしばしば軽蔑されてきたが）、例えばある状況においてコンクリートが伝える政治的連想のためであった。大多数のコンクリート製記念物は、固体の物体が記憶を残す可能性についての甘い楽観の表れと言わざるを得ない。つまりコンクリートはあまりにしばしば、密実な塊であり不滅であるという外見を呈すること以上の理由もなしに、あたかもこうした特性の過剰によって人間の記憶により長くとどまることが十分保証されるかのように使われている。より最近のホロコースト記念碑のみがさらに周到になり、忘却を誘う特性を活用するようになり、記憶がそこに沈潜し二度と取り戻されないような材料としてコンクリートを使っている。

　最後に、記念物はコンクリートにいくばくかの光を投げかけている。とりわけコンクリートは、普段コンクリートを議論している場で慣習的に認められてこなかった図像的意味をもっている。ほとんどの場合、コンクリートの研究が扱ってきた問題は、コンクリートをより強くし、その欠陥を防ぎ、より滑らかで繊細にすることであった。コンクリートの欠点は技術的なものであるというのがその態度であった。つまりこれらを解決すればその不人気も乗り越えられるだろう、と。意味を指示する材料としてコンクリートは無色のものとして扱われ、近代性ゆえに、他の材料に与えられた意味の体系から除外されている。

　しかしコンクリートを記念物に使用することで、コンクリートは意味に影響されないわけではなく、図像的意味を持つという事実が露わになった。加えて、意味が素材に本質的であり素材に埋め込まれていると考えられてきた、いわゆる「伝統的」材料とは異なり、コンクリートの意味はまったく流動的で気まぐれであり、歴史的状況によってつくられるという事実も露わになった。コンクリートはコンクリート産業が持たせたがるただ一つの単純な意味づけに抵抗し、代わりにその図像的意味が逆説と矛盾を通じて作用する。建築家ルイス・カーンが「もしコンクリートを扱いたければ、自然の秩序を知らねばならない、コンクリートの本質《ネイチャー》、コンクリートが本当にしたがっていることを知らねばならない」と述べたとき、彼が言い忘れたことは、コンクリートが何をしたがっていようと、それはほぼ例外なく同時にその逆の結果ももたらすということだったのである（29）。

1 Gaston Bachelard, *La Terre et les rêveries du repos* (Paris, 1948), p. 96［ガストン・バシュラール『大地と休息の夢想』饗庭孝男訳、思潮社、一九七〇年］.

2 H. Lefebvre, *Introduction to Modernity* [1962], trans. John Moore (London, 1995), p. 119.

3 K. Bonacker, *Beton: ein Baustoff wird Schlagwort* (Marburg, 1996), p. 40 and n. 164.

4 Theodor Adorno, *Minima Moralia: Reflections from Damaged Life* [1951], trans. E.F.N. Jephcott (London, 1974), p. 54［テオドール・アドルノ『ミニマ・モラリア——傷ついた生活裡の省察』三光長治訳、法政大学出版局、一九七九年］.

5 James E. Young, *The Texture of Memory: Holocaust Memorials and Meaning* (New Haven, CT, 1993); James E. Young, *At Memory's Edge: After Images of the Holocaust in Contemporary Art and Literature* (New Haven, CT, 2000); and Mark Godfrey, *Abstraction and the Holocaust* (New Haven, CT, 2007) を参照。

6 M. Joray, *Le Béton dans l'art contemporain* (Neuchâtel, 1977), p. 107.

7 A. Forty, 'Introduction', in A. Forty and S. Kuechler, *The Art of Forgetting* (Oxford, 1999), pp. 1–18 を参照。

8 C. Fuhrmeister, *Beton, Klinker, Granit: Material, Macht, Politik: Eine Materialikonographie* (Berlin, 2001). ヴァイマール期の記念碑に関する以下の

議論は、フュールマイスターの非常に包括的な分析に全面的に依拠している。クリスチャン・フュールマイスターの個人的な助言と示唆に感謝する。

9 W. Nerdinger, *Walter Gropius* (Berlin, 1985), p. 46 に引用。

10 Fuhrmeister, *Beton, Klinker, Granit*, p. 50; also R. Isaacs, *Gropius* (Boston, MA, 1991), p. 74.

11 英語によるアルデアティーネ洞窟について最も完全な議論はA. Aymonino, 'Topography of Memory', *Lotus*, 97 (1998), pp. 6–22 を参照。B. Reichlin, 'Figures of Neo-realism in Italian Architecture (Part 2)', *Grey Room*, 6 (Winter 2002), pp. 110–133 には補足となる情報と有益な批評がある。

12 M. Tafuri, *History of Italian Architecture, 1944-1985* (Cambridge, MA, 1989), p. 4.

13 Aymonino, 'Topography of Memory', p. 11.

14 例えば G. E. Kidder Smith, *Italy Builds* (London, 1955), p. 176 を参照。

15 Kurt W. Forster, 'BAUgedanken und GEDANKENgebäude— Terragnis Casa del Fascio in Como', in *Architektur als Politische Kultur: Philsophia Practica*, ed. H. Hipp and E. Seidl (Berlin, 1996), pp. 253–71 を参照。

16 P. L. Nervi, *Aesthetics and Technology in Building* (Cambridge, MA, 1966), p. 100 and fig. 80 を参照。

17 この記念碑の最も完全な説明は E. Vitou, 'Paris, Mémorial de la Déportation', *Architecture, Mouvement, Continuité*, 19 (February 1988), pp. 68–79 である。B. Marrey and F. Hammoutène, *Le Béton à Paris* (Paris, 1999), p. 140; and S. Texier, 'Georges-Henri Pingusson, 1894–1977', *Architecture, Mouvement, Continuité*, 96 (March 1999), pp. 66–71 も参照。

18 G.-H. Pingusson, 'Monument aux déportés à Paris', *Aujourd'hui Art et Architecture*, 39 (November 1962), pp. 66–9.

19 J. Winter, *Sites of Memory, Sites of Mourning: The Great War in European Cultural History* (Cambridge, 1995), p. 101 に引用。

20 James Lingwood, ed., *Rachel Whiteread: House* (London, 1995) を参照。大ロンドン市議会議員、エリック・フラウンダーズによるこれへの異議は pp. 105, 135 に引用されている。

21 Rachel Whiteread, 'Working Notes', in *Looking Up: Rachel Whiteread's Water Tower*, ed. Louise Neri (New York, n.d. [1998]), p. 139.

22 Adrian Stokes, *The Stones of Rimini* (1934, repr. Ashgate, 2002), pp. 107–9 を特に参照。

23 Lynne Cook and Michael Govan, 'Interview with Richard Serra', in *Richard Serra: Torqued Ellipses*, exh. cat., Dia Center for the Arts, New York (New York, 1997), p. 17.

24 Marianne Stockebrand, 'The Making of Two Works: Donald Judd's Installations at the Chinati Foundation', *Chinati Foundation Newsletter*, 9 (2004), pp. 45–61; available at www.chinati.org, accessed 22 February 2012 を参照。

25 ホワイトリードの作品と先行する彫刻の伝統との関係については Alex Potts, 'Sculpture and the Everyday Life of Things', in *Rachel Whiteread: Sculpture*, exh. cat., Gagosian Gallery, London (London, 2005), n.p. を参照。

26 Doris von Drathen, 'Rachel Whiteread, Found Form – Lost Object', *Parkett*, 38 (1993), pp. 28–31 を参照。

27 Molly Nesbit, 'The Immigrant', in *Looking Up*, ed. Neri, p. 101.

28 *Judenplatz Wien 1996* (Vienna, 1996) を参照。

29 L. Kahn, 'I Love Beginnings' [1972], in *Louis I. Kahn: Writings, Lectures, Interviews*, ed. A. Latour (New York, 1991), p. 288［ルイス・カーン「第二章　私は元初を愛する」『ルイス・カーン建築論集』前田忠直編訳、鹿島出版会、二〇〇八年］.

サルディニア人と思われる
建設労働者、
ユニテ・ダビタシオン建設現場、
マルセイユ、1949年頃

EIGHT
CONCRETE
AND LABOUR

第八章 コンクリートと労働

熟練か未熟練か

一九世紀に始まって以来、コンクリートでものをつくることは、技能をほとんどあるいはまったく必要としないといつも思われてきた。これはコンクリートの長所であり短所でもあった。コンクリートの長所は、建設に関する初歩的な知識だけで、他の手段では手に負えない規模の堅牢で快適な構造物を生産できるようになった点にある。それに対して短所は、つくられたものが「安っぽい」という烙印を押されやすいということである。おそらく誰でも扱えるために、コンクリート生産によって名声を得られることはほとんどない。長い伝統や確立した訓練体系のある職人的技能によって扱われる材料でできあがったものと比べて、コンクリートは過去のほとんどの時期において劣ったものと蔑まれてきた。しばしば低い地位に置かれた移民——米国におけるイタリア人、英国におけるアイルランド人や西インド諸島人、フランスにおけるアルジェリア人やポルトガル人など——の労働分野であったために、コンクリートは建設業の序列で下位に置かれる。しかしコンクリートには技能がまったく不要であるとしてしまうのは、物事を単純化しすぎている。それは、コンクリートが建設労働にもたらした数々の変化に関する以下の説明からわかるだろう。

英国の雑誌『ザ・ビルダー（*The Builder*）』に見られる一九世紀の議論には、コンクリートに必要な技能の量について早い時期から意見の不一致が見られる。未熟練労働力を使って建設をした人の報告書があり、例えばアバディーンシャーの地主、ラムズデン（Lumsden）氏は、当時英国一のコンクリート請負業者であったジョゼフ・トール（Joseph Tall）の会社がどのように建設に取り組んでいるのかを調べるために、自分の土地管財人をロンドンに送りこんだ。

数日滞在した後に彼は戻った。それ以降のラムズデン氏の建設工事すべてがコンクリートで行われた。通常の労働者を週給一七シリング程度で雇い、古い建設方法より三分の一から四分の一の節約を達成した。（1）

しかしこのような手配によって申し分のない建物がつくれるとすることに誰もが納得していたわけではなかった。ある反対者は『ザ・ビルダー（*The Builder*）』に次のように投稿している。「コンクリート建設者に未熟練労働を割り当てることは誤りであるはずだ……たゆみなく適格な管理が必要であり、技能の欠乏こそが満たすべきものなのだ」（2）。現実には――現在でも続いていることだが――コンクリートの仕事には質の高いものと通常のものとではっきりした区別があった。「前者は芸術作品であり、自然の法則に厳格なまでに従い、科学的に制作されたものだが、後者はある程度までは未熟練労働力による産物である」（3）と『ザ・ビルダー』の編集者は見なしていた。コンクリートを扱ううえで、すべてを同じと見なすのは誤りである。他の建設業におけるのと同様に、技能を求める優劣や品質の度合いがある。コンクリートについての疑問とは、この技能がどこからやって来て、誰が保持してどのように伝承されるのか、ということである。

コンクリートが人々の興味を引いた一因は、「単純作業化」に向けて描かれた青写真――すなわち技能をそれほど必要としないため安価になる労働力が、高給の熟練労働力にとって替わることで、工事費が下がるという見通しにあった。賃金の高い先進経済圏でコンクリートが驚異的に成功したのには、建設上の利点もさることながら、この点も大いに関連していると言える根拠が十分ある（労働賃金が低い国――でありながらコンクリートが劣らず成功している国――では、いくぶん異なる議論が当てはまる。このことから、世界の異なる場所でコンクリートの存在条件が様々であることに我々は気づくだろう)。コンクリートはただ建設の経済的側面を変えただけではなく、建設産業全体の構成に影響を与えた。熟練した職人の労働力と未熟練労働力と専門的な職業人との均衡を変動させ、未熟練労働力と専門的な職業人にとっては有利に、熟練した職人の労働力にとっては不利になった。しばしばなされるように、コンクリートが「革命的」な材料であると語られるとき、その革命とは構造と同程度に人間についてのものでもあったのだ。

初期のコンクリート支持者にとって、コンクリートの魅力は当時の建設方法に対する代替案を示したことにあり、一九世紀の英国という文脈において、この「代替案」は単に既存業態の単純作業化にとどまらないもっと根本的なことを意味していた。コンクリートは旧来の建設業者をまったく必要としない建設を可能としたことで、彼らを完全に無視し、その独占を崩す機会をもたらしたのである。チャールズ・ドレイク(Charles Drake)はコンクリート建設業を立ち上げた請負業者であるが、一八七四年の講演で次のように主張している。「建設における作業のほとんどすべてを未熟練労働力によって行うことは可能である。このことと、コンクリートが建設方法の代替案をもたらしてくれることから、ストライキや建設業への規制の企てがある今日、コンクリートは雇用者の気に入るものとなるはずだ」(4)。技能を持った業者が強固に組合化し、数々の深刻なストライキがあった産業の中で、コンクリートは組合化した業者の力を弱める方法を示したように思われた。この点から言えば、コンクリートは未熟練労働力を使ったということよりも、組合化された業界の外から人を雇用できるようにしたことが魅力であった。後に論じるが、コンクリートについての議論はしばしば「技能」という観点から行われるが、実際に頻繁に争点となったのは、伝統的な職人の労働力にとって代わるという雇用者にとってのコンクリートの潜在的な価値である。

一九世紀のコンクリートの先駆者の多くは、その材料《メディア》の構造的潜在力と同程度に、その社会的な可能性に胸を躍らせた。正規の建設方法を特別な技能を持たない人が実行できるという期待感は、雇用者や資本家階級にとっての利点にとどまらず、あらゆる社会階層に対して社会変化の様々な機会を切り開いた。フランソワ・コワニェはフランスの工業化学者で、一八五〇年代にセメント生産からコンクリート工事へと事業展開をしたが、彼はまたサン・シモン主義の社会主義者でもあった。生産手段は中産階級や資本家階級だけに集中支配されるのではなく、社会のいたるところに可能な限り広く分配されるべきだ、と彼は強く考えていた。コンクリートはこれを可能にする手段となる、と彼は予見した。コンクリートを支持したコワニェの主張は、極めて社会救済的であった。彼はコンクリートが、田舎においては安価で乾燥し断熱された住まいをつくり、乾燥して害虫を寄せつけない穀物や他の産物の貯蔵庫をもたらすことで、また街においては健康的な耐火の住まいをもたらし、下水や配水管として使われて衛生状態を改善することで、生活を一変させると確信していた。コワニェは次のように結論づけている。コンクリートは「建築術に最高の奉仕をするだけではなく、住民の安全や福祉、健康や道徳を増大するであろう」(5)。コワニェの将来像において鍵をにぎるのは、コンクリートによってあらゆる労働者が質の高い工事をできるようになる、という点であった。コンクリートと写真撮影術との類似からコワニェは、コンクリート工事という新たな工程が「工事に対して果たしたことは、書くことに対して印刷がしたことであり、エングレービングやリトグラフィーや写真が、芸術をすべての階層に届けるという大衆化に対して果たしたことへと向かっている」と記した(6)。この解放のための技術をより広く普及させるために、彼は「連隊が兵隊に教育し、兵隊は各々の村に戻ってこの方法の伝授者となる。この方法が農業にもたらす恩恵を通して、兵隊は名誉と富を備えた職を果たす方法が得られるだろう」と示唆した(7)。

コワニェと同時代で、労働にもたらすコンクリートの恩恵に注目したもう一人の人物は、英国人のアンドリュー・ピーターソン(Andrew Peterson)であった。ピーターソンはカルカッタで高等法院判事をしていたが、ハンプシャーのスウェイ村に土地を購入し、一八六八年に引退した。英国に戻って間もなく、ピーターソンは心霊主義を知る。それによって彼は、コンクリートに魅了された夢想家や宗教がかった奇人、変人、「アウトサイダー」による長いリスト——ルドルフ・シュタイナー、郵便配達人シュヴァル、ペンシルヴァニア州ドイルズタウンにあるヘンリー・マーサー(Henry Mercer)のモラヴィア陶器による作品、アリゾナ州にあるパオロ・ソレリ(Paolo Soleli)によるアルコサンティ(Arcosanti)などなど——の最初期の人物として位置づけられる(8)。ピーターソンは自分のために四〇室もある広壮な住宅をつくり、ついで他の建物、自分の使用人のための家、馬小屋や豚小屋、そしてしまいには塔を、すべてマスコンクリートでつくった。労働力としては仕事のない地元の農作業労働者を使った。「終始、事業主が自らの建築家であった。すべての作業は彼個人の監督の下、地区で調達された未熟練労働力によって行われた」と、心霊主義者の雑誌『霊媒と夜明け(*Medium and Daybreak*)』は報じた(9)。すべてがコンクリートでつくられて、「石や煉瓦でつくられたものは、どこにもほんの一立方フィートも見つけることができなかった。池、水路、門柱、階段、庭の壁、納屋——庭師が植物を鉢植えにするテーブルさえも——がみなコンクリートである」。ピーターソンは自身の余分な富を裕福でない人々の雇用創出に使い、彼らの生活を改善することが義務であると確信した。そしてコンクリートによる建設はそのための手段と考えた。『霊媒と夜明け』によれば、ピーターソンの信念は「地域の才能ある人を奨励し、専門職を使うことによる莫大な冗費を避けることにあった。彼は遠方から技能なしの労働者を連れてきていたが、地元の人には自分たちを特徴づけて地位を高める機会を与えた」。ピーターソンは労働者には週に一四シリングを支払った。その額は当時の農業の相場を二シリング上回り、周囲の農民をいらだたせつつも失業者に恩恵を与えた。「彼の実験の結果、地区の賃金がかなり上がり貧困の割合は満足がいく程度に減少した」。彼の作品で最も注目すべきものは塔である。一八七九年に工事が始まり、一八八六年に竣工したときには二一八フィートに達し、当時の世界で最も高いコンクリート構造物となった。その塔は——サー・クリストファー・レン（Christopher Wren）〔英国王室の建築家、一六三二－一七二三〕の霊からの手引きに従い――ピーターソン独自の手法とデザインによって建てられた。地元の労働力を用いて、出来高で賃金が支払われた（型枠を一八インチ持ち上げるごとに二人の労働者は合わせて一〇シリングを受け取った。これは二日がかりだったと推定される）。塔の最終的な目的についてははっきりしない――ピーターソンにはこれを心霊主義者の降霊会に使用する考えがあったし、一九〇六年の没後は塔の下に遺灰を埋葬させた――が、その実際の存在理由は仕事を生み出すことであったように思われる（10）。

ピーターソンにとってはコワニェと同様に、コンクリートが過去に工事の経験を持たない人々を建設業者に転身させ、雇用の仕組みを一変させる方法をもたらした。それに続く一世紀半の間、リオデジャネイロの貧民街からカリフォルニア砂漠の世捨て人にいたるまで、世界中の何百万もの人々がコンクリートの力によって自分の家を建てた。結局のところ、効果的な建設手段が世界の大多数の人々の手に届くようになった。そのことがコンクリートの最大の恵みであると言えるだろう。

コンクリートの建設産業に対する影響に戻るが、最初にコンクリートの建物をつくったのは誰だったのか。私たちはどのような人たちが雇われていたのかについて、もどかしいほど無知であるし、この無知はコンクリート建設者に関わる歴史ほぼ全体に及んでいる。そこで生じる大雑把な説明は建設の全貌にまつわる知識の乏しさを反映している。鉄筋コンクリート工事が一八九〇年代に始まったとき、労働者は一般的に既存の建設業――石積み、左官、煉瓦積み――のどれをも出身とせず、確立された技術のどれについてもほぼ何の訓練も受けていない職人によるまったく新しい職業のようであった。また鋳鉄や鋼鉄の工事のような、材料の一次生産者とのつながりもない。鋳鉄や鋼鉄について言えば、現場で部材を組み立て立ち上げたのは、一般的には材料を用意する鋳造所や製鋼所の被雇用者か関係者であった。コンクリート工事の場合、セメントや鉄筋といった原料を生産した工場は通常、建設労働者を調達していなかったようである。現存する根拠が示しているのは、鉄筋の組み立てや

ピーターソンの塔、
ハンプシャー州スウェイ、
1879－86年。
（サー・クリストファー・レンの
「手助け」のもと）アンドリュー・
ピーターソン設計、
地域の農作業労働者により
建設

コンクリートの打設に雇われた労働者を送りこんだのは、既存の確立した建設業でも、鋳鉄や鋼鉄の原材料製造者でもないということである。しかし彼らがどこからきたのかはよくわかっておらず、シモネは「彼らの過去は様々な職種の寄せ集めである」と言っている。一九〇〇年前後に行われたコンクリート工事について書かれたほとんどすべての記事が労働の要素を無視している。最初のコンクリートの入門書は、工事に含まれる様々な工程に基づいて作業をしばしばとても詳細に記しているが、実際の現場作業の組織や管理についての言葉は曖昧である。労働者は単に抽象概念として存在するだけで、分割された職務の名を通してのみ認知された。エンネビックの工事現場の写真に撮られた人々の背景や経験について、私たちは何もわからないのだ(11)。

エンネビックの英国の代理人であるL・G・ムーシェル (L. G. Mouchel) によると、コンクリートの労働者になるための要件は厳しくなかった。彼はエンネビック・システムを次のように説明した。

それは通常の知性を備えたあらゆる労働者を使用できて、彼らを数日内に適切な働き手に変えてしまう——数時間内と言ってもよい。だから鉄筋コンクリートの欠点の一つが熟練労働者の必要性だと書かれているのを目にしても、それを信用しないでいただきたい。エンネビック・システムに関する限り、そのようなことはない。もちろんこの主題について私は根拠をもって話すことができる。というのは、この国に鉄筋コンクリートを紹介したとき、私自身が、自らの従業員を一通り組織しなくてはならなかったのだから。作品の様々な部分を組み立てる実践の中で、彼らを訓練するのにほとんど時間はかからなかった……。(12)

しかしムーシェルの説明にはやや不誠実なところがある。エンネビックの建物を建てた請負業者は、確かに地元で採用された未熟練労働力を利用したのだが、エンネビックの組織は非常に経験豊富な巡回作業長も抱えており、彼らに支えられた仕事はコンクリートによる建設の実用性を請負業者に教育することであった。この知識がなければエンネビック・システムは単に無意味な指示書となってしまうからであった。エンネビックの初期の事業にナントでの建設があった。エンネビックは地元の代理人に「私はちょうど彼ら［請負業者］のために現場監理者を数人用意した。彼らは最高の仕事をやってくれるだろう」と書き送った(13)。ムーシェルが建設した英国でのエンネビックの建物のために、フランスの本社は、作業を監督し、適切に進めたことを保証するために、フランス人の現場監理者や作業長を用意した。エンネビックの英国での最初の仕事は、［ウェールズの］スウォンジーに一八九七年にできたウィーヴァー製粉所（Weaver's Mill）であるが、これはフランスの請負業者とフランス人監督によって建設された。マンチェスター船舶運河（Manchester Ship Canal）に沿った五棟からなる倉庫群は一九〇四–五年に建設された。現場には四〇〇名の現地採用の労働者がいたものの、現場監理者、木工とコンクリート打設の作業長はやはりエンネビックが用意したフランス人であった(14)。それにしても、この方法にもかかわらず工事の質はとりわけ高いわけではなかったようである。

ウィーヴァー製粉所が一九八四年に解体されたときに、コンクリートはかなり空洞だらけで、締固めも不十分で骨材も不揃いであることがわかった。強度は異常なほど多いセメントの含有量によってもたらされているだけで、おそらくエンネビックが質の低い職人技術に対する予防策として講じたことだと思われる(15)。主に非熟練労働力を用いて建設できる、というエンネビックとムーシェルの主張は、半面の真理でしかなかった。アメリカの建築家であるアルバート・カーン（Albert Kahn）は、ライバル社のトラスド・コンクリート・スチール（Trussed Concrete Steel Company）のシステムと家族が関係があったことから見て、実のところ公平無私な証人とは言えないが、後にエンネビック・システムは「複雑で……我が国の高額な人件費から考えると、ここでは非実用的だと考えられる」と述べた(16)。少なくともアメリカのコンクリート工事の方法と比べると、エンネビックの工程は熟練した労働力に比較的依存していたようである。

しかしエンネビックの施工手順が明らかにしたのは、コンクリート工事によって、建設に関して熟練した知的労働を純粋な肉体労働から切り離すことが可能であるということであった。そのような労働の分離をもたらす契機となったことこそ、コンクリートを本当に際立たせ、労働という観点においてその他の建設方法から異なった独特のものとするのである。他の建設方法では、知的労働と肉体労働を申し分のない程度まで分割することはできなかった。コンクリートの歴史の中で恥ずべき一章である強制労働とのつながりは、こうしたコンクリートの側面によって可能となった。コンクリートは強制労働の特徴に非常にうまく当てはまったのである。最初期のコンクリートによる土木工学の成果は、一八三三年から一八四〇年にかけて行われたアルジェ港の拡張であったが、一〇立方メートルのコンクリートブロックが使用され、軍事犯罪者によって施工された。ドイツの西部戦線に一九一六－一七年につくられたコンクリートによる防衛線工事はロシア人の戦争捕虜によって行われた。ソヴィエト連邦では一九三〇年代から五〇年代初期まで、犯罪者の労働力は広範囲に工事で使用され（一九三五年の建設工事

Uボート掩蔽壕
「ヴァレンティン」をブレーメン
＝ファルゲ港で建設中の
強制労働者。
ドイツ、1944年

労働者の三〇パーセントは犯罪者であった)、スターリンによってつくられた運河や高速道路といったインフラストラクチャーの多くが強制収容所《グラーク》からの労働力によって建てられた。ドイツが第二次世界大戦中にヨーロッパ中で行ったコンクリートによる防衛線工事は強制労働力にかなり依存していた。戦争が終結すると、ロシア人は捕虜としたドイツ人将校を徴用し、エストニアのタリンとレニングラードの間の新しいコンクリート舗装道路の建設を行った(17)。

強制労働者を働かせることで、コンクリート工事の純然たる肉体労働が容易に仕事の知的な側面から切り離せることが実証されたとすれば、賃金労働の条件下についても同じことが当てはまる。コンクリート以外の建設方法では、昔ながらの職人たちが組織や仕事の質のほとんどを管理し続けていたのだが、コンクリートについて言えばそのような管理は現場作業者からほとんどすべて現場監督や技術者の手に移り、その分離は今日まで続いている。少なくとも二〇世紀初めの一時期において他の建設方法よりもコンクリート工事が安価であったのは、鉄筋コンクリートが使用された現場における未熟練の労働力の割合の大きさが要因であることに、ほとんど疑う余地はない。モーリッツ・カーンは一九一七年に、鉄筋コンクリート構造による工場建設では、耐火性鉄鋼で建設する場合の八七パーセントの費用で済む、と試算を行っている。この節約の大部分は、労働力の熟練と未熟練との割合の違いに由来するものであったに違いない(18)。

しかし全体を考えると、コンクリートの建物をつくるのに関連する仕事は、他の建設方法と同じくらい多大の技能を伴っており、その点について熟練か未熟練かは無関係である。その違いは、工事で雇われた様々な人々の間でその技術がどのように割り当てられているか、という点にある。他の建設プロセスよりも高い割合で、コンクリート工事の技術要素は小集団の専門家や有識者に集中しており、大半の肉体労働者からは切り離されている。コンクリートがこのような労働の分離をもたらし、それによって建設材料の中で独特のものとして際立ったことは、コンクリートにとっての好機であり、またこれから見ていくことであるが、一九〇〇年代初期にコンクリートの科学的管理法を行う新たな専門分野が人の心を捉えたことの原因であった。

それにもかかわらず、大した技術を必要としないというコンクリートの評判は行き詰まった。戦後の英国では質の悪いコンクリートに対する苦情が多く聞かれ、いつもコンクリート作業員の技術の低水準が非難された。ロンドン州議会建築家部会(London County Council Architects Department)が一九六二年につくったパンフレットでは「現場打ちの打ち放しコンクリートの仕上がりの質は大きく変わることがあり、しばしば望ましいものとはほど遠い結果となる」と記している。その原因は「部分的には、おそらく比較的最近始められた職種で、大工や煉瓦積み職人や左官職人のような手工業の長い伝統が欠落しているため、建設業界内の上下関係でコンクリート作業員の地位が低い」ことに帰された。しかしこれまで見てきたように、手工業の業態とのこの断絶こそが、コンクリートの先駆者たちが最初に利用してきたものであった(19)。コンクリート作業と他の業態との分離は一九六六年の調査で確認されている。そこには、コンクリート作業員と鉄筋工は正規の訓練をほとんど受けておらず、コンクリート「業」(と呼んでいいものなら)に入る前は大抵雑役夫であったと伝えられている(20)。多くの国ではコンクリート作業員が建設業界の最下層を占めている。一つの理由はそれが汚れる仕事であるからで、建設産業では清潔さが一般に地位の高さを表す(21)。セメントやコンクリートの業界がコンクリート職人に、汚れていないオーバーオールや輝く安全帽を身に着けさせ、「専門技術者」のようにふるまわせることを好む一方で、実際には、特に建設業界の組合の結束が強い国において、コンクリート作業を未熟練の地位のままにしておくほうが好都合であった。

一九五〇年代と六〇年代に熟練・未熟練についての議論は、粗いコンクリート仕上げという「ブルータリズム」流の特殊な建築仕上げへと向けられた。仕上げのない表面には「ありのまま」の状態の直視――当時の建設現場の技術不足への申し立て――を示す意図があったが、ブルータリストの建築の粗さには、一般にかなり高い水準の技術力が必要で、建築家たちはそれを十分承知していた。一九六一年に英国で作成された、粗い型枠板によるコンクリートの仕上げに関する設計の覚書はこう記している。「〝粗い〟という言葉を仕様書に用いることは、おそらく何が必要であるのかについて誤解を生む。風合いは粗くなければならないが、型枠やコンクリート自体の基準は最高のものでなくてはならない――〝粗い〟仕事とは大違いだ」[22]。一九五一年から一九五五年の間に行われた、パリ郊外ヌイイ＝シュル＝セーヌにあるル・コルビュジエのジャウル邸（Maisons Jaoul）の工事は、この建築的な奇想による矛盾の好例となっている。意図的に乱雑にした煉瓦積みを経験豊富な業者であるサルディニア人のサルヴァトーレ・ベルトッキ（Salvatore Bertocchi）が請け負った。彼は以前にル・コルビュジエと一緒に仕事をしたことがあり、ル・コルビュジエが「粗い仕上げ」を望むことを十分に理解していた。しかしコンクリート作業は請負業者の責任で行われ、建築家が作業者を直接指揮することはできなかった。第一層のコンクリートは受け入れがたいほど質が低く、埋め合わせのために請負業者が次の層で改善の努力をしたものの、監理技師の叱責を受けただけとなった。「あなた方は他よりも美しい型枠をつくることで、伝統にとらわれた主張をしているのだ……覚えておいてほしいのは、この建築はまったくもって単純だということだ――粗いコンクリート、むき出しの煉瓦の大きな裸の壁などだ」。若きジェームズ・スターリングが一九五三年に訪れたとき、この建物はアルジェリア人労働者が「梯子と金槌と釘だけ」を使った「未熟練労働力による手作業」とすっかり鵜呑みにして誤解してしまった[23]。もしもブルータリズムが未熟練労働力の神話を維持することを意図していたとしても、それは非常に高度な手作業の技術に依存したものであった。

　コンクリートの特徴でとりわけ技術を疑われたことがないのは、型枠製作である。コンクリートが一九世紀に誕生してから、型枠はコンクリート製造の中で熟練工なしには成り立たない一つの工程であった。このことによってコンクリートが「従来の方法とは異なる」建設方法である、という主張が危うくなったため、コンクリートの支持者は一般に工事の中の型枠の要素には言及しなかった。コンクリート工事の費用の中でも型枠大工は、形の複雑さや要求された仕上げの基準によって変わりやすいところであった。一九〇〇年代初頭のアメリカでは、手の込んだ工事ではどこでも型枠の費用がコンクリートを上回ると計算され、コンクリートの費用の項目としてはいつも最大のものであった(24)。必然的にこのことは、型枠の製作を合理化、単純化できるシステムの発展を導いたが、どのような質の仕事であっても著しく高額であり続けた。建設業の観点から言うと、型枠大工工事は一般的に、大工の専門分野のひとつであり、大工業の大きな割合を占めるようになった。一九六〇年代半ばの英国では、すべての大工と建具工の二〇パーセントが、長期にわたり型枠製作業者であったと推測されている(25)。型枠大工工事はコンクリートが技術を必要としないと主張する際のアキレス腱であったのだ。

コンクリートと科学的管理法

コンクリートという応用分野を見つけるや、科学的管理法はコンクリートのとりこになった。科学的管理法は、一八八〇年代のアメリカで、フレデリック・テイラー(Frederick Taylor)による工場作業に関する研究に始まる。そこではあらゆる仕事を行ううえでの「一つの最善の方法」を見つけて、それを労働者に教えることで、個々人の生産力と会社の利益を向上させることに狙いがあった。科学的管理法の展開の牽引役には、コンクリートに関係した経歴の持ち主がいた。動作研究の先駆者であるフランク・ギルブレス(Frank Gilbreth)は当初、東海岸の成功した請負業者で、一時期は英国まで仕事を拡大していた(26)。ギルブレスの契約した仕事には、オフィスや発電所など大規模な建物が多く含まれ、コンクリートによって建設された。組織化に執着するギルブレスは、社員向けの標準作業指示書を一式準備しており、一九〇七年に『実地システム(*Field System*)』として出版された。続けて一九〇八年には『コンクリート・システム(*Concrete System*)』が出版され、コンクリートで建物をつくる彼の手順が示された。同じ時期にテイラーはコンクリートに興味を持ち、(すでに工場労働に関する論文を発表していたが)

コンクリート構造の
オフィスビルの建設現場。
木製の型枠が運ばれている。
フランク・ギルブレス請負の
工事、ニューヨーク、1907年

彼の初めての著書『コンクリート論（*Treatise on Concrete*）』は、コンクリート技術者、サンフォード・トンプソン（Sanford Thompson）との共著で、最も知られた著作『科学的管理法の諸原理（*Principles of Scientific Management*）』（一九一一）が登場する六年前、一九〇五年に出版された。科学的管理法がヨーロッパにやってきたとき、テイラー主義をフランスに紹介したのはまたもコンクリート専門の技術者、ピエール・クトゥロー（Pierre Couturaud）であった(27)。ギルブレスによる『コンクリート・システム』、テイラーとトンプソンによる『コンクリート論』に続く『コンクリートのコスト（*Concrete Costs*）』（一九一二）はともに、コンクリートからものを製作するあらゆる作業の全段階について驚くほど細かく書き示した空前絶後の著作であった。コンクリート生産に関する個々の作業をそれほど細かく分析した者も、実行するために必要な時間を計測した者もほかにいなかった。テイラーとトンプソンの目的はコンクリート工事のコストを算出する信頼できる方法を生み出すことであり、彼らの最初の本の中では、労働者ひとりに期待される一日あたりの仕事量と、コンクリート一立方ヤードあたりの費用という形で表現された。この概算の仕方に満足せず、第二の著作『コンクリートのコスト』で分析はさらに徹底され、現場の全工程のあらゆる動作の時間が計測された。添付されたセメント作業に関する表は、テイラーとトンプソンの手法が非常に緻密であることをよく示している。左表はもっと大きな表の一部で、彼らはコンクリートの混合と輸送のすべての段階を一四四の異なる操作に分解し、それぞれの時間を計測している。

表中で「正味時間とは、休憩や他の中断を入れない、連続した仕事を指す。遅れの割合には平均的な一日の仕事を通して発生する休憩、中断や遅れが含まれる。実際の時間には休憩や遅れによる時間が含まれる」。「〈平均的な労働者〉」と「〈手早い労働者〉」の違いについては、次のように説明されている。「〈平均的な労働者〉は通常の請負仕事に該当し、〈手早い労働者〉は例外的に好条件の契約の請負仕事に該当するが、出来高払いは含まない」(28)。

このような表のほか、中間値を計算するためのグラフも非常にたくさんあり、コンクリートの仕事の中で想像しうるすべての作業を網羅している。この本を通じて「平均的な労働者」と「手早い労働者」とを区別した他にも、水を含んだコンクリートに関係するすべての仕事に対して、二種類の異なる混合比における作業時間を示している。テイラーとトンプソンはコンクリート作業に限定することなく、鉄筋の固定作業や、さらに難しい型枠の設置にかかる時間も提示している。ギルブレスは型枠工事の問題を概ね避け、単にコストの中で最大要素を占めると認めただけであった。一つ一つが異なる形をした型枠によって、当て推量と経験の組み合わせに頼ることなしには、見積りは困難なものとなった。しかしテイラーにとってこれでは不十分であり、彼とトンプソンは考えられるあらゆる規模や寸法の柱、梁、壁、スラブについて、型枠の組み立てに必要な時間を提示した。さらには異なる大きさの材木を現場で任意の距離移動させるというような、単純な動作についても表を作成した。

テイラーとトンプソンの表から理論上は労働時間を計算し、その結果あらゆる種類のコンクリート工事のコストを算出する

No.	項目	平均的な労働者			手早い労働者
		正味時間（分）	遅れの割合（%）	実際の時間（分）	正味時間（分）
56	†セメント袋の糸を切断	0.11			
57	†袋を約2フィート移動	0.08			
58	セメント袋をホッパーに積む	0.12	50	0.20	0.09
59	セメント袋を肩に背負う	0.30	50	0.45	0.21
60	セメント袋を100フィート運んで戻る	1.18	30	1.53	0.83
61	セメント袋を積み重ねる	0.05	50	0.08	0.03

†混合時に行われるためにそれほど使用されなかった項目
（テイラーとトンプソン「単位操作にかかる時間」『コンクリートのコスト』1912年、421頁、表62）

ことが可能であった。彼らはまた、さまざまな規模の現場に設置するプラントや設備の建設費や、管理費用の数値も提示した。それ以前には、建設産業の見積もりは過去の経験に基づいて作成されていたが、工事において決して二つとして同じ仕事はないので、常にある程度の当て推量が含まれることとなった。テイラーは次のように説明する。

コスト見積もりのためのよりいっそう厳密な計画とは、本書で導入された、各種の仕事を一連の小さな作業要素にまで分割して、それぞれの「単位時間」を計測、記録し、最終的には適切な組み合わせの単位時間を足し合わせて、新たな仕事のコストを数値化するものである。この手法は建設業界では新しいが、この国の技術系、製造系事業者の大規模機械工場の多くですでに成功を収めている。(29)

テイラーが明らかにしているように、彼の目的は建設業を製造業のようにすることにあった。製造業ではすべての労働業務が管理する側から見えるようにされていた。職人的技術に基づいた業態では、どのように仕事が行われその時間がどのように費やされるかは、個人の手作業によって決定された。テイラーとギルブレスはその代わりに、製造業が進んだのと同じ方向に建設業を向かわせることを望んだ。建設プロジェクトそれぞれに固有の事情があるので、管理する側が業者の仕事から自己決定や組織化の要素を取り除くことは困難であった。そしてこれが製造業において確立された基準に建設業が順応しなかった理由である。テイラーとギルブレスはこの点を改め、それによって製造業が実現したのと同じように建設が効率的になることを望んだ。

彼らが興味を持ったのはコンクリートだけではない――煉瓦積みについても彼らは研究を行った――が、コンクリートほど科学的管理法から徹底して注目を受けた建設方法は、他にはない。なぜならばコンクリートは新しく、やっと一〇年ちょっとの経験が積まれたに過ぎず、まだ進化の途中にあり、彼らの分析方法に立ちはだかるような積み重ねられた伝統や作業慣習がなかったからである。さらに、型枠をつくる大工を除いてほとんどの現場労働は未熟練労働力――アメリカ東部では主にイタリア人移民――であったゆえにより柔軟で、仕事の習慣に干渉しても抵抗されにくかった。よってコンクリートは科学的管理法の観点から、建設業に科学的原理を応用し、これを真に「近代的な」産業へと導くのに最も有望な材料《メディア》となったのである。

あるフランス人技術者は一九一八年に、科学的管理法によって「現場の労働力があらゆる面で工場のような様相を呈する」と主張している(30)。それは幻想であったが、多くの建築家がその幻想に浸った。ル・コルビュジエが一九二四年、彼が最も熱狂的に技術志向だった時期に、次のように書いている。「鉄筋コンクリート以前、家を建てるためにあらゆる職種の職人たちが現場にいた。鉄筋コンクリート出現から二〇年が経ち、私たちは現場にただ一職種、石工《マソン》のみがいると夢見ることが可能となった」(フランス語でマソンは「コンクリート業者」の意味も持つ)(31)。科学的管理法は戦間期に、アメリカと同じくらいにヨーロッパでかなり興味を持たれた――テイラーとトンプソンの最初の著作は一九一〇年に、『コンクリートのコスト』は一九二二年にフランス語訳された――ものの、彼らの手法が建設工事にとって大きな効果を持ったのかどうか、証拠はほとんどない。一九五〇年代に建設のシステム化が起こり、建設作業が工場内へ移動し始めたときまで、科学的管理法は多くの人から不信を抱かれ、いわゆる「人間関係」管理派に取って代わられた。意義深いことに、一九五〇年代に強調された、コンクリートの工場事前生産への移行の利点は、テイラー化の普及とは関係がなく、むしろ単純作業化とそのことに甘んじた労働者の管理に都合がよかった(32)。

テイラーとトンプソンによるコンクリート建設における労働分析は人間性との関係はない。「コンクリートを混ぜ合わせる労働者の監督に優れた知性は必要ない」とか、「イタリア人はコンクリートを混ぜ合わせたり運んだりするのにすぐれている」といった観察は別として、彼らは過去の経験や所属や仕事を行える人間の期待などにまったく関心を持たなかった(33)。テイラーとトンプソンにとって労働とは抽象概念であり、完成品にわずかに取り込まれるコストの単位であった(34)。コンクリートはこのような分析にはうってつけであった。コンクリートにおいては一人ひとりの労働者の仕事が連続した全体の中に溶けてなくなり、痕跡を残さないからである。従来の建設では職人の作業が痕跡として残るのだが、コンクリートではそれが目に見えなくなる。この点でコンクリートは製造業とよりいっそう類似し、それが科学的管理法に訴えかける一因ともなったのである。

専門家

コンクリートは他の建設方法と比べて労働者に技能をあまり要求しなかったが、その結果建設の専門技術が別の人々の手に渡ることになった。コンクリートによって発生した仕事の再配分において、様々な新しい専門家の一団が出現した。最も重要であったのは技術者《エンジニア》である。他のどの職業よりも技術者《エンジニア》が、コンクリートによって恩恵を受けた。

技術者《エンジニア》は二つの特定の角度からコンクリートを管理した。一つは構造体がつくられる前に起こること、すなわち設計に関わり、もう一つは工事中の品質管理に関係した。まず工事の準備段階を考えてみると、鉄筋コンクリートは二重の存在を持つことで建設材料の中で独特なものとなっている。一つは物理的な実体としてであり、もう一つは計算式や化学式による完全に抽象的な存在としてである。他のどの材料よりも、コンクリートの複雑な作業を行うことは、この分離した二つの領域をうまく結合することにかかっている。コンクリートで建てられるそれなりの大きさの建物は何でも、最初にコンクリートの言語に「翻訳」されなければならない。翻訳作業は技術者《エンジニア》によって行われた。彼らの能力は、鉄筋コンクリートの公式・調合法に関する知識と、何であれ与えられた構造体の性能を予め計算する能力にあった。この特殊な専門技術は一八九〇年代から一九〇〇年代初頭にかけて、特にフランスとドイツで急速に発展した。技術者《エンジニア》は鉄筋コンクリートの挙動を研究し、使用にあたっての原則を確立し、学生にこうした知識の応用法を指導した。技術者《エンジニア》が労働市場にどのように組み込まれていったかについては、国と時期によって異なる。最初期には技術者《エンジニア》のほとんどが請負業者や特許済みシステムの所有者に雇われていた。フランスで技術者《エンジニア》は「研究部門（*bureaux d'études*）」に雇われ、そこで雇用主が請け負った工事の図面や仕様書を作成した。当初、研究部門は鉄骨工事によって発展した――エッフェルは研究部門を持ち、自身の会社が供給した鋼材のための計算がそこで行われた。しかし研究部門は、鉄筋コンクリートによってさらに広範囲に行き渡った。そこで独特であったのは、知的労働の多くが実際の工事の前段階に集中していたということであった(35)。コンクリート工事の組織化に関する多くのことと同様に、研究部門の業務においてもエンネビックが革新者であった。彼自身は請負業者ではなく、自らのシステムを他社が使用して建設することを認可して利益を得ていたので、ビジネスの核は研究部門であった。そこは認可を与えた他社のために、デザインと仕様書を作成した。エンネビックの研究部門は急速に成長した。一八九六年の七人のスタッフから、一九〇五年には研究部門に雇われた技術者《エンジニア》とドラフトマンとタイピストらは六三人になり、パリの本社の二つのフロアを占めた。一九一二年に部員は一〇〇名を超え、一九一三年には一一五名となった。その頃部員はパリの外や他国にある同社の代理店の事務所へと広がり、組織に雇われていた技術者《エンジニア》は合わせて五三〇人であった(36)。エンネビックは非常に用心深く、雇用した技術者《エンジニア》の専門知識を保護するため、社員が会社を辞めて五年以内に他のコンクリート専門家のもとで仕事をすることを雇用契約で禁じたらしい(37)。フランスと似たような人員配置は他の国でも行われた。アメリカの技術者《エンジニア》は、コンクリート請負業者によって社内の製図事務所に雇われた。英国で二〇世紀で最も名の知られた二人の構造設計家、オーウェン・ウイリアムズ(Owen Williams)とオヴ・アラップ(Ove Arup)は、それぞれトラスコン(Truscon)事務所と、デンマークの土木請負業者、クリスティアニ・アンド・ニールセン(Christiani and Nielsen)に雇われてそのキャリアを開始した。技術者《エンジニア》と雇用者は「材料だけではシステムが構成されない」と好んで口にした。コンクリートの製作に技術者《エンジニア》の存在は不可欠なものとなったため、あるアメリカ人技術者《エンジニア》はこういう意見に行き着いた。「経験ある技術者《エンジニア》が一人いることが真のシステムに最も必要な点である。もろもろの詳細な適用事例を経験した技術者《エンジニア》によって構造設計が成し遂げられなければ、正しい鉄筋設置によってシステムを構成することができない」(38)。このような考え方に従えば、鉄筋コンクリートを特徴づけるのは材料ではなく、技術者《エンジニア》の存在なのであった。

コンクリートについての規約の導入や特許権の期間満了を受けて一九二〇年代に特許済みシステムが衰退すると、コンクリート技術者の雇われ先は研究部門や製図事務所だけにとどまらなくなり、別の展開が始まった。オーギュスト・ペレがルイ・ジェリュソ(Louis Gellusseau)を雇ったように、建築家が技術者《エンジニア》を雇うこともあった。この傾向は後にアメリカでは一般的になり、建築家の事務所が技術者《エンジニア》を雇用したり技術者《エンジニア》と提携したりした。英国で生じた別の人員配置では、技術者《エンジニア》が独立したコンサルタントとなった――オーウェン・ウイリアムズ、フェリックス・サミュエリー(Felix Samuely)、オスカー・フェイバー(Oscar Faber)、オヴ・アラップがこの道を進んだ(39)。独立コンサルタントとしての技術者《エンジニア》の存在は、建築の美しさに重要な影響を及ぼしたと一般的に考えられているが、鉄筋コンクリートがもたらしたような根本的な労働の再編成に関しては一切変化を与えなかった。新たな専門家の一群にとっては、建設現場にとどまることなく、そこから切り離されて、未だ始まっていない工事に先行して見通しを立てることが能力であり技術であった。

技術者《エンジニア》に割り当てられたコンクリート建設工事に関するもう一つの仕事は、現場の質の管理であった。請負業者に雇われた監理技師の登場は、建設工程に別の種類の専門家が加わったことを示し、古い建設方法ならば一部を現場職人、一部を建築家あるいは建物所有者の代理人が負っただろう責任を彼らが引き受けるようになった。コンクリート作業には一連の決められた試験が伴う。例えばスランプ試験では固まる前のコンクリートの含水量や混合比を示し、強度試験ではコンクリートの試験体を養生し、決められた時間の後に引張や圧縮の試験にかけている。アメリカでは不良コンクリートを検出するこのような手段が一九〇〇年代初頭に発展した。これを実施したのは初めから、建設業界の人間ではなく請負業者に雇われた大学出身の技術者《エンジニア》であった。この新しい人員配置によって、現場労働者は材料の質を判断する機会を失い、本当の意味での単純作業に移行せざるを得なかった。同時に品質管理の機能を実行する新たな職業が生まれた。エイミー・スレイトン（Amy Slaton）はこの発展について詳細な記述をしており、コンクリート労働者は主に移民だったが技術者《エンジニア》はアメリカ生まれの白人だったため、民族的偏見の側面もあっただろうと示唆している。アメリカの煉瓦積み職人の組合がコンクリートを扱える地位を確立しようとしたが失敗に終わり、その地位を未熟練の非組合労働者に完全に譲り渡してしまった。そのうえ品質管理は新しい専門家のグループの手に移っていった(40)。

フレデリック・テイラーとサンフォード・トンプソンが規定したように現場労働が一連の繰り返し作業に単純化されたことで、工事費用は安価になったと思われる。しかし新たな専門家の一群が請負業者の給与支払リストに入ったことで、新たな出費が生じた。少なくとも当初、請負業者にこの出費を受け入れる覚悟ができたのは、コンクリートになじみがなかったことに関係していた。しかし長期的に見ると、何か問題が起こったとき評判に傷がつくことを意識した請負業者が、コンクリートの調合や打設の失敗を避けようと気をつけるようになったことが大きかったのであろう。一方は高度な訓練を受け、もう一方はまったく未熟練であるという二つの労働階級は、コンクリートの物質と概念という二重の性質に合致し、この二重性は訓練を受けた専門家たちのたゆまぬ奉仕に支えられていた。

建築家

コンクリートは技術者《エンジニア》の地位を高め、職人の地位を低下させたが、建築家はどうなったのであろうか。コンクリートによってその地位が向上したのか、低下したのかについて、建物に関わる全職業で最もおぼつかないグループが建築家である。鉄筋コンクリートが建築家の消滅をもたらすという初期の懸念には、根拠がないとわかった。鉄筋コンクリートにもかかわらずなのか、そのおかげなのかは定かではないが、いずれにせよ建築家は生き残った。

最初は一九世紀の後半にフランスではなく英国で、建築家がコンクリートを熱心に受け入れた。英国でコンクリート建設業は繁栄し、数名の有名建築家がコンクリートで実験した。しかし同時に彼らは、主にその美的な制約が原因でコンクリートに慎重であった。建築家のジョージ・エドムンド・ストリート（George Edmund Street）は、王立英国建築家協会で一八七八年に行われた建設業の仕事と賃金に関する討論会で司会をしたが、次のように意見を表明した。「もしも石積みや煉瓦に代わってコンクリートやモルタルだけに限定されたら、建築家はほとんどお手上げとなるだろう」（41）。ストリートはコンクリートが建築表現の可能性を制限してしまうことを懸念したが、彼であれ他の誰であれ、当時コンクリートによって自分の仕事の一部が他の職業によって失われたり、技能が脅かされたりするという心配を誰も抱いていなかったようである。

鉄筋コンクリートの出現と特許で保護されたコンクリート・システムの到来によって、一八九〇年代に状況が突然変わった。マスコンクリートの構造的、静的な特性はわかりやすく、建築家が設計するのに困難は見られなかったが、鉄筋コンクリートになると話は別で、これを使うための専門知識は技術を開発した事業主によって厳しく保護されていた。建築家も技術者《エンジニア》も鉄筋コンクリートの開発には貢献していなかったので、いずれも自らの職業が事業主に従属していると感じていた。これまで見てきたとおり、コンクリート・システムの権利者が技術者《エンジニア》を雇用していたが、独立した技術者《エンジニア》や建築家がコンクリートで建物を建てるには、特許済みシステムのどれかに頼るほかに手段はなかった——自分たち自身のシステムを考案する手段もあるが、特許済みシステムの所有者は非常に訴訟好きで、特許侵害の可能性があるたびにいつも告訴していたため危険が大きかった。建築家と技術者《エンジニア》の置き去りは、ますます重要となっていた工場や産業建築の領域で特に明らかであった。いくつかの特許済みシステム、とりわけエンネビックとトラスコンは設計施工のサービスを提供して、独立した建築家や技術者《エンジニア》の必要性を失わせていった。

特許済みシステムの所有者が行使した鉄筋コンクリートの独占に対する解決策の一つは、コンクリート工事に関する国家基準の制定であった。これは万人が使用できる標準を設定するとともに、システムの権利者だけが真っ当なコンクリート建設を請け負える状態を終わりにしたが、それは責任の所在を国家やその代行機関へと移すことにもなった。最初のコンクリートの国家基準はドイツで一九〇四年に登場し、フランスが一九〇六年と続いた。フランスでは国家中央の様々な教育・行政機関に属する技術者《エンジニア》が発案した。彼らの動機は、科学的な側面に限られてはいたがシステムの所有者に対して優位に立つことにあった。エンネビックのような会社が採用した経験や試行錯誤による多様な研究方法に対抗して、彼らは一般的な理論を求めた。国立土木学校（École Nationale des Ponts et Chaussées）教授で基準を制定した委員会の一員でもあったシャルル・ラビュ（Charles Rabut）は、この争点を知性の問題として述べた。「私はこの無数のシステムすべてを、一つの基本論理から推論される一般原則に結びつけるつもりである」(42)。一九〇六年に公告されたときの基準は、応力は前もって計算されなければならず、経験に基づく方法によってはならないと強調した——これは多くの特許済みシステム、ことにエンネビックを告発するものであった。「抵抗力は実験データに由来する科学的手法に従って計算するものとし、経験的な手順は認めない」(43)。これは技術者《エンジニア》の勝利であった。

英国では基準制定を主導したのは建築家で、明らかに経済的、営利的な理由によっていた。ムーシェルは一八九七年に英国でエンネビックの代理人となってから、一九〇五年にアメリカからトラスコンがやってくるまで、英国で唯一の鉄筋コンクリート建設の供給者であった。鉄筋コンクリートで建設したいと思う者には、ムーシェルのところに行くか——あるいは彼の特許を侵害したとする訴訟の危険を冒すほかに選択肢がなかった。そのうえ建築家は、構造の安定性を確認する手段がないにもかかわらず、自身で設計してムーシェルのシステムを使った鉄筋コンクリート建物の法的責任を負うという、厄介な立場にあった。ムーシェルの独占状態と鉄筋コンクリートを使う建築家の不十分な法的地位がきっかけとなり、一九〇六年に建築家の一団が王立英国建築家協会に委員会を結成し、独立した公平な鉄筋コンクリートの作業手引き書を作成した。この建築家たちは、鉄筋コンクリートにより自分たちが不利益を被ったとはっきり自覚していた。王立英国建築家協会の委員会の座長はサー・ヘンリー・タナー（Henry Tanner）で、彼は英国工務局（Office of Works）主任建築家として政府の最重要の建築家であった。一九〇九年の講演でタナーは、建築家が鉄筋コンクリートに取り組まなければ、コンクリート専門の会社が建物の全構造や外装の要素を支配し、建築家は内装デザイナーに成り下がってしまうだろうと警告した。タナーほどの権威ある建築家によるものだったため、この警告は重大なものと受け取られた。一九〇七年に公開された王立英国建築家協会の委員会報告書は、法的な力はなかったとはいえ、当時「この報告書を手にした者は誰でも、いずれの特許システムにも頼らず自信をもって鉄筋コンクリートの設計に取りかかれる」と言われた。別の主導力となった一九〇八年のコンクリート協会（Concrete Institute）の設立は、王立英国建築家協会の委員会と同様に、特許権組織に対する防衛的な動きであったが、王立英国建築家協会の委員会とは異なり、この組織には建築家、技術者《エンジニア》のほかコンクリート専門会社の代表者も含まれた(44)。

鉄筋コンクリートで最初に名声を得た建築家はオーギュス

ト・ペレであった。ペレの話は頻繁に詳しく語られてきたので繰り返す必要はないが、彼の経歴には注目に値する特徴がある(45)。ペレは建築家として教育を受けてきたが、兄弟とともに請負業の経営者でもあった。オーギュストは自らを「建築施工家(architecte-constructeur)」と名乗り、自分の都合に合わせて二つの役割の間を行き来した。しかし請負業への関与によって彼は公式には建築家と見なされず、同時代の若い建築家から敬意を集めていたにもかかわらず、建築界からは常に敵視されていた。ペレのパリでの最初のコンクリートの作品、フランクリン街二五番地のアパルトマンは、一九〇三－四年に同族企業ペレ兄弟社(Perret et Fils)が総合請負業者として建て、コンクリート構造は小さなコンクリート専門会社で自社開発のシステムを用いていたラトロン・エ・ヴァンサンに下請けに出された。ラトロンはエコール・サントラルで教育を受けた技術者《エンジニア》で、彼のパートナーは以前、エンネビックの主な競争相手であった特許済みシステムであるエドモンド・コワニェ(Edmond Coignet)について仕事をしていた。ペレとラトロン・エ・ヴァンサンの親密さ(これがおそらくペレが大きく定評のある組織ではなく小さな請負業者を選んだ理由だろう)によってペレは、構造を好きなように変更し設計を修正する自由を得た。その結果、特許済みシステムを用いて建てられた建物で一般的であった、建築がコンクリートに奉仕するというよりは、コンクリートが建築に奉仕することとなった(46)。

ペレのパリでの次の建物であるポンテュ街の車庫(一九〇六－七)は、コンクリートの構造体が外に向けて打ち放しとされた最初の建物であった。ペレ兄弟社が自ら設計とコンクリート施工を請け負った初めての建物でもあったが、一九〇六年に鉄筋コンクリート基準の公布が決まったことが彼らに引き受ける自信を与えたと考えられる。その後一九三〇年にオーギュストが競争入札にかけなくてはならない公共事業を請け負うまで、ペレのすべての建物は一つの組織により設計され施工された。この点でペレ兄弟社はトラスコンやエンネビックのような設計施工会社と異なっていた。ペレ兄弟社が提供したのは何よりも建築の業務であり、工学はそれに従属していたのに対して、他の会社の評価は、十分試験が行われ保証されており、どんな特殊な要望にも応じられるシステムを供給する能力にあったということに違いがあった。

コンクリートの専門会社が職能にもたらす影響について建築家が抱いた懸念は、当時は十分な現実味を持っていたが、長い目で見れば現実にはならなかった。コンクリート・システムの特許が切れ、国家基準が導入されたことにより、鉄筋コンクリートは公の領域に移り、適切な能力があれば誰でもその使用を認められた。この解放は建築家にも技術者《エンジニア》にも疑いなく恩恵をもたらした――ペレ兄弟の成功に示されるとおりである。しかし建築家が持つ信念体系に関わりあうことなしに、コンクリートが建築家と他の職種との関係に与えた影響を語ることはできない。鉄筋コンクリートが建築を変えるという期待は、一九二八年にスイス人批評家・歴史家のジークフリート・ギーディオン（Sigfried Giedion）によってこう集約された。コンクリートによって「夢想的なお絵かきをする英雄としての建築家は困り者になった」と（47）。ギーディオンは近代建築の伝道者として、建築が客観的なものとなり、もはや感情の具体化などではないとする「新建築」の支持者に共通した見方を表明していた（48）。しかし彼は、コンクリートによって建築家が、建設に関する他の職業から見て［それまでとは］異なる立場に立つことになろう、とも提言している。コンクリートによる建設は建築家を、他の人々――技術者《エンジニア》やコンクリートの専門家――に依存させ、新しく、おそらくはもっと厳格な「工業的」規律のもとに置くことになった。しかしこうした他の職種との協働が必要になったことで建築家が従属関係に置かれたとしても、同時にコンクリートの建物は建築の不変の真理に集中させることで、建築家に自由をもたらした。その真理とはル・コルビュジエにとってのマス、表面、平面であり、ペレにとってのスケール、プロポーション、ハーモニーである。「まとも」な建築家になるべく、建築生産の新たな条件に全面的に取り組んでいるとすれば、コンクリートで建てることになる。戦間期のモダニズム界隈での一般的見解では、コンクリートは建築家を他の建設関連の職業と生産的に協働させることから、建築家にとって良いものだと見なしていた。

建築家がコンクリートにとりつかれるようになった理由を誰もが容易く理解したわけではないし、コンクリートを他の材料すべてに卓越する、非の打ちどころのない材料と見なしたわけでもない。構造設計家のオヴ・アラップは、いつも建築家の熱意に対して寛大だが、建築家が「他の材料でもっと適切かつ安価にできる場合であっても、鉄筋コンクリート――彼らがほぼ何も知らない材料――を使って建物の設計を作成し、それを本当に決定してしまう」やり方に驚いてみせた(49)。アラップは知っていたはずだが、その理由は建築家に「近代的な」職能という自己イメージを維持する必要があったことにある。コンクリートはこのことを達成する唯一の建設材料《メディア》というわけではないが、説明してきたあらゆる理由から、この要求に極めて好都合だったのだ。

一九五〇年代後半までに、一部の建築家たちは自分の設計が特定の材料と結びつけられたくなくなったようである。一九六〇年頃のあるとき、ミース・ファン・デル・ローエは日本の建築家、丹下健三に、鉄鋼とコンクリートの違いについての考えを問われ、「どちらも実質的には同じだ」と答えた(50)。自分の建物に使う材料に、形而上学的とは言わないまでも周到な注意を払ったことで名を成し、また以前「新しい鉄筋コンクリート構造による颯爽とした無重力感」を称賛したこともある建築家から発せられたこの言葉は非常に意外で、丹下にも当時の大半の建築家にも共有できない視点であった(51)。一九五〇年代と六〇年代のほとんどの建築は鉄鋼とコンクリートの違いの主張に関係しており、両者の類似性ではなかった。材料にあまりに多くの注意が向けられることは、建築にとって本当に重要なもの――空間と明快さ――の妨げとなり、また過度に材料を重視した建築へのアプローチは、本来これら高次の真実を見渡すべき建築家の評判を下げるだけである。ミース・ファン・デル・ローエが鉄鋼とコンクリートの区別を拒んだのは、このような考えに基づいていたと思われる。

しかし戦後にコンクリートが建築家という職業に与えた本当の脅威は、ミース・ファン・デル・ローエが恐れた方向からで

ストリビック(Stribyck)・システムのプレキャストパネル。組立に先立って束ねられている。ヴォー=アン=ヴラン、フランス、1968年

はなく、建設方式の発展からもたらされた。プレキャストコンクリートの構成材に頼るのが大多数であるプレファブ方式は、ヨーロッパ諸国で一九五〇年代に初めて普及した。そのときは、いずれ産業の規模で生産されるであろう構成材のプロトタイプの設計を展開する機会が建築家に与えられるというので、彼らは当初その発展を歓迎した。個別の状況に応じた詳細設計への関与から解放され、建築家はより戦略的な事柄に集中する時間がでかるはずだった。王立英国建築家協会は、一九六五年に発行した『建物の工業化』という報告書でこう説明している。「数々の工業化の形態によって建築家は［施主に］より良い奉仕を……できるようになる」(52)。このプレファブ化に対する総じて熱心な姿勢が見逃していたことがある。いったんそのシステムが生産を始めると、建築家の役割は専門技術者の役割に限定され、構成材を最適配置するために敷地内で建物の並べ方を計画することと大差ないものになるということである。

プレファブ方式が使われるようになると、建築家が経験した不満や失意の経験の話がヨーロッパ中で聞かれるようになった

レ・ブルーエ、クレテイユ、パリ、1959年。
ポール・ボサール設計。
建設の工業化に対する
抵抗の身振りとして、
プレキャストの部分に
無頓着に配置された石材

(53)。ときどき、密かな抵抗の動きがあり、その一つはパリ郊外のクレテイユで発生した。若くてまだ限定資格のポール・ボサール（Paul Bossard）という建築家が、一九五九年にレ・ブルーエ（Les Bleuets）と呼ばれた住宅団地の設計の責任を負う立場となった。風変わりなことに、ボサールはすでに開発済みの方式を選ばずに、独自の方式を考案した。さらに変わっていることに、彼は技術仕様書、またその建設方式と計画案に関するすべての詳細図面を自ら描いた。フランスでは当時から今日にいたるまで、そのような仕事を請負業者の「研究部門」に任せてしまうのが通常である。さらにボサールは現場の工事や監督を自ら引き受けたが、これもこのような計画案においてとても変わったことであった。プレキャストコンクリートの部材は現場で製作されたが、部材間の隙間は異様に大きく設計された——それ自体、許容差の小ささが完全性の印であったシステム建設への批判であった。コンクリートの中に入れる大つぶの頁《けつ》岩の配合は現場の労働者に任された。上部の部材はプレキャストで、コンクリートは石のまわりに流し込まれた。建物の基礎の部材では、頁岩の一片一片がまだ固化していないコンクリートに押し込まれ、コンクリートはその端から外にあふれ出した。ボサールは、ある日労働者がある部材をつくってみてよいか尋ねた際の話をしている。ボザールは「よし、続けろ。でも素早くやれ。三分以内にやらなくてはならない。ピカソのようにやるんだ。デューラーのようにではない」と言った。労働者は石を成形型枠に詰め込み、コンクリートを打った。型から出されたとき、結果をどう思うかとボサールは尋ねた。労働者は「ひどい状態だ」と言った。ボザールは「そうか、構わない。我々は何も捨てないのだ」と述べた。したがってその部材は固定された。ボサールは再び労働者にどう思うか尋ねると、他と違っていると答えた。どの部材も同じものはなく、美しいものもあれば醜いものもあり、それは人類のようなのだとボサールは応じた。レ・ブルーエ——西ヨーロッパで比類なく破壊的なプロジェクト——はボサールにとって、プレファブのコンクリート建設方式が建築家に課した制約から逃れるための試みで、同時にコンクリートのプレファブ化がもたらした疎外に関する労働者への償いでもあった(54)。

しかしどこよりも建築家にとってシステム建設の帰趨が重大であったのは、プレキャストコンクリートのパネルによる建設が行き渡ったソヴィエト連邦とその従属国であった。一九五三年のスターリンの死まで建築家は保護された職業であり、他のほとんどの職業が影響を受けていた粛清を免れた。しかしソヴィエトの建設産業がフルシチョフ（Khrushchev）のもとで大きく工業化すると、建築家は苦しみ始め、その役割は専門技術者のものにまで切り詰められた。「個人で」事業計画を請け負うことが禁じられ、どこであろうと認可済みの基準方式を使うよう義務づけられたため、建築家の職務は単にその方式を敷地の特徴に当てはめるだけに縮小した。「建築家」という肩書さえもが使われなくなりはじめ、「プロジェクト・マネージャー」にとって代わられた。建築アカデミーは建設アカデミーと合併し、後者が主導権を握った。そしてついに建設建築アカデミーは一九六三年の八月に解散し、教育と法規制に関する機能は建設省「ゴストロイ（Gosstroi）」の手に渡った。同じことはワルシャワ条約機構諸国でも起きた。例えばポーランドでは、プレファブ化の結果、多くの建築家が自分たちの仕事はもはやないものと悟ったが、彼らは職を求めて国外に出られたのでいくぶん幸運であった。一九六〇年代半ば、二〇〇〇人のポーランド人建築家が自国での仕事不足を理由としてパリで仕事をしていたと言われている(55)。

コンクリートのパネル方式が終焉を迎えて以降、他のどんな有為転変が建築家の運命に影響を与えたとしても、コンクリートに責任を負わせることはできない。今日のほとんどの建築家に限って言えば、コンクリートが建築家の職業の地位にとって良いか悪いかという疑問は見当違いである――建築家の間に、コンクリートが「非の打ちどころのない」素材で、他のどの材料《メディア》よりもコンクリートに熟達することが自らの技能をより完全に証明してくれるという考えが依然一般的だとしてもである。全般的に長い目で観察するならば、二〇世紀初頭の特許権組織と一九五〇、六〇年代のプレファブ化という幕間劇を別として、コンクリートは建築家にとって良いものである。

1 *The Builder*, XXXIV (3 June 1876), p. 530. トールとその手法については Peter Collins, *Concrete: The Vision of a New Architecture* (London, 1959), pp. 40-46 を参照。

2 投稿「コンクリート建設」、署名「現実主義の熟練工 (A Practical Operative)」, *The Builder*, XXXIV (10 June 1876), p. 573.

3 'Concrete as a Building Material', Editorial, *The Builder*, XXXIV (27 May 1876), p. 501.

4 'Concrete Building', *The Builder*, XXXII (28 March 1874), p. 270. 類似の議論は王立英国建築家協会における建設業の労働と賃金に関する議論にも見られる。*The Builder*, XXXVI (23 February 1878), pp. 186–7.

5 F. Coignet, *Bétons agglomérés appliqués à l'art de construire* (Paris, 1861), p. 68.

6 同書、p. 78.

7 同書、p. 90.

8 ヘンリー・マーサーはモラヴィア陶器の製作者のため、一九〇八年から一九一六年に住宅と博物館を建てた。すべてマスコンクリートで、ペンシルヴァニア州ドイルズタウンの地元労働力を使用した。H. M. Gemmill, *The Mercer Mile: The Story of Henry Chapman Mercer and his Three Concrete Buildings* (Doylestown, PA, n.d.) を参照。

9 [John Burns], 'A Visit to A.T.P.'s Country Seat: The Great Spiritual Tower', *Medium and Daybreak* (15 June 1883), pp. 369–72.

10 ‘Peterson’s Tower, Sway’, *Concrete Quarterly*, 32 (January–March 1957), pp. 6–7; and Philip Hoare, ‘Mr. Peterson’s Tower’, in *England’s Lost Eden: Adventures in a Victorian Utopia* (London, 2005), pp. 346–71.

11 Cyrille Simonnet, *Le Béton, histoire d’un matériau* (Marseilles, 2005), pp. 59–60.

12 L. G. Mouchel, ‘Monolithic Constructions in Hennebique’s Ferro-concrete’, *Journal of the Royal Institute of British Architects*, XII (1905), p. 50.

13 Letter from Hennebique to E. Lebrun at Nantes, 5 September 1894, quoted in Gwenaël Delhumeau, *L’Invention du béton armé: Hennebique, 1890–1914* (Paris, 1999), p. 120.

14 Patricia Cusack, ‘Agents of Change: Hennebique, Mouchel and Ferro-concrete in Britain, 1897–1908’, *Construction History*, III (1987), p. 63; Delhumeau, *L’Invention du béton armé*, pp. 121–2.

15 L. G. Mallinson and I. Ll. Davies, *A Historical Examination of Concrete* (Luxembourg, 1987), pp. 6–8, 87–91, 130.

16 *Architectural Forum* (February 1939), p. 132, cited in Andrew Saint, *Architect and Engineer: A Study in Sibling Rivalry* (New Haven, CT, 2007), p. 245.

17 A. Picon, *L’Invention de l’ingénieur moderne: l’École des Ponts et Chaussées, 1747–1851* (Paris, 1992), p. 368; Natalya Solopova, ‘La Préfabrication en URSS: concept techniques et dispositifs architecturaux’, PhD thesis, University of Paris 8 (January 2001), p. 243; Peter Oldham, *Pill Boxes on the Western Front* (London, 1995). 私はマート・カルム (Mart Kalm) よりタリン－レニングラード間の道路に関する話を聞いた。

18 Moritz Kahn, *The Design and Construction of Industrial Buildings* (London, 1917), p. 17.

19 London County Council Architects Department, *Practice Notes on the Architectural Use of Concrete* (London, 1962), Introduction and p. 19.

20 R. E. Jeanes, *Building Operatives’ Work*, vol. II: *Appendices*, Ministry of Technology, Building Research Station (1966), pp. A158–A165.

21 例として Herbert A. Applebaum, *Royal Blue: The Culture of Construction Workers* (New York, 1981), p. 41 を参照。

22 ‘Design Notes and Specifications for Concrete from Rough Board Formwork’, prepared by a sub-committee of the Wales Committee of the Prestressed Concrete Development Group, Chairman Alex Gordon, p. 5, para. 1.4. Unpublished typescript, 1961, Dennis Crompton archive.

23 Caroline Maniaque-Benton, ‘The Art of the “Mal Foutu”: The Construction’, *Le Corbusier and the Maisons Jaoul* (New York, 2009), ch. 2; この引用は p. 98 を参照。ジェームズ・スターリングのコメントは M. Crinson, ed., *James Stirling: Early Unpublished Writings on Architecture* (Abingdon, 2010), p. 53; and J. Stirling, ‘Garches to Jaoul: Le Corbusier as Domestic Architect in 1927 and 1953’, *Architectural Review* (September 1956), repr.

in *James Stirling: Writings on Architecture*, ed. R. Maxwell (Milan, 1998), pp. 29–39 に掲載。

24 Frank B. Gilbreth, *Concrete System* (New York, 1908), p. 65; and F. W. Taylor and Sanford E. Thompson, *A Treatise on Concrete Plain and Reinforced*, 2nd edn (New York and London, 1909), pp. 25–6 を参照。

25 Jeanes, *Building Operatives' Work*, vol. I, p. 45.

26 Lilian Gilbreth, *The Quest of the One Best Way* (Chicago, il, 1924), pp. 20–23.

27 Olivier Cinqualbre, 'Taylor dans le bâtiment: une idée qui fait son chemin', in *Architecture et industrie, passé et avenir d'un 315 marriage de raison* (Paris, 1983), pp. 198–206 を参照。

28 F. W. Taylor and Sanford E. Thompson, *Concrete Costs: Tables and Recommendations for Estimating the Time and Cost of Labor Operations in Concrete Construction* (New York, 1912), p. 419.

29 F. W. Taylor, 'Introduction', 同書, p. iii.

30 André Granet. Cinqualbre, 'Taylor dans le bâtiment' に引用。

31 Le Corbusier, *Almanach d'architecture modern* (Paris, 1926), p. 109. Réjean Legault, '*L'Appareil de l'architecture modern* に引用。 New Materials and Architectural Modernity in France, 1889–1934', PhD thesis, MIT (1997), p. 379［ル・コルビュジェ『エスプリ・ヌーヴォー——近代建築名鑑』山口知之訳、鹿島出版会、一九八〇年］.

32 Marion Bowley, *The British Building Industry: Four Studies in Response and Resistance to Change* (Cambridge, 1966), p. 120.

33 Taylor and Thompson, *Treatise on Concrete*, pp. 20–21.

34 Simonnet, *Le Béton*, p. 49 がこの点を説明している。

35 研究部門（bureaux d'études）についてはとりわけ Saint, *Architect and Engineer*, pp. 163, 221, 380–81 を参照。

36 Delhumeau, *L'Invention du béton armé*, pp. 158–60, 320.

37 Patricia Cusack, 'Architects and the Reinforced Concrete Specialist in Britain, 1905–1908', *Architectural History*, 29 (1986), p. 184, repr. in *Early Reinforced Concrete*, ed. F. Newby (Basingstoke, 2001), pp. 217–30; Delhumeau, *L'Invention du béton armé*, p. 162.

38 A. J. Widmer, 'Reinforced Concrete Construction', *Illinois Society of Engineers and Surveyors* (1915), p. 148 は Amy Slaton, 'Style/Type/Standard: The Production of Technological Resemblance', in *Picturing Science, Producing Art*, ed. Caroline A. Jones and Peter Galison (New York and London, 1998), p. 90 に引用されている。

39 Saint, *Architect and Engineer*, p. 394.

40 Amy E. Slaton, *Reinforced Concrete and the Modernization of American Building, 1900–1930* (Baltimore, md, 2001), pp. 50–53, 156–7.

41 *The Builder*, XXXVI (23 February 1878), pp. 186–7.

42 C. Rabut, *Cours de construction en béton armé, notes prises par les élèves*,

2nd edn (Paris, 1911), quoted in Simonnet, *Le Béton*, p. 84, n. 15.

43 *Instructions ministérielles relatives à l'emploi du béton armé* (Paris, 20 October 1906), article 10. Simonnet, *Le Béton*, p. 94, n. 36 に引用。

44 この段落の情報は Patricia Cusack, 'Architects and the Reinforced Concrete Specialist' による。

45 ペレに関する最も簡潔でわかりやすい英語による説明は Andrew Saint, *Architect and Engineer*, pp. 231–42 にある。

46 フランクリン街のアパートに関する追加情報は Legault, '*L'appareil de l'architecture moderne*: New Materials and Architectural Modernity in France, 1889–1934', pp. 87–96 による。

47 S. Giedion, *Building in France, Building in Iron, Building in Ferro-Concrete* [1928], trans. J. Duncan Berry (Santa Monica, ca, 1995), p. 151.

48 例としてスイス人建築家、ハンネス・マイヤーのエッセイ 'The New World' [1926], repr. in C. Schnaidt, *Hannes Meyer* (Teufen, 1966), p. 93 を参照。

49 Ove Arup, 'The World of the Structural Engineer', *Structural Engineer* (January 1969), repr. in *Arup Journal*, XX/1 (Spring 1985), quoted in Peter Jones, *Ove Arup* (New Haven, CT, 2006), p. 55.

50 丹下健三との対話は *Architectural Design*, XXXI (February 1961), pp. 56–7 による。

51 ミース・ファン・デル・ローエのコンクリートの重要性に関する初期の考えは 'Baukunst und Zeitwille' [1924], trans. in Fritz Neumeyer, *The Artless Word: Mies van der Rohe on the Building Art* (Cambridge, MA, 1991), p. 246 による。

52 Royal Institute of British Architects, *The Industrialisation of Building* [1965], p. 9, quoted in B. Finnimore, *Houses from the Factory: System Building and the Welfare State* (London, 1989), p. 125.

53 英国での事件はプレファブ方式の学校建築のシステムに関する職権に対して、一九七〇年代前半に大ロンドン議会の建築家部門が起こした異議申し立てである。Louis Hellman, 'Democracy for Architects', *Journal of the Royal Institute of British Architects*, LXXX (August 1973), pp. 395–9 に記されている。

54 ボサールとレ・ブルーエについては *Techniques et Architecture*, xxii (February 1962), pp. 110–13; *Architecture d'Aujourd'hui*, 159 (December 1971–January 1972), p. 39; Laurent Israël, 'La Cité des Bleuets à Créteil', *Architecture, Mouvement, Continuité*, 42 (1977), pp. 29–36 を参照。

55 ソヴィエト連邦のプレファブ化と建築家は Solopova, 'Préfabrication en URSS', pp. 272–3, 311 を参照。ポーランド人建築家のパリへの集団移住については *Progressive Architecture*, XLVII (October 1966), p. 171 に報告がある。

ユニテ・ダビタシオン、
マルセイユ、1948年。
ル・コルビュジエ設計。
設置済みの2階の型枠

NINE
CONCRETE
AND
PHOTOGRAPHY

第九章 コンクリートと写真

コンクリートは写真写りが良いので、本書の図版のいくつかからもわかるように芸術家や写真家にとって魅力的なものとなる。写真はコンクリートに多大な貢献をしてきた。しかしその関係は決して一方向のものであったわけではなく、コンクリートが写真に役立ったこともあった。近代に生まれたこの二つの製法《プロセス》は、いずれも一八三〇年代に発明され一八八〇年代に完成し、たいへん似た軌跡を辿るなかで、互いに大いに支えあってきた。その物語には、理論と歴史の二つの局面がある。

指標記号《インデックス》

コンクリート構造物は写真と非常に似ている。この近しさはこの二つの材料《メディア》が互いに役に立ってきた理由を説明することにはならないが、両者の類似は無視できないほどで、コンクリートに関する特定のことを——写真についてはそうはいかないとしても——よりはっきりと理解させてくれる。まずはどちらとも——あるいは写真にとってもはや過去のことかもしれないが——ネガとポジの工程の産物であるということがある。写真は前もって露光させたネガから焼きつけられたポジであるのと同様、コンクリートでつくられたものは前もって組み立てられたネガとしての鋳型から成型されたポジとしての形状である。この二重の工程はコンクリートにとっては必須である。しばしば言われることだが、コンクリート造では二度建てなくてはならない。最初は型枠の立て込みであり、それからコンクリートの打設である。型枠の出来は仕上がりの具合を決定する。もしもコンクリートが打ち放しとされるならば、コンクリートが注ぎ込まれる瞬間の型枠の模様や仕上げは永遠にコンクリートの表面に「固定」される。写真の明暗の反転は二つの像のどちらがネガであるかをはっきりさせるが、コンクリートの場合には曖昧なものとなる。型をネガとして鋳られてできた物体がポジであるのか、あるいはその逆なのか。どちらと考えることも可能である。型枠が取り外されてなくなってしまった後も残っている完成品のほうをポジと考えることがより一般的であるが、その工程を逆に考えることもできる。アメリカ人建築家のラルフ・エヴェレット・ハリス（Ralph Everett Harris）は一九六六年のインタビューにおいて、型枠をポジの要素、そして「完成品を結果的にできたネガなもの」と見なすことを勧めている（1）。この反転によって、私たちはコンクリート構造体を今では失われた物体の痕跡として見るように仕向けられる。こうした意味合いは、建築よりも彫刻の世界において作品の中に織り込まれることが多い。ブルース・ナウマンの《私の椅子の下の空間の鋳造》（一九六五－八）やレイチェル・ホワイトリードの《ハウス》（一九九三）はともに、そこにはもはや存在しないものへの関心を引き起こす。これらの作品は不在をポジとしているが、その反転はあらゆるコンクリート製品にいつでも見られるものであり、私たちは通常そこにないものに対してほとんど関心を抱かない。

　写真のように、コンクリート構造物は指標的である。それ自体の中に製造される瞬間の形跡がある。写真のネガは露光される際に人や物体や風景から光を受け、ネガと元の対象物に直接的で分解不能なつながりを生じさせる。これは写真が真実性を主張する根拠である。同様にコンクリート製品には鋳型となる材料の痕跡が直接に刻まれる。ルドルフ・シンドラー（Rudolph Shindler）のロサンゼルスにあるキングスロード・ハウスの壁は地面の上で平らに成型されてから、所定の場所に立ち上げられた。内部側の壁面にはコンクリートを打設する際の床として使用されたルーフィング用フェルトの肌合いや折り目の痕跡が残された。しばしば建設者は、鋳型と鋳造物との関係を隠そうと

ロンシャンのノートル＝ダム＝デュ＝オー礼拝堂の東の扉につけられたホタテガイの貝殻の刻印。1950－55年。ル・コルビュジエ設計

することに労を厭わない。それは、型枠を可能な限り特徴のない曖昧な表面としたり、打設後のコンクリートの表面から仕上げ面を取り除くことによって型枠の痕跡をすべて消し去る方法によって行われた。しかしその一方でコンクリートの指標的な特性が活用されることもよくあるのである。ロンシャンの扉にある巡礼者の象徴であるホタテガイの殻の刻印は本物の貝殻から〔直接〕鋳造されているので、それは貝殻の〔痕跡であり〕表象ではない。ウォルソールの新美術館（第一〇章を参照）では、最上階の部屋の壁は鉛直方向に並べられたベイマツ板製の型枠で打たれたコンクリートで、壁の下部二メートルは同じ幅のベイマツ板で覆われており、指標と指標的な痕跡とが並べて置かれている。コンクリートの指標的な側面とは、コンクリートが後から手を加えられない限りその製造記録を持ち続けるということを意味している。他の工程、特に石彫についてもある程度当てはまることだが、コンクリートに見られる関連性においては特に直接的であり、かつ忠実である。

時間

写真の指標的な性質はしばしば言われるような「時間を凍結させる」効果を生み出す。時間の固定化、時間の静止、写真がいつでもかつて存在したが決して繰り返すことのないある瞬間のなかにある事実——ロラン・バルトはこれらを写真の本質、ノエマ〔意識における対象〕と見なし、「それは‐かつて‐あった」と呼んだ(2)。写真にとってこれは、通常利点と見なされ、それが写真に信憑性を与えることから尊重されてきた。誰かがその場にいてその瞬間の写真を撮り記録したということは、その瞬間が実際に起こった裏づけになる。コンクリートにとってこの多大な真実性は、建設におけるあらゆる欠点や不完全な点が後世にわたり記録されてしまうことから利点ではなくて重荷となりがちである。写真もコンクリート製品も時間の凍結がもたらす真実性を修繕する手段を見出した。写真の場合、レタッチが、フィルムが感光した瞬間にカメラが捉えたものを改善、あるいは変化させる。コンクリートの場合は、例えば「バギング

（bagging）」という技法があり、目の細かいセメント膜で表面を覆い、汚斑や変色を隠すことができる（3）。デジタル以前の写真とコンクリート作業のいずれの場合においても、純粋主義者たちはこのようなうわべだけの仕上げ技法を非難した。よく知られていることだがル・コルビュジエはマルセイユのユニテ・ダビタシオンのコンクリートの不具合を触れずに放っておくことに固執した。

> 瑕疵は構造物のいたるところから我々に向かって叫び声をあげる……。
>
> 打ち放しコンクリートは型枠やその継ぎ目、木の繊維や節などにおける微細な出来事までを表現する。しかしこれらの型枠についた継ぎ目などは見てみれば見事なもので、観察してみると興味深いものである。少しでも想像力がある人に対しては、それらはある種の豊かさを付加することになる。（4）

硬化するコンクリートと露光された写真用フィルムとの類似は、コンクリートを他の建築材料とは異なったものとし、時間の表象といった観点からすると他の材料に比べ劣勢に追いやる。ここで先に述べたコンクリートの非歴史的な性質や、他の材料と同様に徐々に一定速度で古びていくことができないことに立ち戻ることができる。すでに見てきたように、コンクリートは永遠の新しさか瞬時の老朽化のいずれかの運命しかない、時間の経過を表現することに無力な存在なのである。

コンクリートはいわば間の悪い代物である。複数の時制で語ることは決してない。通常は現在形であり、時に未来形のこともあるが、ほとんど過去形にはならない。しかしいかなる芸術作品であっても時間が表現されるとなると、複数の異なる時制に対する意識が必ず存在しなくてはならない。小説においては話が語られる現在と話がつくられた過去によってそれが成立しているのが特徴的である。一枚の写真では画像の中で予期される未来と、その予期されたものが今では過去だとわかっていることの間に常に緊張がある（この点においてコンクリートは写真と似ていない）。このことについてバルトは「写真のうちには、私の未来の死を告げる厳然たる記号が必ずある」と言及している（5）。そして建築では、他の伝統的な材料を用いることでこういった時制の分離のいくらかを生み出すことができるのだが、コンクリートではそれは困難である。コンクリートを通して私たちが時間を認識することは容易ではない。というのはコンクリートが複数の時制に応じることがほとんどないからである。

この障害を乗り越えるようにコンクリートをつくることはできるだろうか。ここ半世紀にわたりコンクリートの間の悪さを改善する試みが時折行われてきたが、常に受け入れられたわけではない。例えばミラノにあるBBPRのトーレ・ヴェラスカは中世ロンバルディア風の要塞が突き出た頂部のある高層ビルであるが、過去と現在を混ぜ合わせるやり方（pp. 142, 144）が理由で、歴史家のマンフレッド・タフーリ（Manfred Tafuri）から「不純な」「汚れた」「下品な」ものとして非難された（6）。またこの建物を形成するコンクリートの様々な仕上げにおいても同様の過去と現在との混合が行われた。建物を構成する壁の充塡パネルは特殊なセラミック化合物を加えたプレストレストパネルで今日でも平滑で汚れのない仕上がりとなっているのに対して、打ち放しコンクリートの構造体は金ごて仕上げで、仕上げられた瞬間を今でも見ることができる。ここには永遠の新しさと、職人が壁の表面に最後のひと塗りを加えた過去のある瞬間との両方がある。もしもこれが「汚い時間」だとしても、少しくらいならば害はない。なぜならそれによって私たちが時間性を認識できるのだから。

また別の、より最近に行われた実験は、サラ・ウィグルズワース建築事務所によるロンドン北部のストック・オーチャード街の住宅とオフィスである。敷地は鉄道の本線に隣接している。列車の騒音を遮るために、オフィスの建物は砂とセメントと石灰を混ぜて入れた土嚢の壁で保護されている。土嚢には積み上げられた後に硬化できるよう水分が加えられた。建物が完成してから数年の間に日光によって土嚢の布地は腐食して、壁はコンクリートとして姿を現した。一時的に土嚢の跡が表面に

ストック・オーチャード街の
住宅とオフィス、ロンドン、
1996－2000年、
サラ・ウィグルズワース
建築事務所設計

ストック・オーチャード街。
線路に面した壁の
コンクリート詰めの砂袋。
完成から1年後の姿

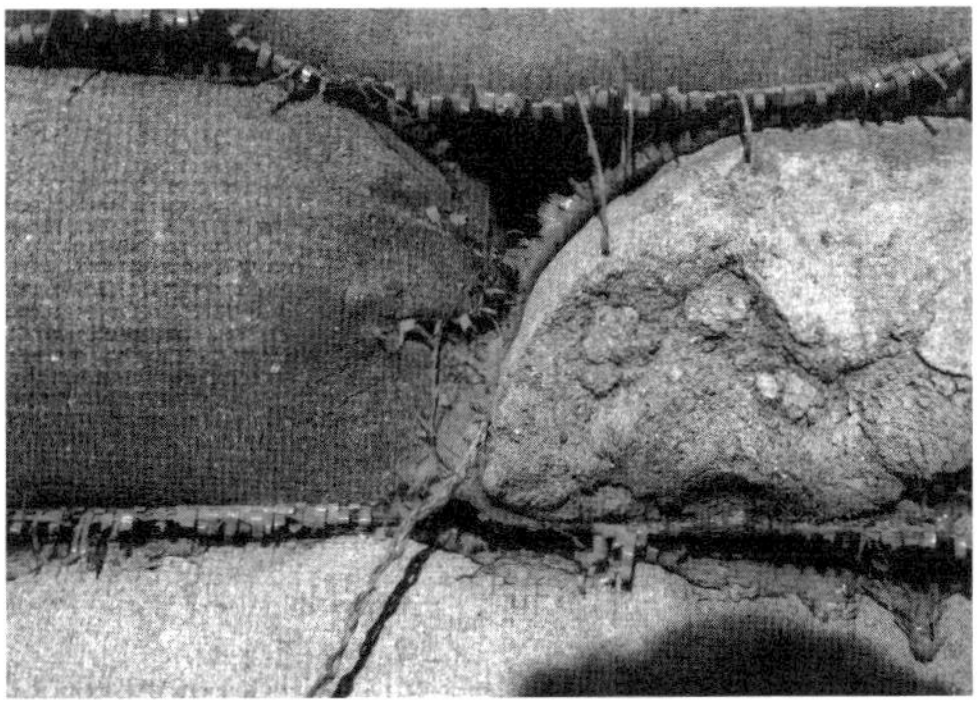

ストック・オーチャード街。
同じ壁の3年後の姿

刻まれて残ったが、雨と大気の状態によって表面は崩れ、擦り減っていく。壁のコンクリートは単にある瞬間、ある止められた時間の結果であるだけではなく、長々と続いていく予測不能な過程によってゆっくりとつくられていくものとしての姿を明らかにしている。建築家はこのことについて「ほとんどの壁は経年変化が現れないように細部が決められていくが、この壁には時間の経過が現れて、その結果壁が変わっていくように設計されている。いわば進化する建築だ」と記述している(7)。これは写真のように瞬間を捉えるというコンクリートが通常辿る運命を克服し、単一の時制に限定されることを乗り越えてコンクリートの語彙を拡張させようとする試みである。

オフィスは支柱の上に載せられているが、バネによって通過する列車の振動が和らげられている。その支柱は蛇篭《じゃかご》でつくられ、破砕された再生コンクリートが詰められている。ここで私たちはコンクリートが必ずしも現在に縛られたものではなく、例えば取り壊された高層建築に使われていたといった、履歴のある材料であることに気づかされる。ここで採用されている構造システムは住宅規模の建物にしては新しいが、その材料は古くて、履歴を持つものである。この蛇篭が二重の時間性を示唆する。かつて一度は自信に満たされたが今では信用を失ったという過去と、その過去が消し去られることなく場所を与えられているという現在である。

これらの実験や他に本書の前章で述べられたものは、時間が現れないコンクリートの性質を克服して、外国語の初学者の不器用な試みのように現在形に限定されるのではなく、ある程度の過去形も取り込んだより豊かな言葉遣いへとコンクリートも発展できることを示そうとする試みである。

色／モノクローム

コンクリートが白黒写真と共有しているのは単色《モノクローム》であるということである。これはコンクリートに色がないということではなく、通常色が一つしかないということ、すなわち多彩色ではないということである。この特徴によってコンクリートはしばしば侘しく陰鬱なものと見なされている。コンクリートの単色という性質が白黒写真に向いていると言えるのは、白黒写真に色がないことをことさら強調しないからであるが、この二つの媒体《メディア》のこの特別な類似点にはこれ以上の意味があるのだろうか。

写真の領域では、モノクロームとカラーとの美的な差異について多くの議論が行われてきた。カラー写真が一般的に使われ始めてから長い間、信憑性に欠けるとの理由からカラー写真に対する抵抗があった。バルトは「白黒写真の持つ原物の真実性」と記し、写真の色を表層的な「上塗り」に他ならないとする考えを変えることはなかった（8）。これと似たような偏見は白黒写真しかない時代に育った世代と、生まれたときからカラー写真に馴染んだ世代の違いによって説明できるのかもしれないが、白黒写真は、とりわけ表現の真実性に魅せられた、ベルント＆ヒラ・ベッヒャー夫妻（Bernd and Hilla Becher）やガブリエレ・バジリコ（Gabriele Basilico）のような写真家に対しては、ある一定の魅力を保ち続けた。哲学者のヴィレム・フルッサー（Vilém Flusser）はこれについて有益な指摘をしている。多くの解説者と同様に、フルッサーは写真で見られる世界「写真世界」と実際経験される世界との違いに関心を抱いた。「白と黒が〝そこにある〟世界に存在しないのが残念だ。もし存在していれば世界は論理的に分析ができたであろう」と書いている。白と黒は概念としてのみ存在するので「灰色は論理の色である」。そして「白黒写真はこの事実を表す。したがって白黒写真は論理の像である……白黒写真は論理的思考の魔術で、線状の論理的言説を平面状に変換する」。一方のカラー写真はこの論理的直接性を欠いている。それぞれの色、例えば緑色が写真の中に現れると、私たちの色に関する経験、すなわち私たちが知りうるすべての緑色との関係によって解釈されなくてはならない。これには一連の複雑な記号化の過程が伴うので、カラー写真が白黒写真よりも「抽象的《アブストラクト》」であるというフルッサーの逆説的な結果が導き出される（9）。白黒によって写真はさらに概念的《コンセプチュアル》になる、というフルッサーの議論に従えば、コンクリートのモノクロームという性質はコンクリートをさらに「概念的」な材料《メディア》にしていると言えるだろうか。そこまでは言わずとも、コンクリートが相性の良い白黒の写真で写されると、変化する彩色の効果を持つ材料よりも、コンクリートをより「論理的《セオレティカル》」な材料《メディア》として見られるよう促しているように思われる。

現場写真

写真と鉄筋コンクリートの歴史的な関係において、この二つの材料《メディア》の劇的な収斂が一八九〇年代に起こった。このとき、どちらとも一般に普及できるところまで技術開発が進んだのである。ドライプレート処理によって屋外での撮影が、画像を瞬時に現像するために孔のあいた暗室をその場に設けることなく可能となった。また一方で一八九二年の特許によって鉄筋コンクリートは一定の信頼性を確保した工法となった。鉄筋コンクリートの成功にとって写真は、重要な、また人によっては不可欠な役割を果たした。

コンクリートはシリル・シモネが明敏に「図像性の欠損」と呼んだものに苦しめられた。ネバネバする液体が硬化する過程と見なしても、あるいは鉄筋の組物とセメントと骨材の結合を通じて力が伝達されるというシステムと見なしても、コンクリートは視覚で捉えにくいものである。コンクリートが硬化する過程を化学的に説明することは可能であり、力の伝達も数学的に分析することもできるが、どちらもコンクリートという材料の十分な姿を示してはいない。いかなる公式や図式も鉄筋コンクリートの特徴すべてを適切に伝える手段とはなりえなかった。鉄骨造では部材は多かれ少なかれ力の図式であるのに対して、鉄筋コンクリートは化合物という性質のために構造体の外観と内部の応力分布に対応関係はない。隠すことが必須である鉄筋の存在によって、ことさら材料《メディア》の視覚的な理解が妨げられてきた。コンクリートはそのままでは図像性の不足を克服することができなかった。このことは、懐疑的な業界や世間に対して工程を説明する必要のあった鉄筋コンクリートの初期の推奨者たちにとって深刻な欠点となり、それが鉄骨との競争では不利に働いた。そこでこの欠点を帳消しにするために写真が動員された。一八九〇年代初頭にコンクリートの製造者はこの新しい製品を普及させることに苦心していたが、写真の利点を用いて材料《メディア》の視覚化の難しさを補った。歴史家のグウェナエル・デ

エンネビック・アーカイブからの写真。コンクリート打設前の床の配筋の様子。
建築家ロヴェッリによるジェノヴァの邸宅、
1903－4年

リュモウが記したように、「一八九〇年代の鉄筋コンクリート工事の重要なシステムの出現は完全に写真の使用と切り離せない関係となっていた」(10)。

特に多くの異なる鉄筋コンクリートのシステムが、互いに信頼性を失墜させようと競いあっていた頃、何をもって鉄筋コンクリートと見なされたかは明確とは言いがたいものであった。そしてこの不明瞭さは、この材料《メディア》の視覚的独自性を確立する難しさに拍車をかけただけであった。先駆的にコンクリート普及のために写真を活用したフランスでは、一八九〇年代中頃からコンクリート構造物の写真がセメント製造業者の組合の援助を受けた業界誌『セメント（*Le Ciment*）』に登場し始めた。しかし会社として写真を最も大々的に活用したのはエンネビック社であった。エンネビック社は一八八〇年代末から広報目的で写真を使用し始めた。建物の大災害の写真が大半で、焼け落ちた工場の写真は、鉄筋コンクリートを使用していれば避けられたかもしれないことを示唆した。しかし写真がビジネスの重大な一部となったのは、エンネビック社が一八九二年に特許を取得し、認可を受けた代理人や加盟工事業者を伴った新しいビジネスモデルを確立してからであった。エンネビック社は自社のシステムを使用して建設する加盟工事業者に対して、建物の写真を撮影してパリのエンネビック本社にそのプリントを届けることを必要条件とした。結果としてエンネビック社の事務所には工事中から完成時のものまで膨大な数の鉄筋コンクリートの写真が記録として世界中から集められた。今でも七〇〇〇点ほどが残存しているこれらの写真は、一八九八年創刊のエンネビック社の雑誌『鉄筋コンクリート』に掲載されたり、展覧会で使われたり、会社と関わりのない出版物での使用に貸し出されたりした。この注目に値する写真の資料集成が、いかに二〇世紀初期の企業が写真を商業目的に使っていたかを知るための極めて徹底した調査を可能としており、エンネビック社はこうしたビジネスの一側面で先駆的であった(11)。

　エンネビックの会社組織は並外れて近代的なビジネスモデルを持っていた。実際に建物をつくる代理人や加盟工事業者にシステムの使用を許諾していた。エンネビックの会社で行っていたのは二つの核となる取り組みだけだった。一つ目の取り組みは研究部門である。設計図を描く部署で、代理人が持ち込んだデザインから鉄筋コンクリートでつくるための詳細な施工図をつくった。もう一つの取り組みは広報部門で、様々な手段を通してシステムの宣伝を行った。二つのビジネスの特徴のうち、後者において写真は欠かせないものであった。写真なしにはエンネビック社はあそこまで大きな市場を獲得することも、世界規模で経営を行うこともできなかったことは疑う余地がない。会社が写真を駆使していくに際し、エンネビックは写真の本来の性質をとりわけ明確に理解していた。それは写真が一般的に思われているように実在する現実の単なる複製ではなく、それ自身で新しい現実をつくるということである。この新しい現実こそがエンネビックが利用したものであった。エンネビックの建物の写真は、鉄筋コンクリートの均質で一体的《モノリシック》な性質を、完成した建物からでは必ずしもわかるとは限らない方法で強調した。視点とフレーミングと、とりわけ施工のどの段階で写真が撮られるかという選択が、建物の「コンクリート」らしさを最大限に引き出すために注意深く練り上げられた。ある加盟工事業者が次のように言っている。「工事が〔撮影に〕ちょうど良い状態にあるだけでなく、それがクライアントの関心を引く瞬間を選ばなければならない」(12)。

エンネビック社の写真の使用は、同時期にフランク・ギルブレスが大西洋の反対側で行ったことと比較することができる。すでに見てきたように、ギルブレスは科学的管理法のパイオニアである。彼は異常なまでの組織者で、自身の会社の円滑な経営のために特に現場監理について一連の規則を作成した。これらの規則は体系化され雇用者向けのマニュアルとして作成された(13)。ギルブレスは職業写真家ではなく雇用した現場監督にカメラを持たせて、作業の経過の写真を撮って毎週同じ曜日の現場を記録するように義務づけた。ギルブレスが写真にこだわった理由はエンネビックとはかなり異なっている。請負業者として、彼は本社から数百マイル離れていたとしても、現場で何が起こっているかを掌握することを第一と考えていた。宣伝がエンネビックの写真を使用する主要な動機であったが、ギルブレスにとってそれは最下位に位置していた。とはいえ、彼は明らかに現場監督が撮影した写真が宣伝のための意義を持ちうることを予見していた。現場写真について定めた極めて包括的な規則があり、それは写真の基本手引書に匹敵するものである。そこでギルブレスは次のように明記している。「いかなる場合においても写真に写る人は作業中であるべきで、立ち上がって写真に向かってポーズをしてはいけない」、さらに「可能な限り傍観者を写真から外すように」、と(14)。エンネビックと比べてギルブレスの現場は活気に満ちている。それは型枠加工、鉄筋の固定、骨材の破砕、混合、液状のコンクリートや他の材料を現場で運ぶ器具など、コンクリート製造に関連した異なる工程や設備に重点を置いていたためで、それらはエンネビック社の写真にはほとんど現れることはなかった。エンネビック社が記録した写真から読みとれる工事の過程を比較的軽視していた事実は、エンネビックが写真を極めて特定の目的のために使用したことを際立たせている。

実際には加盟工事業者に対するエンネビック社の権限は、彼

次頁：工事中の発電所、
ワシントン州シアトル、
1907年頃。請負業者は
フランク・ギルブレス。
ギルブレスの写真にはただ
突っ立っているのではない、
仕事をしている人が
多く写された

が望んだほど確かなものではなかった。会社のファイルには当然の成り行きとして自ら建てたものを自分の功績としたい加盟工事業者とエンネビック社との紛争がたくさん記録されている。エンネビックの広報機構において、特に写真は、建物が他の企業によって建設されたとしても、その建物に対するエンネビックの権利を確立するための手段であった。写真はエンネビックと加盟工事業者との間に契約外の結びつきを生み出すと同時に両者の亀裂を見えにくくした。その意味においては、すべての写真がそうであるように、それらはあることを明らかにすると同時に、別のことを曖昧にしてしまった。これらの写真は両者にとって貴重なものであった。加盟工事業者は常により広く知られることを望んでおり、写真による出版は自分が属する集団の外へそれを提供した。エンネビックにとって写真とは、本人の言葉を借りると「非の打ちどころのない記録《ドキュメント》」であり、それは疑う余地なく現実の建物の姿を表現し、単に計画された提案ではなく、実際に施工されたものであることを証明した(15)。しかし何よりも増して写真は、コンクリートの図像性の欠損を補い、完成品ではすっかり消えてしまって二度と見られることのない主筋と帯筋の骨組みの証拠となった。エンネビックは写真が単に撮影された建物を表象するだけではなく、「写真世界」という独自の新しい現実を生み出すことに気がついた。——そこでは鉄筋コンクリート、とりわけエンネビック社のシステムが他のあらゆる建設方法よりも優れていたのだが、それは必ずしも完成した構造体を実際に凝視すれば明らかになるメッセージというわけではなかった。

コンクリートの「文化」への進出

エンネビック社は第一次世界大戦後には写真にそれほど頼らなくなり、他の宣伝方法を取り入れた。しかしエンネビック社や他の特許システムを採用した加盟店による広報用の写真は一九一〇年代から、芸術雑誌や建築美学の書籍といったまったく異なる文脈で出現するようになり、一九二〇年代にはその傾向がよりいっそう顕著になった。建設途上の工場や発電所、飛行機の格納庫、波止場の建物、ワインの貯蔵タンクなどの写真は、もともとは鉄筋コンクリートが他の構造方式よりも優れていることを説明するために撮影されたものだったが、それが建築の出版物に現れるようになった。それまでは商業界の中だけで流通していたこれらの写真は、突如として驚くべき躍進を遂げて文化の世界に現れたのである。近代建築に関する本に掲載されているこういった構造物の写真に見慣れてしまっている現在の私たちには、当時の変化の衝撃を理解することが難しい。ル・コルビュジエやジークフリート・ギーディオンが議論上こうした写真を使い、その手法は標準的なものとなっていく。芸術の本や雑誌で複製されたこれらの写真は新たな論点を提供した。それは、鉄筋コンクリートが他の構造技術よりも優れたものだというのではなく、必要性や目的を直接表現することで裸形の工学的な構造物が、慣習によって生み出される中身のない廃れた形態に取って代わることができる、というものであった。この議論で批評家たちの関心を引いたのは、高級な建築作品に使用されたコンクリート（それは通常隠されてしまうものであった）の例ではなく、装飾や華やかさを欠いた安価で工業的な作品であった。

コンクリート画像が別の領域へと転換された好例として、一九一九年にフランスの雑誌『アール・エ・デコラシオン（*Art et Décoration*）』に掲載されたパリ国立工芸学校教授、マルセル・マーニュによる「建築と新しい材料（L'architecture et les matériaux nouveaux）」と題された記事が挙げられる（16）。通常は絵画や彫刻などの装飾芸術の紹介に特化した機関誌であるが、そこにコンクリート製の橋、工場、製鋼所、波止場の構造物の写真が一部は工事中の姿で一二枚掲載されたことは、驚きをはるかに超えるものであった。そしてマーニュの主張も同様に過激であった。それは、建築は現代の要求に相応しい形を提示できていないが、新しい形の最も有効な源泉はすべてがコンクリートでつくられたこれらの構造物にある、というものであった。工業的構築物の画像が純粋な営利的、あるいは技術的文脈の外で出版されたのは、一九一三年のドイツ工作連盟の年鑑に掲載されたグロピウスのアメリカの工場と穀物倉庫の素描ですでに予期されていたことではある。しかしマーニュの記事は二つの理由で異なっている。一つ目は、マーニュが「異国」のアメリカではなく地元のヨーロッパの事例を挙げたこと。そして二つ目は、このように描かれたこれらの物体が、「芸術」と等価であると定義していることである。

近代建築が工業的構築物を流用したという話は今日ではよく知られているが、そのやりとりが写真を通して行われたという事実を忘れてはならない。その議論を支えていたのは構造物の画像であり、構造物そのものではなかった。このまったく新しい文脈の中で流通し始めた画像は、「記録」として純粋な商業的理由によって撮影されてきたが、それらが今や、捉えたあらゆるものに美しさを見出すという、よく言われるカメラの効果に従うものとなった(17)。ヴェルナー・リンドナー（Werner Lindner）というドイツ人技術者が著した二冊の図録は、写真の力によってコンクリート構造物が凡庸さを捨てて美の対象となった好例である。最初の本、建築家のゲオルク・スタインメッツ（Georg Steinmetz）と一九二三年に制作した『技術建築の良いデザイン（*Die Ingenieurbauten in ihrer guten Gestaltung*）』では、ドイツの建設会社の保管文書にあった石炭庫や飛行機の格納庫、様々なサイロの写真を、歴史的な建築の例と並列して掲載することで形状の類似点への関心を引いた。リンドナーの二冊目の本『技術の建物、その形態と効果、工場施設（*Bauten der Technik: ihre Form und Wirkung: Werkanlagen*）』（一九二七）では、同じような工場や工業プラントの画像を掲載しているが、ここでは、後に写真家のベルント&ヒラ・ベッヒャー夫妻によって実行されたのと同様の類型的な分類が行われていた（彼らはリンドナーに恩義があると認めている）。リンドナーのいずれの本でも、技術者や請負業者に端を発した写真はまったく異なる目的に使用され、文化的なテーマを展開した。同じことがル・コルビュジエとオザンファンの『レスプリ・ヌーヴォー（*L'Esprit Nouveau*）』や一九二七年のジークフリート・ギーディオンの『フランスの建物（*Bauen in Frankreich*）』といった、一九二〇年代に発行された他の多くの本や雑誌でも起こった。建築の世界が起源となるほかの本としては、ユリウス・フィッシャーとルートヴィヒ・ヒルベルザイマーの『造形者としてのコンクリート（*Beton als Gestalter*）』

（一九二八）があり、前年のリンドナーの本に登場したのと同じ石炭庫や冷却塔や倉庫の画像が再び使用されたが、ここではそれらの形態と〈新しい建築〉の間の明らかな関連づけが行われた。これらすべての出版物で共通して、コンクリート構造物は美的特性がカメラによって強調され、元にあった画像の商業的目的を凌駕した。

写真は鉄筋コンクリートを文化の媒体《メディア》とすることに成功した。企業家たちはそれ以前に、「建築的」な作品を宣伝することによって同様の結果を目指したが、概ね失敗に終わった。エンネビックはパリ郊外のブール＝ラ＝レーヌに自分の家を建てて、鉄筋コンクリートの建築的価値を披露しようと試みた。しかし他の手の込んだ作品と同様にこの家も建築的な評価を得ることはなかった。一九二〇年以前の鉄筋コンクリートによる「建築的」な作品のほとんどは、他の材料で施工されたものと十分な違いがなかったので、鉄筋コンクリートには文化的価値があるということを人に確信させることができなかった。写真がそれを変えた。写したものが何であれ美しく見せられる写真の力を通して、鉄筋コンクリートは近代建築の主役となったのである。

書籍や芸術雑誌を飾ったのが鉄筋コンクリートによる産業施設の写真であったことと同様、これらの写真に描かれた鋭い幾何学的な輪郭や無表情な表面を建築家が真似し始めると、これらの作品に権威や信頼性を与えたのは、またしても写真であった。産業構築物の写真表現から生まれた新しい建築はそれらから借用した特質に注意を促すためにも写真に依存している。英国の批評家、フィリップ・モートン・シャンド（Philip Morton Shand）が記したように「近代写真なくして近代建築は決して〝伝わる〟ことはなかった」(18)。もしも写真と建築の美学が一九二〇年代に一点に収斂していったことについての確認が必要ならば、よく知られたル・コルビュジエによる建築の定義、「量塊の、光のなかの巧みで正確で崇高な戯れ」を参照すれば十分であろう。なぜならそれは、写真の定義とも言えるからである(19)。

フォトジェニー（*Photogénie*）とは写真がありふれたものを美しく見せるという作用だが、それは風景をつまらなくしたり、見えなくしたりしてしまう現実の偶発性や過剰を浄化することによってなされる。建築写真を専門とする写真家の中でも特に新しい建築の写真を撮った英国のデル&ウェインライト（Dell & Wainwright）やイタリアのバルソッティ（Barsotti）は、建築家の意図を強調する撮り方に習熟した。この時点からコンクリートの美的特性を高めることが写真の主な役目となった。ルシアン・エルヴェ（Lucien Hervé）の作品はこの過程を実践した好例である。エルヴェはハンガリー出身でフランスに永住した報道写真家で、マルセイユのユニテ・ダビタシオンの写真撮影をした後にル・コルビュジエの公式写真家となり、その後に続く戦後の作品すべてを撮影した。エルヴェは〈新興写真（New Photography）〉の技術をいくつか取り入れた。全体よりも細部を強調し、はっきりとした斜線や強い対比を特徴とした、角度を持たせた構成を用いて、ル・コルビュジエの建物のコンクリートが持つ表面の質感や肌理を引き出した。写真は視覚を集中させるので、建物の同じ部分を見るとき、実際に見るよりも写真のフレームの中のほうがより多くのものが見える。フォトジェニーはコンクリート写真の常套手段となった。本書も、あらゆるコンクリート写真の複製と同様、その作用に連座し、他に劣らずそこから逃れられないのだが、同時にここで私はあらゆるコンクリート写真が見る人を捉え、美を見出すことを強要する力を緩めたいとも思っている。この後コンクリートが写真のために貢献したことを考えたときに見ていくような理由から、コンクリートは写真写りが良い。さらに技量が標準以下の写真家でさえもコンクリートに実際よりもはるかに壮麗な印象を与えることが容易である。「写真はコンクリートとガラスについて見せかけの魅力を与えた」と英国の批評家マイケル・ローゼンスタイン（Michael Rothenstein）は一九四五年に書いたが、それには賛同するほかはない（20）。

コンクリートと芸術としての写真

エンネビックのシステムが用いられた構造物を撮影した匿名の商業写真家たちにとって、写真の実践は芸術ではなかった。［ウジェーヌ・］アジェが自分の作品について述べた有名な言葉にもあるが、彼らの成果物は単なる「記録《ドキュメント》」であった（21）。一〇世紀の初めの数十年間には、商業写真家の世界とは別の独自の写真の分野が存在した。その仕事は［写真を使って］絵をつくることで、絵画を主な参照対象とした。これはその唱道者の狙いが絵画とは一線を画した作品をつくることを目指したとしてもであった。一九二〇年代に写真の「ピクトリアリスム［絵画を模したような写真撮影の方法］」に対する反発があり、ドイツを起源に写真を絵画から遠ざけようとする運動があった。〈新興写真〉と呼ばれた写真の代表者の一人、アルベルト・レンガー＝パッチュ（Albert Renger-Patzsch）はその狙いについて次のように明らかにした。

> 写真にはそれ独自の技術とそれ独自の方法がある。これらの方法を用いて絵画的な効果を達成しようとすることは、写真家の媒体《メディア》、材料、技術に対する誠実さや明解さと衝突する。そしていかに絵画芸術の作品と似せることができたとしても、せいぜいまったくのうわべのことにすぎない。
> 視覚芸術の作品のように芸術的価値を持ち得る良い写真の極意は、写真の写実主義の中にある。自然や植物、動物、建築家や彫刻家の作品、技術者の創作物に私たちが抱く印象を描写するのに、写真は最も信頼できる手段を提供する。私たちは物質的存在の魔力を捉える機会を未だ十分正当に評価していない。木や石、金属の構造を絵画の手法を超えた完璧な姿で表すことができる。写真家として、私たちは高さや深さの概念を驚くほどの精度で表現することができる。また、最速の動作を分析して表現するという点で、写真は文句なしの達人である。(22)

レンガー＝パッチュが訴えたのは、実質的に写真を絵画から切り離し、工業写真家、つまりエンネビックの産業構築物を撮る写真家の属する世界の手法や主題のほうへ軌道修正することであった。「物質的存在の魔力を捉える」能力は、他のところに彼が書いたように、写真の基本要素、すなわち「最も明るいものから濃い影までのすべての光の陰影、線と面と空間」の中にある(23)。仮に写真に適した最良の主題が産業界に由来するものだとすれば、写真の秀でる点はその表面を極限まで幅のある色合いで表現するところである。レンガー＝パッチュは石と金属には言及しコンクリートには触れなかったが、コンクリートも同様に写真がその長所を生かし、色調のグラデーションを捉えることができる材料《メディア》であり、エンネビックの構造物の写真家はこのことをすでに実証していた。一八九八－九年に、サン＝ヴァストで撮影された石炭庫の写真は、多彩な平面のいたるところに落ちた陰影と鮮明な輪郭があり、レンガー＝パッチュが注目を促したかった種類の写真とまったく同じ特徴を持った、完璧な手本である。ただし、レンガー＝パッチュならば、材料の山や労働者といった偶然性の痕跡を消した構成にしただろう。

写真が独自の特別な性質、すなわち完全な黒から真っ白までのすべての色調の変化を表現する力を生かす表面として、コンクリートは人間の皮膚に次いで優れたものである。ほぼ同時期に女性のヌードがポルノグラフィではなく芸術写真の主題となったのは偶然ではない。エドワード・ウェストン（Edward Weston）の女性のヌード写真は、スーザン・ソンタグ（Susan Sontag）に彼の果物や野菜の写真ほどエロティックではないと言われたが、それらは、非常にわずかな色彩の変化を表現する実験以外の何ものでもなかった。コンクリートと肉体はどちらも写真という媒体を明らかにするには理想的な表面であった。時折その二つは、収斂することがある。例えば、エルヴェによるロンシャンの吹きつけられたコンクリート仕上げの写真と、ル・コルビュジエ初期の著作『伽藍が白かったとき』からの引用「私は物の表面に、女性の皮膚と同様に大きな信頼を置いている」が重ね合わせられたときのように(24)。

〈新興写真〉の写真家はとりわけジェルメーヌ・クルル（Germaine Krull）の《メタル》（一九二七）にあるような金属製の構造物や、動物を模ったようなマルセイユの運搬橋の輪郭にこだわって写真を無数に撮影したとはいえ、一方でコンクリート建造物の撮影も行っている。レンガー＝パッチュは多くの建築写真の仕事を受け、新しいコンクリート建築の事例を撮影した。〈新興写真〉は凡庸なものを美化しているとヴァルター・ベンヤミンが非難したときに、彼の頭から離れなかったのはコンク

石炭庫、サン=ヴァスト、
1898－9年、
エンネビック・アーカイブからの
写真

リートのイメージであった。彼はこう書いた。カメラは「今や安アパートやゴミの山の姿を美しく変貌させてしまう。ダムや電線の工場についても言うまでもない。これらの写真の前で言えることはただ〝なんと美しいのだ〟ということだけだ」と(25)。

批評家がその結果をどのように考えようとも、〈新興写真〉は写真をピクトリアリスムから解放した。そこでは新しいコンクリート構築物がもたらした題材が貢献した。工場や石炭庫、波止場の建物を撮影した無名の写真家たちは、写真はそもそも光、陰影、色調、面や線と関係があるということをコンクリートによって実証してみせた。その後に続く写真家たちはこれらの写真の特質をさらに広範に活用した。アンセル・アダムスによるフーバーダムの写真は、写真表面の四分の三以上が打ち放しコンクリートである。その次の世代のドイツ人写真家ベルント&ヒラ・ベッヒャー夫妻の作品には、さらに計算された材料の使用が見られる。一九六〇年代に彼らは産業構築物の写真を撮り始めたが、最初は鉱山や溶鉱炉やその類いの今にも失われていくものを記録に残すという考古学的な理由で行った。ベッヒャー夫妻は意識的に〈新興写真〉、とりわけレンガー＝パッチュの手法に基づいていたが、初期の産業構築物の匿名写真にも影響を受けた。それは使われなくなった工場の人気のないオフィスに散乱していたところを見つけたのだそうだ。彼はこれらを集め始め、「対象の姿を、以前に撮影されたのと同じくらいに正確に、すなわち何も解釈を入れずに、今から撮影することを決心した」と語った。時を経て、写真を配列して九枚、一二枚、一五枚をグリッド状の「タイポロジー」とすることに力を向け始めた頃、ベッヒャー夫妻の作品は考古学的ではなくなり、より芸術に関連したものとなった。だが彼らが言うように、ベッヒャーの作品は長い間「アートのはずれ」の境界線上の位置にあった(26)。彼らが撮影したいくつかの構造物、特に給水塔と冷却塔はコンクリートである。彼らはコンクリートだからという理由で撮影する構造物を選ぶことはなかったが、コンクリートは彼らの写真の目的に十分に役立った。感度の極めて低いフィルムを使用して長時間露出した、目の細かな色調幅の広い白黒写真で撮影したことで、彼らは対象の表面の細かい

フーバー（ボールダー）ダム、
ネヴァダ州／アリゾナ州、
1931－36年建設。
アンセル・アダムス撮影、
1942年

色調の変化を記録することができた。彼らは強い影を避けて、霞んだ太陽か曇天の下でのみ写真を撮った。そして彼らの技術によって、対象物からグレーの色幅を最大に捉えることが可能となった。

ベッヒャー夫妻の写真は、最初は「アートのはずれ」をさまよっていたが、彼らの教え子たちが中心になってもたらした芸術としての写真の拡張によって、彼らやその追随者たちの作品は疑いなくアートの領域に位置づけられるようになった。新しい芸術としての写真の特徴の一つとして言えることは、写真の主題が単に何を写したのか、すなわち撮影された対象物ということではなくなり、写真「というモノ」そのものやその過程、あるいはイメージを生み出す他の実践との関係性になったということである。同時に芸術の他の領域と同様に、見るということの条件、見る人と画像との関係が論点となった。これらの展開におけるコンクリートの貢献は、少なかったとはいえ無視できるものではなかった。それはカナダ人芸術家のジェフ・ウォール（Jeff Wall）の作品にうまく示されている。コンクリートは驚くほど多くのウォールの写真の中に姿を見せており、コンクリートがそこで何をしているのかは考察に値する。私たちがこれまで見てきたすべての画像がそうであったように、従来の写真はコンクリートを光を反射する面として扱ってきたが、ウォールの写真の多くでコンクリートは光を吸収する物質である。バンクーバーの公園で撮影された《コンクリートボール（*Concrete Ball*）》では、コンクリートは——文字どおりに——その画面の中心を占める。写真の中央にある陰影のついたコンクリートの球体の下部は、写真の中で最も暗い部分であり、あらゆるものを引き込んでしまう闇の穴である。これはほとんどの写真家のコンクリートの使い方と正反対で、それが多くの彼の写真の特徴である。ウォーカー・エヴァンス（Walker Evans）の納屋の内観写真を改作したような、ほとんど同一の二枚の写真《一匹の蛸（*An Octopus*）》と《いくつかの豆（*Some Beans*）》では、奥行きのない空間で画像の全面にわたってピントが合い、同じ強度の光が広がる。それぞれの写真の中央には無表情な一片のコンクリート壁があり、羽目板の一部分かあるいはおそらくは鏡が取り除

ジェフ・ウォール、《一匹の蛸》、1990年、ライトボックス上のカラーポジフィルム、182×229cm

かれてむき出しになっている。この無色の長方形はある意味では、周囲のその他すべてのものが額縁となっているまさに絵である。エヴァンスの白黒写真を参照しているかもしれない単色描写された灰色の断片は、画像の中で最も空虚で、最も光を反射しない部分であると同時に、画像の真の題材でもある。

ウォールの夜の写真では、この光の反射と吸収の間の関係が反転されている。《サイクリスト（*Cyclist*）》と《夜（*Night*）》の背景となっているコンクリートの壁は、いずれの作品でも最も明るい部分となっている。暗くあるべきものが明るい、という反転は、白黒写真の現像処理の性質に関するウォールのこだわりとある程度関係している。ウォールは自分が写真の湿式と乾式の現像の工程にともに魅了されていることについて書いた「写真と液体の知性」というエッセイでは次のように述べている。

> 水は写真をつくる過程で欠かせない役割を果たすが、正確に制御されなければならない……だから私にとって水は

ジェフ・ウォール、《サイクリスト》、1996年、白黒の銀ーゼラチンプリント、229×302.5cm

——象徴的に——写真における擬古主義《アルカイスム》を表象している。その水力学によって、写真をつくる過程に入ることを許されたり、締め出されたり、抑えられたり、誘導されたりする。この水や液体薬品の擬古主義が写真を過去や時間と結びつける重要な役割を果たす。ここで水を「擬古主義」と呼んだのは、水が非常に原始的な製造工程——洗浄、漂白、溶解など「技術《テクネ》」の起源と関連したもの——の記憶の痕跡を内包しているからである。例えば原始的な採掘で行う鉱石の分離工程である。この意味では、写真に残る水の響き——この現像の仕組みが鉱物界や植物界から未だに脱せていないと見なしうる思考上のイメージ——は私たちが「乾いた」写真を異なった角度から理解をする助けとなる(27)。

《サイクリスト》の背景にあるコンクリートの壁は、打設する際の濡れてネバネバした工程の痕跡を多く現している。以前は水を含んでいた物が乾燥した。確かにそれは、ネガや印画紙を現像するウエットな工程の類似物であり、デジタル写真の出現までは写真の制作工程に不可欠な段階であった。

同時に、コンクリートの壁は表面である。ウォールが指摘したように「写真の中に描かれたものを見る瞬間に、人が写真で体験しているものは、表面の不可視性である」。絵画と異なり、表面を持たない、あるいは表面を見えなくするということが写真の特徴であるならば、ウォールは表面に魅せられているのだと打ち明けている。実際に彼は次のように言った。「私が興味を抱くほとんど唯一のこと、それは表層、肌理、描写の物質的で表面的な側面である」(28)。《サイクリスト》ではコンクリート壁の表面が、写真で撮影された図像である。それは写真工程の類似物としての面であり、同時に写真が欠いているものの表象としての面でもある。コンクリートでできた作品は写真と非常に似ている。《サイクリスト》ではそれは写真そのものとなっている。

1 *Progressive Architecture*, XLVII (October 1966), p. 179.

2 Roland Barthes, *Camera Lucida*, trans. Richard Howard (London, 1984), p. 77.

3 これらの技法については以下を参照。William Monks, *The Control of Blemishes in Concrete* (Slough, 1981), pp. 19–20.

4 Le Corbusier, *Oeuvre Complète*, vol. V: *1946-1952* (Basel, 1953), p. 191［ル・コルビュジエ『ル・コルビュジエ全作品集 Vol. 5 1946-1952』ウィリ・ボジガー編、吉阪隆正訳、A.D.A. ADITA Tokyo、一九七八年］・粗板型枠による打放しコンクリートのモデル仕様書は一九六一年に英国で作成され、ロンドン市議会の建築課で「〈手直し〉」と題する章にはっきりと記されて配付されていた。「どのようなものであれ、手直しは認めない。ピンホール、ハニカムや他の欠陥は〇・五％未満であれば（一平方フィートごとに）許可する。それよりも欠陥の程度が大きな表面はその注入範囲を取り除き交換する」。'Design Notes and Specifications for Concrete from Rough Board Formwork', Chairman Alex Gordon, p. 17, para. 2.3. Unpublished typescript, 1961, Dennis Crompton archive, London. これはウェールズのプレストレストコンクリートの開発グループ小委員会によって準備された。

5 Barthes, *Camera Lucida*, p. 97.

6 M. Tafuri, *History of Italian Architecture, 1944-1985* (Cambridge, MA, 1989), p. 51.

7 Jeremy Till and Sarah Wigglesworth, 'The Future is Hairy', in *Architecture: The Subject is Matter*, ed. Jonathan Hill (London, 2001), p. 26.

8 Barthes, *Camera Lucida*, p. 81.

9 Vilém Flusser, *Towards a Philosophy of Photography* (1983, Eng trans. London, 2000), pp. 29–31.

10 Cyrille Simonnet は以下を参照。'Hennebique et l'objectif ou le béton armé transfiguré', in G. Delhumeau, J. Gubler, R. Legault and C. Simonnet, *Le Béton en représentation: la mémoire photographique de l'entreprise Hennebique, 1890-1930* (Paris, 1993), p. 55; and Cyrille Simonnet, *Le Béton, histoire d'un matériau* (Marseilles, 2005), pp. 113–27. G. Delhumeau, 'De la Collection à l'archive: les photographies de l'entreprise Hennebique', in *Le Béton en représentation*, p. 35.

11 See the essays in Delhumeau et al., *Le Béton en représentation*.

12 *Le Béton Armé*, 28 (September 1900), p. 9; quoted in Delhumeau et al., *Le Béton en représentation*, p. 44.

13 Frank B. Gilbreth, *Field System* (New York and Chicago, 1908); and Frank B. Gilbreth, *Concrete System* (New York, 1908).

14 Gilbreth, *Field System*, rules 91 and 92.

15 *Le Béton Armé*, 9 (February 1899), p. 1; 以下からの引用 Delhumeau et al., *Le Béton en représentation*, p. 49. エンネビックのビジネスで果たした写真の役割に関するデリュモウの記述を使用している。

16 H.-M. Magne, 'L'Architecture et les matériaux nouveaux', *Art et Decoration*, XXXVI (July–August 1919), pp. 85–96.

17 これらすべての疑問の特に優れた議論について、以下を参照。Susan Sontag, 'The Heroism of Vision', in *On Photography* (Harmondsworth, 1979), pp. 85–112［スーザン・ソンタグ『写真論』近藤耕人訳、晶文社、一九七九年］.

18 *Architectural Review*, LXXV (January 1934), p. 12.

19 Le Corbusier, *Towards a New Architecture* [1923], trans. Frederick Etchells (London, 1927), p. 31［ル・コルビュジエ『建築をめざして』吉阪隆正訳、鹿島出版会、一九六七年］.

20 デル＆ウェインライト、エルヴェについては以下を参照。Robert Elwall, *Building with Light* (London, 2004). バルソッティについて以下を参照。R. Elwall, *Framing Modernism: Architecture and Photography in Italy, 1926-1965* (London, 2009), pp. 13–14. フォトジェニーについては以下を参照。Edouard Pontremoli, *L'Éxcès du visible: une approche phénoménologique de la photogénie* (Grenoble, 1996). Michael Rothenstein, 'Colour and Modern Architecture or the Photographic Eye', *Architectural Review*, XCIX (June 1946), p. 163.

21 Molly Nesbit, *Atget's Seven Albums* (New Haven, CT, 1992), p. 1. 二〇世紀初期のパリにおける商用と芸術写真の区別については、特に pp. 14–19 を参照。

22 Albert Renger-Patzsch, 'Aims' [1927], in *Photography in the Modern Era*, ed. Christopher Phillips (New York, 1990), p. 105.

23 Albert Renger-Patzsch, 'Photography and Art' [1929], in *Germany: The New Photography, 1927-33*, ed. David Mellor (London, 1978), p. 16.

24 Lucien Hervé, *Le Corbusier, as Artist, as Writer* (Neuchâtel, 1970), p. 25.

25 Sontag, *On Photography*, p. 107 に引用されている。またこの部分が書かれた最初のエッセイは 'The Author as Producer' [1934] でありそれは Walter Benjamin, *Reflections* (New York, 1986), pp. 220–38 の中に転載されている。〈新興写真〉の他の批評は以下を参照 Walter Benjamin, 'A Small History of Photography' [1931], in *One Way Street and Other Writings* (London, 1985), p. 255; and Karel Teige, 'The Tasks of Modern Photography' in *Photography in the Modern Era*, ed. Phillips, pp. 312–22.

26 'Bernd and Hilla Becher in Conversation with Michael Köhler', in Susanne Lange, *Bernd and Hilla Becher: Life and Work*, trans. J. Gaines (Cambridge, MA, 2007), pp. 187, 194; レンガー＝パッチュの言及については p. 204 を参照。

27 Jeff Wall, 'Photography and Liquid Intelligence', in *Another Objectivity* [1989], pp. 90–93, repr. in *Jeff Wall: Catalogue Raisonne, 1978-2004* (Basel, 2005), pp. 439–40.

28 Christina Bechtler, ed., *Pictures of Architecture, Architecture of Pictures: A Conversation between Jacques Herzog and Jeff Wall, moderated by Philip Ursprung* (Bregenz, 2004), p. 53.

パシュペルスの学校、
グラウビュンデン州、スイス、
1997－8年、
ヴァレリオ・オルジャティ
設計

TEN
A CONCRETE
RENAISSANCE

第一〇章 コンクリートの復興

発展途上国ではなかったことだが、西ヨーロッパと北アメリカでは、一九七〇年代初頭にコンクリートが好まれなくなった。その不人気は、近代性との関連や戦後好景気の建設材料であったこととの結果と言えるが、何ら前兆がなかったわけではない。かなり以前より、知識人層からはコンクリートの文化に与える影響が決して無害なものではない、という予告がなされていた。

ベルギー人のシチュアシオニストであるコンスタント（Constant）は一九五九年に新しい都市開発を「鉄筋コンクリートの墓場」と批判し、カルティエ＝ブレッソン撮影の都市周縁の写真と、フランス人哲学者、アンリ・ルフェーヴルの一九六〇年の著名なエッセイ「ニュータウンに関する記述（Notes on The New Town）」は、ともにコンクリートの建造物を最も基本的な点において取るに足らないものとして批判した。さらにパリの新しいコンクリート製の郊外を舞台としたジャン＝リュック・ゴダールの映画『彼女について私が知っている二、三の事柄』（一九六六）では、新しい建築群があらゆる不規則性や不合理性のかけらも失ってしまっていることが嘆かれ、都市の表現する媒体《メディア》としての能力が脅かされているように描かれた（1）。いったん批判が出ると、コンクリートへの反発は急に起こり、関係する産業や個人にとっては、悲劇的なことであった。打ち放しコンクリートを見たいと思う者はもはやいなくなり、企業は倒産し、一九五〇－六〇年代に蓄積されたコンクリートを扱ううえでの多くの重要な専門知識が永遠に失われた。

過去にコンクリートが廃れてしまった地域で、一九九〇年代初頭から打ち放しコンクリートの復興が起こった。コンクリートは再び流行りの素材となったが、この復活が以前の使われ方の継続であるのか、あるいは新たな出発を意味するのかは、考慮に値する。奇妙なことに、この疑問はあまり話題にされることがないので、具体的な作品から解答を見出さなければならない。作品から伝えられることが、コンクリートの文化的な役割に少しでも多くの光を当ててくれるだろうし、とりわけコンクリートと文化の関係が予め決定され、運命づけられたものではないことを明白にするだろう。

中性について

一九九〇年代初頭にコンクリートが再び出現した、直接の建築的な理由はポストモダニズムへの反動であった。それは建築のポストモダニズムがイメージや象徴性に極端に集中するあまり、建築作品を表象的なものとして扱い、建物そのものを超えた何かの象徴と見なしたことに対してであった。あまりに多くの象徴性が、作品自身を空っぽにしてしまったという反発が起こり、一部の建築家たちは、それに替わるものとして、その建物以外の何ものも表すことのない建物をつくる方法を模索しだした。そこではものの「ものらしさ」が重要となった。おそらくフィンランドの建築家、ユハニ・パッラスマー（Juhani Pallasmaa）の著書『皮膚の眼（*The Eyes of the Skin*）』（一九九六）が最も優れた記述であろうが、この新しいアプローチは建築の批評や歴史記述における転換をも伴っていた。ケネス・フランプトンの『テクトニック・カルチャー、一九－二〇世紀建築の構法の詩学（*Studies in Tectonic Culture*）』（一九九五）は二〇世紀の著名な建築家一二名の作品を参照して、「建築」は、建築家が建物の物質的事実［建物そのものである材料］に働きかける方法の中にあるとの考え方を提示した。こういった議論の中で材料は新たな重要性を持つこととなった。ポストモダニズムにおいては一つの材料がほかの材料を真似ることや、高価な外装が平凡な構造体を隠すことは躊躇なく容認されていたが、ここでは突然、建物が何でつくられ、どのように組み立てられているかということが重要になり、この文脈の中でコンクリートは再び興味をそそるものとして見られるようになった。
スイスの建築家、ペーター・ツムトア（Peter Zumthor）の言葉がこの新しいアプローチの特徴を示している。

薄い皮膜のような木の床、重たい石の塊、滑らかな布地、磨かれた花崗岩、柔軟な皮、未加工の鉄、磨かれたマホガニー、澄んだガラス、日射で温められた柔らかいアスファルト……建築家の材料、私たちの材料。私たちはそれらすべてを知っているようだが、未だに知らずにいる。デザインをするために、建築を発明するために、私たちは意識してそれらを取り扱うことができるようにならなくてはならない。これが探究である。(2)

チューリッヒ工科大学（ETH）は一九世紀の建築家で理論家であったゴットフリート・ゼンパー（Gottfried Semper）の理念の影響下にあるが、そこで一九六〇年代終盤から七〇年代にかけて教育を受けた若い建築家たちがコンクリートを用いて実験を始めた。コンクリートは様々な表面処理に適する一方で、構造材料でもあるので、ことさらに豊かな媒体《メディア》と思われた。ツムトア、ヴァレリオ・オルジャティ（Valerio Olgiati）、ペーター・メルクリ（Peter Märkli）、ヘルツォーク＆ド・ムーロン（Herzog & de Meuron）といった建築家たちはコンクリートの感覚的、触覚的な特性と、建物を単なる記号ではなく、実際の建設の工程を通して生まれた「実質のある」ものであることを示唆する力を利用した。

素材とコンクリートの再評価は、一九五〇および六〇年代の建築を振り返る際に、今日と同じ視点で見て、同じ感性的、物質的な関心がそれらの建物の中にもあったと見なすことを人々に促した。しかし二〇世紀半ばの建築家すべてがコンクリートに対して同じような関心を抱いたかどうかは疑わしい。むしろ例外はあるものの、多くの建築家は反対にコンクリートの感覚に訴える性質にまったく関心がなく、逆に注目を浴びずに存在感を欠いた、ニュートラルな素材《メディア》であることに引きつけられ

聖十字教会、トゥルク、
フィンランド、1961－7年、
ペッカ・ピトカネン設計

ていたようである。この解釈は昨今の唯物論者的解釈とは異なる。コンクリートの無感覚性こそが、もっと着目されるべきである。

フィンランドのトゥルク墓地にある聖十字教会は一九六七年にペッカ・ピトカネン（Pekka Pitkänen）によって設計された。建物は一部にプレキャストパネルの外装があるほかは、内外ともに打ち放しコンクリートである。ピトカネン自身、六〇年代には他の建築家と同様に、コンクリートを半永久的な材料であり、見えるようにしておかなければならないものと考えていた、と話している。当時は今よりも若干色があったにせよ、グレーのコンクリートの内装は意図的に無色とされた。もともと天井には、青いアスベストが吹きつけられていたが、その毒性のためにその後除去された。青い天井を除いて、室内で唯一使われた色は、青い革装のフィンランド語の聖書と讃美歌集であったが、最近フィンランドの教会では青でない新しい讃美歌集を使用するようになり、この色の要素も失われてしまった。そこでは、グレーのコンクリートによって、会衆の身に着ける色彩も含め

ヘイワード・ギャラリーと
クイーン・エリザベス・ホール、
サウスバンク、ロンドン、
1961－8年、
LCC（ロンドン州議会）/
GLC（大ロンドン議会）
建築家部会設計

たほかの色彩を際立たせることが意図されていた。ピトカネンの言うコンクリートの不格好さは、ステンレス鋼の十字架のような、きれいに仕上げられた気品のある材料によって相殺されている。この建物におけるコンクリート使用の根底にある姿勢は、ピトカネンの発言にある「コンクリートはそれ自体の絶対的な価値を持たない材料」、さらに打ち放しコンクリートに関する「取るに足らない」や「ほとんど何でもない」といったものである（3）。やや曖昧であるが、ピトカネンのコメントは次のことに注意を促す。コンクリートは後退して他のものを際立たせる背景となる一方で、建物を完全に支配する。すなわち、コンクリートに気がつかないわけにはいかない、なぜなら建物がコンクリートであるからだ。もしコンクリートが目にとまらないように意図されたとしても、それは見逃すこともできないのである。

一九六一年から一九六八年の間にロンドン州議会によってロンドンのサウスバンクに建てられたクイーン・エリザベス・ホール、バーセル・ルーム、ヘイワード・ギャラリーの一連の新しい文化施設は、そのコンクリートによって広く知られている。型枠板の模様を残す仕上げは厚みに八分の一インチのさまざまな変化をつけた精巧な型枠板で打たれたもので、型枠の形にはほとんど繰り返しが見られない(4)。しかし奇妙なことに、このような細部へのこだわりは、「都市が一つの建物として」見えてくるように個々の建物の姿を消すというこの計画で宣言された唯一の建築的意図と矛盾する(5)。連続するコンクリート面はむしろ風景として発想され、独立した存在としての建物を見えなくし、代わりに一般的な都市インフラストラクチャーに溶けこませる手法であった。感覚に訴えるものであると同時に中立的でもあるサウスバンクのコンクリートは、目立たぬほど些細なものであると同時に、途方もなく重要なものでもあり、この計画特有の成果のひとつである。

サウスバンクと同様に、モントリオールのアビタ67は一九六〇年代の名高い計画の一つである。モシェ・サフディの学生時代の卒業設計から発展した建設システムは、最終的には一二層に縮小されたが、二二層に積み重ねられた集合住宅からなるジッグラトの基本原理であった。サフディは建設システムに固執したが、それを建てるための材料には無関心であった。後に彼は「私はどんな材料を使うべきか、決めていなかった。それは小区画から構成される、三次元のモジュラー住宅システム以外の何ものでもなかった」(6)と記した。この計画を表現する模型は構造のディテールや仕上げに関していい加減であった。大切だったのはコンセプトと形態であった。それがコンクリート製であることは、現在では最も強い特徴であるにもかかわらず、ある意味まったく重要なものではなかったのである。

これらの例すべてにおいて、他の性質を浮かび上がらせるためにコンクリートの物質性をどうしたら消せるかという点に腐心していた建築家たちを見ることができる。それは昨今のコンクリートの復活がコンクリートの官能的かつ触覚的な特性に特権的地位を与えていることとは対極をなしている。多くの二〇世紀半ばの建築家たちにとって、建築の価値は建物自体にではなく、それを支える概念《アイデア》の中にあった。例えばイタリアの建築家、ジオ・ポンティは一九五七年の手記に「建築は結

アビタ67, モントリオール、
1964−7年、
モシェ・サフディ設計

局のところ、すべてがデザインの中か模型の中に存在しており、何らかの材料に置き換えられる前に決定しているのである」と説明している。ポンティにとって、建築は無色であるべきなのである。

建築は造形的な抽象的事実であり、それは無色、あるいは色を持たないものである。私たちは色や材料によって建築を思い描くことができるが、建築をその本質や正当性という点、すなわち純然たる建築として捉え、評価したいのであれば、建築を無色と考えなくてはならない。(7)

素材《メディア》としてのコンクリートは、バルサやボール紙といった、二〇世紀半ばの計画の多くが産声を上げたときの模型材料を最もうまく再現できるものとして考えられており、模型特有の不明瞭さを現実の建物まで持続させてくれることが期待された。アメリカ人建築家、ピーター・アイゼンマン(Peter Eisenman)が一九六七年と六九年の作品である住宅Iと住宅IIにおいて、この非特異性の効果を追求したことを明らかにしている。「ボール紙は私たちの現実認識の本質を問い直すのに使用され、これが建物なのか模型なのかという問題を提起する」とアイゼンマンは書いている(8)。しかしアイゼンマンは自身の住宅に打ち放しコンクリートを使用しなかった。コンクリートはボール紙と似せられるどころか、コンクリートを無色で控えめで非物質的にふるまわせようと試みたとしても、必ず正反対の結果をもたらすことを彼はわかっていた。

一九六〇年代、七〇年代の建築家は、物質性から逃れる、あるいは超越する目的でコンクリートを採用したが、それはあくまでもコンクリートが近代の材料《メディア》として一般化したという理解のもとであった。あらゆる「近代的」な目的のためにコンクリートがいたるところで出現していることは、仮に重要なプロジェクトにコンクリートが使われても注目されることなく、単にコンクリートの近代性という世界に埋没していくことを意味した。この建築家の選択は、「書き言葉」から逃れ、文体から解放された真に近代的な表現方法を獲得しようとする著述家の試みと類似していた。フランス人批評家、ロラン・バルトは一九五三年作の『零度のエクリチュール』で「文学」における解決法は「あらかじめ方向づけられた言語による全ての束縛から解放された、無彩色の文体を生み出すことだ」と提言している。カミュとロブ＝グリエの近作に言及しながら、バルトは次のように記述した。

あたらしい中性のエクリチュールは、それらの叫びや裁きのいずれにも加担せずに、それらのただなかに位置している。それはまさしく、そういったものの不在でできている。……ここでは、生きた言語からも、いわゆる文語からも距った、一種の基礎的言語に依拠して文学をこえることが問題なのだ。こうした透明なコトバは、……それはほとんど文体の理想的な不在といっていい不在の文体を成就した。（9）

バルトがカミュのような作家に「中立的で不活性な状態を好み、いくつかの言語の特徴を撤廃した」文体の不在を見出したように、私たちも一九五〇年代と六〇年代の一部の建築家たちが同様に中立的な「零度の建築」を熱心に目指していたことを見出すことができる。打ち放しコンクリートは表現様式《スタイル》の不在の追求においてたいへん重要な役割を果たしてきたようである。その理由の一つは模型の表面に近似することであり、また別の理由は、コンクリートが建物の表面から職人の手芸や技量の痕跡を消し去る機会を提供したからである——これらのディテールや作業の痕跡は従来建築に意味を与えてきた。コンクリートを指定した建築家がもしこのことを望んだのであれば、彼らは失敗する運命にある。なぜならばコンクリートは最も意味を引きつけやすいものの一つであり、ハエ取り紙に何匹ものハエがついてくるように、いくつもの意味がコンクリートに付着するからである。コンクリートはその「中性性」ゆえに記号表意作用の宝庫となる。

その後、一九七八年に行われたバルトの一連の講義は最近『〈中性〉について（*The Neutral*）』として出版されたが、そのなかでバルトは「中性」を新たな批評のカテゴリーとして、その可能性を深く掘り下げた。建築との類似点は示唆に富んでいる。バルトは中性を「パラダイムの裏をかくもの」と説明している。「パラダイム」とは意味を生産する通常のプロセスのことで、ここであることばは、別のことばとの対比によって意味を生み出す。「軽い」ということばは「重い」との対比を通して、また「弱い」は「強い」ということばの存在によって、その意味を持つようになる。あらゆる概念は別の概念との対比によって存在するのである。バルトの望んだことはこのプロセスの独裁から逃れること、意味作用や意味から完全に逃れることであった。バルトは、意味の発見に専心する記号学者ではあったが、「(兵役を免れるように)意味から免除された世界を夢見ている」という言葉を残した(10)。

『〈中性〉について』の中で、バルトは意味作用と意味のプロセスから逃れ、それを通して中性が、彼の言うところでは「煌めく」ことのできる文彩《フィギュール》を特定した。これらのほとんどは文学に関連することであるが、そのうちのいくつか、例えば色彩は、他の領域に関連する。バルトは色彩を流行との関連に基づいて語っている。流行における色彩の最も重要な表意体系は、衣類がどんな色をしているのかではなく、衣類に色がついているということが明示されるかどうか、あるいは「無標」、すなわち「無色」[色のことが意識されない]であるかどうか、というものである。こういった無標で、判別がはっきりしないという状態がバルトの興味を引きつけた。中性とは、バルトが言うように「不明瞭さへの思いを暗示する」ものなのである(11)。

これは、模型の「無標」性を再現することで判別しにくい状態を長続きさせようとした前世紀半ばの試みからそれほど遠くない。もしもバルトが中性によって意味を免れた世界に近づくことを夢見ていたのだとしたら、建築家たちがモノから物質性を失わせようとした努力は、建築に意味に対する免疫性を与えるための方策であったと言えないだろうか。ピーター・アイゼンマンが自身の作品「ハウスII」(一九六九)について、この住宅が「既存の社会的な意味に関して、中性になることを目指している」と述べたように(12)。

二〇世紀半ばの建築家たちのすべてが無標性や中性を追い求めていたわけではないし、このようなコンクリートの使い方に関心を抱いていたわけではない。ポール・ルドルフ（Paul Rudolph）はその例外の一人であり、当時多く語られた彼特有の官能的なコンクリートの使い方は、一九九〇年以後のコンクリート復活期の建築家によるコンクリート使用法により近いものであった。重要なことは、ルドルフは設計を展開するにあたって模型を避けていたが、それは「模型では容易に細部や材料を表現することができない」からと記しており、建物の本質をより的確に伝えることができると考えた、ペンとインクによる高度な描写技術による独自の表現方法を好んだ(13)。

「中性」と「無標」の戦略においては、もはやコンクリートは素材《メディア》として採用できない。少なくとも西欧諸国においてはコンクリートが近代性と関連づけられ、それに連なる葛藤が伴う限り、不可視性を再び取り戻すことは容易ではない。昨今のよりうまくいっている事例においては、コンクリートは近代化への二重性を知りつくし、それと取り組むものとしての存在を与えられている。

英雄的な、もしくは柔軟な

二〇世紀半ばの建築家や［構造］技術者《エンジニア》は自らの作品を通して、他の材料にはできないことがコンクリートならできるということを知らしめようとしているようであった。今日、建築素材《メディア》としてコンクリートはもはや英雄的ではなくなり、最近の作品のほとんどはその素材《メディア》について何ら表明することがない。二〇世紀の大半において、コンクリート製の建物は材料の並外れた堅牢性を称えるものであった。ラーメン構造で採用されると、コンクリートは異常に長大なスパンや、危険を感じるほどに長い片持ち梁をつくるのに適役となった。フランク・ロイド・ライトの落水荘（一九三五―四八）や、わずか四カ所の支持材で驚異的なスパンを実現したリナ・ボ・バルディ（Lina Bo Bardi）のサンパウロ近代美術館（一九五七―六八）のように、こういった性質を最大限活用することは建物の名声に関わることであった。フォートワースにあるルイス・カーンのキンベル美術館

サンパウロ近代美術館、
ブラジル、1957–68年、
リナ・ボ・バルディ設計

（一九六七–七二）のヴォールト、一九五二年竣工のメキシコシティにあるレイナ（Reyna）とキャンデラ（Candela）による宇宙線パビリオンの放物面シェル構造、一九五六–八年にパリのラ・デファンスに完成したCNIT（新産業・技術センター）展示場のような、湾曲した形状に使用されることで強調されたのは、コンクリートの堅固さであり、殻《シェル》のような性質であった。そこではコンクリートの薄さや無柱空間の大きさ、ドームの曲率の小ささを誇示する作品が溢れていた。コンクリートは正確な構造をつくることができる精密な材料と見なされた。あらゆる仕事は計算によって導き出された最適解、確定された構造的結論と考えられた。しかし専門家が打ち明けたとおり、こうした精密性は常にうわべだけのものであったと言わざるを得ない。ネルヴィ（Nervi）、マイヤール（Maillart）、トロハ（Torroja）といった一流の［構造］技術者《エンジニア》でさえも、直観が合理的計算よりも重要であったことを認めている。フランス人［構造］技術者《エンジニア》のウジェーヌ・フレシネ（Eugène Freyssinet）が晩年に追想したが、「直観が計算結果と矛盾したときに、私が計算をやり直す

ポルトガル館、
リスボン万博、1998年、
アルヴァロ・シザ設計

と、結局いつも間違っていたのは計算のほうであった」。シリル・シモネが論評するように「構造体や剛性面の極めて厳密な計算の中にも、確実に恣意が含まれる」のである(14)。それにもかかわらず、二〇世紀半ばの数十年間には多くのコンクリート構造物で材料の技術的限界まで追求されることが期待された。今日ではそのような期待感はなくなっている。簡潔で精密なかつてのコンクリートの使われ方と比べると、昨今のいくつかの建物では逆のことが見られる。一方で材料《メディア》の精密さは変わっていないとしても、コンクリートは柔らかく、弛緩したものとして扱われている。例としてアルヴァロ・シザ(Alvaro Siza)による一九九八年のリスボン博覧会のポルトガル館が挙げられる。中央の空間を覆うコンクリート屋根は両側の壁からたるむように吊るされた、撓《たわ》んだ天蓋である。この屋根は材料の堅さの印象を醸し出すものではなく、むしろ雨水の重さを受けてさらに垂れ下がってきてもおかしくないと思わせるものである。屋根がこの特定の形でなくてはならないという理由はどこにもなく、もう少し垂れ下がっても、あるいはもっと強く張られてもよいものであった。他の例としては、ザハ・ハディド（Zaha Hadid）が最近行ったコペンハーゲンにあるオルドラップガード美術館（Ordrupgaard Museum）の増築（二〇〇五年竣工）が挙げられる。この屋根と壁は一体成形の曲がったコンクリートスラブのように見えるが、実際の構造体は内部にある三三センチ厚のコンクリートであり、それを取り巻く空洞を隔ててその外に外皮としての一五センチ厚のコンクリートがある。特に外皮をコンクリートでつくる必要はないので、構造的には何ら差を生み出すものではない外観のためだけの、恣意的な材料選択と言える。前世紀にコンクリートを使用する場合には、技術的極限まで、余剰のないように使用すべきとされてきたのだが、もはや今では重要なことと思われていないようだ。今やコンクリートの使い方について臆病だという侮辱を受けることはなくなったのである。

技術的な革新を表すためにコンクリートが使用されることは、以前と比べて稀になった。コンクリート建造物の構造設計における技術刷新は依然として続けられているが、それらを見世物とする必要性が減っているようである。今日の多くのコンクリート構造物は、構造以外の工夫は見られるが、構造という点では一九六〇年代と比較して大胆さがなくなった。一九五〇年代末期から一九六〇年代初頭には、建築家や技術者《エンジニア》はコンクリート造の作品すべてを構造実験としたがっていたのだが、昨今における構造の技術革新は、軽量な材料や画期的な外装材のシステムにおいてより頻繁に見られるようになっている。コンクリートの役割は、建築の「進歩」の度合いを示すことよりも、密度や質量についての効果を提供することが一般的になっている。

外側と内側

現在、打ち放しコンクリートは建物の外部よりも内部でよく見られる。一九五〇年代と六〇年代には打ち放しコンクリートは内外両方で使用されるのが一般的であったのに対して、現在では外部の仕上げ材として使用されることが少なくなってきた。より寒冷な地域においては、コンクリートの耐候性の問題が広く知られるようになったことと、そのために生じたと言われるコンクリートに向けられた反感とが、その理由の一部となっている。多くの建築家たちが外部にコンクリートを使用することは賢明でないと考えるようになった。それは、汚れや損傷の技術的な問題は制御できるようになったとしても一般の人々の間には過去の打ち放しコンクリート建築に対する低い評価があるからである。コンクリートが外壁の仕上げとして使われている場合、例えばペーター・メルクリの［スイスの］ラ・コンギウンタ（La Congiunta）［美術館］やフランスのレイマンにあるヘルツォーク&ド・ムーロンのルダン邸（一九九六―七）では、それはまさにコンクリートが汚れて変色するであろうという理由からであった。しかしながらこのようなコンクリートの使い方は、極めて小さな案件以外では大きな危険を伴う戦略である。最近のコンクリートの使われ方としてより特徴的なのは、打ち放しコンクリートが内装に限られていることである。オーストリアのブレゲンツにあるペーター・ツムトアの美術館（Kunsthaus、一九九二―七）では、半透明のガラスが外壁となり、内部の壁と床は打ち放しコンクリートである。外側が柔らかく内側が堅い構成は、一九六〇年代の標準の反転となっている。汚れや植物の繁殖といった一九六〇年代の建物に特徴的な問題を回避するとともに、室内の打ち放しコンクリートは第二章で述べたように蓄熱容量の役割を果たし、夏には建物を冷却し冬には蓄熱することでエネルギー消費を削減している。それ自体は内部でコンクリートを露わすことの美学的な理由ではないが、蓄熱容量はコンクリートを内装仕上げ材として選ぶにあたっての重要な理由となった。

　コンクリートの使用にあたって、全か無かという態度が特徴だった一九五〇年代と六〇年代と比べると、今ではコンクリートのごく一部が露出されて、全体の構成の中でより繊細で曖昧な役割を果たしている。以前では受け入れられなかったであろうものが、広く見られるようになった。カルーソ・セント・ジョン（Caruso St John）によるウォルソール新美術館（Walsall New Art Gallery、一九九五―二〇〇〇）は、一九九〇年代初頭以降のコンクリートの使われ方の様々な変化を例示している建物である。こ

次頁：ブレゲンツ美術館、オーストリア、1992－7年、ペーター・ツムトア設計。半透明の外壁と一体的なコンクリートの内観

Kunsthaus
TÄGLICH 10 – 21 UHR
ROY LICHTENSTEIN

ウォルソール新美術館、
ウエストミッドランド州、
1995－2000年、
カルーソ・セント・ジョン設計。
陶器タイルによる外装

ウォルソール新美術館
最上階の内観。腰壁の
細長い木材は、その上部や
背面のコンクリート壁に
型枠として使用された木材と
幅、材質が同じものである

ウォルソール新美術館の
入口ホール。スラブ底には
必要以上の梁がある

こではコンクリートが部分的に覆われたり、打ち放しとなっていたりする(15)。外部のコンクリート構造体は大判のテラコッタタイルか、あるいはステンレスのシートによって全面的に覆われているが、内部では腰壁から上が打ち放しコンクリートで、その下はベイマツの細板が張られている。この板は型枠に使われている板とまったく同じ幅（そのうえ同じ材料）となっている。できたものは次のような疑念を生む。内部で見えているものは「コンクリートという」内装に施された内張りなのか、それとも木が真の内装仕上げ面なのか——つまりそれは部分的に切り取られて裏にあるコンクリートを露呈させた、残されたままの作り物の型枠なのかということである。戸口や窓周辺の木枠は、建物に合わせて張り込まれた壁紙のようには見えず、むしろそれ自体が精巧な構築物として、背後のコンクリートと等価なものとして見えるようにディテールまで入念につくりこまれている。実際壁の下部を構成する板の継ぎ目とコンクリートの型枠の痕はそろっていないが、それは木製の内装がそれ自身で構造的な全体性を持っているという印象を与える必要に比べれば設計者たちにとって些細なことであった。室内の壁に見られるコンクリートは、もっぱら面として表現されている。コンクリートに奥行きを感じさせる抱きがないことと、通常は水平方向に配置される型枠を鉛直方向に用いることで、コンクリートが決して堅くて重厚なものではなく、純粋な面に見えるように意図されている。これはコンクリートの奥行きや、その結果としての重量感が常に現れていた一九五〇年代や六〇年代の使われ方と比べて、大きく異なる点だと言える。

コンクリートが際立って見えるのは、一階と上階の柱廊のスラブ底においてのみである。多くの成《せい》の大きい梁がまるで木造であるかのように、寄り添って並んでいる。「スラブ底が部屋《ルーム》をつくる」というルイス・カーンの格言に従うと同時に、設計者たちが大いに好んだアヴィニョンの法王の宮殿で観察したように、梁は構造的要求によってではなく、その下にある部屋《ルーム》の大きさによってスケールが決められた。技術者はというと、建設的な整合性の軽視と、こういった構成による余分な材料の使用に恐れをなしていた。

コンクリート面の見えがかりに関して、建築家たちは鋼製型枠によって打たれた際の「機械的」な効果、すなわち規則的に並ぶピーコン痕によって、壁面があたかも取りつけられたパネルによって構成されているような印象を与えるのを避けることに熱心であった。彼らはデニス・ラスダン（Denys Lasdun）によるロンドンのナショナル・シアターのような、コンクリートが内外装で使われ、あまりにも「マッチョ」で、不適切に力強い強度の表現を特徴とする一九六〇年代の建築の表面に対して批判的であった。その代わりに彼らが望んだのは、レイチェル・ホワイトリードの彫刻のような、本来は滑らかなはずの表面に現れた型材のわずかな痕跡が作品に不思議さをもたらす効果であった。ウォルソール新美術館では、塩分がコンクリートの表面に現れるように、型枠が外された後の表面処理は最小限しか行われなかった。コンクリートの質が確保できなかった部分は、木製の内壁の範囲を拡張することで覆われた。

ウォルソール新美術館の室内では、木がコンクリートよりも重要なものなのか、あるいはその逆なのか、不確かさがどこまでもつきまとう。このような意図的な躊躇や不明瞭さは一九五〇年代や六〇年代には許容できるものと見なされることはなかっただろうが、今日ではさほど問題にならないようである。

コンクリートについての本を終えるにあたり、最近の偉大な工学的達成の一覧ではなく、辺ぴな所にある比較的大したことのない建物について触れたことは、ひねくれているか、あるいは奇妙なことと思われるかもしれない。しかしそれは、この本で非常に大きな割合を占めてきた主題である建築家とコンクリートとの関係について、最後のコメントをする好機を与えてくれる。建築家が関わっているのは世界のコンクリートのほんの一部にすぎないが、その材料《メディア》への影響力は、世界で建てられたもの全体に対して建築家が行使できる些細な支配力とは不釣り合いなほどに大きい。コンクリートの顔をつくりだす美容師として、建築家はコンクリートと私たちとの間を取りもち、その見え方を方向づけする役割を担っているのである。私たちが材料を見て抱く憧れや嫌悪をもたらしたり、コンクリートとそれが使われる世界について、私たちが信じたり、決して信じないことのすべてに表現を与えているのが、他のどんな業種や職業をも差し置いて、建築家なのである。建築家は日常生活の舞台装置家《シーナリーメーカー》としての役割のもと、どのようにしてコンクリートという人工の合成物を日常の風景に適応させるか、あるいはコンクリートをいかにして私たちの思考過程に適応させるか、さらに私たちが何者であるかをコンクリートがいかにして示唆できるかを、私たちに示してきたのである。

　鉄筋コンクリートの最初の世紀では、その構造的な素材《メディア》としての汎用性によってあらゆるものづくりに利用され、またその文化的な媒体《メディア》としての柔順さによってコンクリートが多くの役割を担うことが可能となった。この二つのあり方は、時には完全に対立するものにもなった。この本で語られてきたことは、物語の終わりではない。なぜなら私たちが確信を持てる一つの点が、文化が変化するにつれコンクリートも変わっていくということだからである。どう見ても容赦なく増え続けるセメントの生産、西洋から東洋へ移行しつつある経済力の均衡、二酸化炭素の排出制限に対する解決法が出現すること——あるいは出現しないこと——、これらのことはすべてグローバル文化におけるコンクリートの役割を変えるきっかけとなるであろう。しかしコンクリートと文化の関係は依然として不安定なままいつづけるのであろう。

1 Constant, 'Une autre ville pour une autre vie', *Internationale Situationiste*, no. 3 (December 1959), p. 37. カルティエ=ブレッソンの都市周縁やニュータウンの写真は Francois Nourissier, *Cartier-Bresson's France* (London, 1970) に収録されている。Henri Lefebvre, 'Notes on the New Town' [1960], in *Introduction to Modernity*, trans. John Moore (London, 1995), pp. 116-126.

2 Peter Zumthor, 'Teaching Architecture, Learining Architecture' [1996], in *Thinking Architecture* (Baden, 1998), p. 58.

3 Pekka Pitkänen, 'The Chapel of the Holy Cross' in *Elephant and Butterfly: Permanence and Chance in Architecture*, ed. M. Heikkinen (Helsinki, 2003), pp. 78–88.

4 A. C. Powell, 'Rough Concrete on Site', *Arup Journal* (May 1966), pp. 7-12.

5 Warren Chalk, 'South Bank Arts Centre', *Architectural Design*, XXXVII (March 1967), pp. 120-124.

6 Moshe Safdie, *Beyond Habitat* (Montreal, 1970), p. 73.

7 Gio Ponti, *In Praise of Architecture* [1957], trans. G. and M. Salvadori (New York, 1960), p. 67.

8 *Five Architects: Eisenman, Graves, Gwathmey, Heyduk, Meier* (New York, 1975), p. 15.

9 Roland Barthes, *Writing Degree Zero* [1953], trans. A. Lavers and C. Smith (London, 1984), p. 64.

10 Roland Barthes, *Roland Barthes by Roland Barthes*, trans. Richard Howard (New York, 1977), p. 50 [ロラン・バルト『彼自身によるロラン・バルト』佐藤信夫訳、みすず書房、一九九七年].

11 Roland Barthes, *The Neutral*, trans. Rosalind E. Krauss and Denis Hollier (New York, 2005), p. 51 [ロラン・バルト『〈中性〉について──コレージュ・ド・フランス講義 1977－1978 年度（ロラン・バルト講義集成２）』塚本昌則訳、筑摩書房、二〇〇六年].

12 *Five Architects*, p. 27.

13 Paul Rudolph, *Paul Rudolph: Architectural Drawings* (New York, 1981), pp. 84-170. Timothy M. Rohan, 'Rendering the Surface: Paul Rudolph's Art and Architecture Building at Yale', *Grey Room*, 1 (2000), pp. 84–107 も参照せよ。

14 Cyrille Simonnet, *Le Béton, histoire d'un matériau* (Marseilles, 2005), p. 144. 同書、p.142のフレシネのコメントは、E. Freyssinet, *Textes et documents réunis et présentés par la Chambre syndicale nationale des constructeurs en ciment armé et béton précontraint à l'occasion des cérémonies en l'honneur d'Eugène Fressynet* (Paris, 18 October 1963), p. 12 より引用。

15 Irénée Scalbert にこの建物に関する見識を共有してもらえたことを感謝する。

謝辞

本書は多くの人々から大きな恩恵を受けている。特に研究の初期段階から継続的に私と対話し、励ましてくれたトム・ウィーヴァー、私をブラジルに引き合わせてくれたエリザベッタ・アンドレオリ、当初一九四五年以降のコンクリートにのみ絞っていたことに対し、関心を限らないよう勧めてくれ、この主題に関する自らの知識を一貫して物惜しみしなかったアンドリュー・セイントに感謝する。多くの人々が私に着想を与え、提案を述べ、洞察を共有してくれた。とくにイペク・アクピナル、ジャン＝ピエール・シュパン、ジャン＝ルイ・コエン、ペネロペ・カーティス、ダヴィド・デリウー、マレー・フレイザー、トニー・フレットン、サラ・ガヴェンタ、ジョン・グッドバン、クリストフ・グレイフ、クルト・ヘルフリッヒ、マルト・カルム、ナイル・レヴィン、ケイティ・ロイド・トーマス、ジュールス・ラバック。アンドリュー・ラベネック、アリステア・ライダー、イレネ・スカルベール、ピナイ・シリキアティックル、ローレント・スタルダー、ブライアン・ステイター、マーク・スウェナートンに感謝する。それぞれ励ましと示唆をくれたが完成前に亡くなった三人の友は、ニコス・スタンゴス、ポール・オヴリー、ロズシカ・パーカーであった。バートレットの同僚、イアン・ボーデン、ベン・カンプキン、バーバラ・ペナー、ペグ・ロウズ、ジェーン・レンドルは励ましと本書に取りかかる時間とを寛大にも与えてくれた。翻訳やその他研究の支援において、筆者はバートレットの学生、ティロ・アムホフ、エヴァ・ブランスカム、アンヌ・ハルチュ、レア＝カトリーヌ・スザッカの力を借りた。本文の部分部分を読んでコメントしてくれたことに感謝したいのは、マレー・フレイザー、マシュー・ガンディ、ジョナサン・ヒル、ミケランジェロ・サバティーノ、フローラ・サムエル、アンドリュー・ラベネックである。

本書に関する仕事のもっとも楽しかったのは外国での調査であった。そこでは、たくさんの人々が親切にも私に建物を見せてくれ、また知見を共有するために時間を割いてくれた。イタリアではパオロ・スクリヴァーノ、ミケラ・ロッソ、フィリッポ・ピエリに感謝を捧げる。フィンランドではペッカ・コルベンマー、マリアナ・ヘイキンヘイモに感謝する。ブラジルではマルセロ・カルヴァーロ・フェハス、ロベルト・コンドゥル、ルイス・レカマンが同国の注目すべき建築をいくつか見せてくれ、ポール・ムールが知識を分け与えてくれた。日本については思いがけない紹介をしていただいたが、特に津久井典子、井口夏実、彼女の父・井口勝文と夫のヤス（山崎泰寛）は共に、訪問をもっとも充実した、有益で愉快なものにしてくれた。また当地では多くの人がものを見せてくれたし、日本の文化と日本のコンクリートについて教えてくれた。中でも松隈洋と彼の前川國男作品に対する秀でた洞察、小野暁彦、トーマス・ダニエル、東利恵、邉見浩久、渡辺樹美に感謝する。

遠い土地でコンクリートを探求するという私の望みを寛容にも受け入れてくれた、妻ブリオニーと娘たちフランセスカとオリビアに感謝する。

この研究の初期の段階は、レヴァーフルム・トラストからの助成金で可能になった。本書を執筆する時間は、英国芸術人文科学研究評議会からの研究休暇助成によって得られた。図版の費用は一部、英国学士院の助成とバートレット建築学校により支弁された。

主要参考文献

Banham, Reyner, *A Concrete Atlantis* (Cambridge, MA, 1986)

Barthes, Roland, 'Plastic', in *Mythologies* [1957], trans. A. Lavers (London, 1993), pp. 97–9 ［ロラン・バルト『神話作用』篠沢秀夫訳、現代思潮新社、一九六七年］

Billington, David, *Robert Maillart and the Art of Reinforced Concrete* (New York and Cambridge, MA, 1990)

Blackbourn, David, *The Conquest of Nature: Water, Landscape and the Making of Modern Germany* (London, 2006)

Bonacker, Kathrin, *Beton ein Baustoff wird Schlagwort* (Marburg, 1996)

Cassell, Michael, *The Readymixers: The Story of RMC, 1931 to 1986* (London, 1986)

Cohen, Jean-Louis, and Martin Moeller, eds, *Liquid Stone: New Architecture in Concrete* (Princeton, NJ, 2006)

Collins, Peter, *Concrete: the Vision of a New Architecture* (London, 1959)

Concrete (1967–) (journal of the British Concrete Society)

Concrete and Constructional Engineering (London, 1906–66)

Concrete Quarterly (1947–) (published by the British Cement and Concrete Association)

Croft, Catherine, *Concrete Architecture* (London, 2004)

Cusack, Patricia, 'Architects and the Reinforced Concrete Specialist in Britain, 1905–1908', *Architectural History*, XXIX (1986), pp. 183–96

Delhumeau, Gwenaël, *L'Invention du béton armé: Hennebique, 1890–1914* (Paris, 1999)

——, Jacques Gubler, Réjean Legault and Cyrille Simonnet, *Le Béton en représentation: la mémoire photographique de l'entreprise Hennebique, 1890–1930* (Paris, 1993)

Deplazes, Andrea, ed., *Constructing Architecture: Materials, Processes, Structures, a Handbook*, 2nd edn (Basel, 2008)

Elliott, Cecil D., *Technics and Architecture* (Cambridge, ma, 1993)

Encyclopédie Perret, ed. Jean-Louis Cohen, Joseph Abram and Guy Lambert (Paris, 2002)

Frampton, Kenneth, *Studies in Tectonic Culture: The Poetics of Construction in Nineteenth and Twentieth Century Architecture*, ed. John Cava (Cambridge, MA, 1995) ［ケネス・フランプトン『テクトニック・カルチャー——19－20世紀建築の構法の詩学』松畑強、山本想太郎訳、ＴＯＴＯ出版、二〇〇二年］

Fuhrmeister, Christian, *Beton, Klinker, Granit: Material, Macht, Politik: Eine Materialikonographie* (Berlin, 2001)

Gandy, Matthew, *Concrete and Clay: Reworking Nature in New York City* (Cambridge, MA, 2003)

Giedion, Sigfried, *Building in France, Building in Iron, Building in Ferro-Concrete* [1928], trans. J. Duncan Berry (Santa Monica, CA, 1995)

Hajnal-Kónyi, K., 'Shell Concrete Construction', *Architects' Year Book*, II (1947), pp. 170–93

——, 'Concrete', in *New Ways of Building*, ed. Eric de Maré (London, 1951)

Jones, Peter, *Ove Arup* (New Haven, CT, 2006)

Komendant, August E., *18 Years Working with Architect Louis I. Kahn* (Englewood Cliffs, NJ, 1975)〔オーガスト・E・コマンダント『ルイス・カーンとの十八年』小川英明訳、明現社、一九八六年〕

Legault, Réjean, '*L'Appareil de l'architecture moderne:* New Materials and Architectural Modernity in France, 1889–1934', PhD thesis, MIT (1997)

Leslie, Thomas, *Louis I. Kahn: Building Art, Building Science* (New York, 2005)

McClelland, Michael, and Graeme Stewart, *Concrete Toronto: A Guidebook to Concrete Architecture from the Fifties to the Seventies* (Toronto, 2007)

Marrey, Bernard, and Frank Hammoutène, *Le Béton à Paris* (Paris, 1999)

Mecenseffy, E. von, *Die künstlerische Gestaltung der Eisenbetonbauten* (Berlin, 1911)

Michelis, P. A., *Esthétique de l'architecture du béton armé* (Paris, 1963)

Moran, Joe, *On Roads: A Hidden History* (London, 2009)

Newby, Frank, ed., *Early Reinforced Concrete*(Aldershot, 2001)

Onderdonk, Francis S., *The Ferro-Concrete Style* (New York, 1928, repr. Santa Monica, CA, 1998)

van Oss, Hendrik G., *Background Facts and Issues Concerning Cement and Cement Data*, United States Geological Survey, Open-File Report 2005-1152, available at http://pubs.usgs.gov/of/2005/1152/2005-1152.pdf, accessed 6 July 2009

Pfammatter, Ulrich, *Building the Future: Building Technology and Cultural History from the Industrial Revolution until Today* (Munich and London, 2008)

Picon, Antoine, ed., *L'art de l'ingénieur: constructeur, entrepreneur, inventeur* (Paris, 1997)

'Reinforced Concrete: Ideologies and Forms from Hennebique to Hilberseimer', special issue of *Rassegna*, 49 (1992)

Rice, Peter, *An Engineer Imagines* (London, 1994)

Saint, Andrew, *Architect and Engineer: A Study in Sibling Rivalry* (New Haven, CT, 2007)

——, 'Some Thoughts about the Architectural Use of Concrete', *AA Files*, 21 (1991), pp. 3–12; and 22, pp. 3–16

Slaton, Amy E., *Reinforced Concrete and the Modernization of American Building, 1900–1930* (Baltimore, MD, 2001)

Simonnet, Cyrille, *Le Béton, histoire d'un matériau* (Marseilles, 2005)

Tullia, Iori, *Il cemento armato in Italia: dalle origine alla seconda guerra mondiale* (Rome, 2001)

Virilio, Paul, *Bunker Archaeology* [1975], trans. G. Collins (Princeton, NJ, 1994)

Vischer, Julius, and Ludwig Hilberseimer, *Beton als Gestalter: Bauten in Eisenbeton und ihre architektonische Gestaltung* (Stuttgart, 1928)

Weston, Richard, *Materials, Form and Architecture* (London, 2003)

写真クレジット

©Architectural Press Archive/RIVA Library Photographs Collection: pp. 147［上］(Michael Carapetian), 190 (Dell & Wainwright); reproduced by courtesy of the artist: pp. 349, 350; reproduced by courtesy of the artist and Gagosian Gallery London: p. 280; reproduced by courtesy of the artists and 303 Gallery, New York: p. 214; © Hélèe Binet: pp. 371, 372, 373; reproduced by permission of the British Library: pp. 301, 336–7; from Paul Bonatz and Bruno Wehner, *Reichsautobahn-Tankanlagen* (Berlin, 1942): p. 081; Caisse Nationale des Monuments Historiques: p. 104; reproduced by permission of Canadian Center for Architecture, Montréal, fonds James Stirling/Michael Wilford: p. 068 (Richard Einzig/Arcaid); © CNAM/SIAF/CAPA, Archives d'architecture du xxe siècle/Auguste Perret/UFSE/SAIF/2012: p. 026; ©CNAM/SIAF/Cité de l'architecture et du patrimoine/Archives d'architecture du xxe siècle: pp. 018, 019, 217, 229［上］(Gilles Ehrmann), 333, 345; © *Daily Telegraph*: p. 205; reproduced by permission of Ècole Nationale des Ponts et Chaussées: p. 075; reproduced by permission of Feilden Clegg Bradley: p. 087; © FLC/Adagp, Paris, and DACS, London 2011: pp. 224, 252; Adrian Forty: pp. 010, 024, 025, 030, 033, 037, 039, 041, 042, 055, 057, 058, 060, 066, 069, 089, 100, 106–7, 112, 113, 114, 115, 117, 119, 120, 122, 123, 136, 142, 144, 147［下］, 156–7, 159, 160, 164, 165, 171, 172, 173, 175, 177, 178, 194, 196–7, 201, 207, 209, 221, 229［下］(© FLC/Adagp, Paris, and DACS, London, 2011), 231, 232, 233, 235, 240–1, 243, 244 (© FLC/Adagp, Paris, and DACS, London, 2011), 255, 259, 263, 265, 266, 270, 275, 293, 316, 325 (© FLC/Adagp, Paris, and dacs, London, 2011), 329, 354, 358, 359, 361, 366, 367, 370; ©German Federal Archive/Bundesarchiv: p. 296; from Frank B. Gilbreth, *Concrete System* (New York, 1908), reproduced by permission of the British Library: pp. 301, 336–7; © Mme Hervé: p. 286 (Lucien Hervé); © Institut für Regionalentwicklung und Strukturplanung (IRS), Erkner, Wissenschaftliche Sammlungen, c_03 Nachlass Max Berg: pp. 188, 189; © Judd Foundation. Licensed by VAGA, New York/DACS, London, 2011: p. 278; © Keystone/Getty Images: p. 186 (Jim Gray); © Kobal/The Picture Desk: p. 072; © Zoe Leonard, courtesy Galerie Gisela Capitain, Cologne: p. 050; © MEDDM: p. 315; Panos Pictures: p. 128 (© Jason Larkin); Tom Thistethwaite: p. 250; from F*ritz Todt: Der Mensch, Der Ingenieur, Der National sozialist* (Oldenburg, 1943): pp. 077, 079; © Collection of U.S. National Archives and Records Administration, courtesy Bureau of Reclamation: p. 347; John Winter: p. 035

訳者あとがき

フォーティーの前書、『言葉と建築：語彙体系としてのモダニズム』（二〇〇二、邦訳二〇〇六、鹿島出版会）は次の問いかけから始まる。「コンクリートや鉄やガラスの無愛想な塊を、われわれの浴びせる言葉が生き生きとしたものに変えるのか、それともわれわれが話したり書いたりする言葉は、建築作品を矮小化したり、その存在価値の一部を削ぎ落としたりしてしまうのか」。この問いに対し、フォーティーは『言葉と建築』では建築を語るうえでどのような言葉が、いかなる意味合いで使われてきたかを取り扱った。そして本書は、果たして言葉がコンクリートという対象に血を通わせることができるのかを実証する試みと言えよう。

フォーティーのコンクリートに関する研究を知ることになったのは二〇〇七年に東京大学で行われた「アーキテクチュラル・インパーフェクション」と題された公開講座においてである。これは、本書の調査の一環で来日した際に行われたもので、本書第2章で取り挙げられる不完全性に関するものであった。人工的な材料であるにもかかわらず自然素材のような振る舞うコンクリートを扱うにあたって、建築は完全性を目指してきた。そういった状況に対し、講演ではコンクリートの不完全性をより積極的に捉えることはできないのかという問いかけがなされた。

このとき我々は『言葉と建築』の翻訳チームとして面会し、幾つかのコンクリート建築の調査に同行する機会を得た。コンクリートと言えば安藤忠雄の平滑で美しいコンクリートの最新作でも見たいのだろうという安易な予想は大きく外れ、我々は東孝光の塔の家と前川國男の神奈川県立音楽堂を案内することになった。公開講座で楽焼のスライドとともにコンクリートの不完全性の積極的な評価の話を聞いた後の前川國男である。フォーティーのコンクリート研究の狙いがますますつかめなくなってしまったのは言うまでもない。

そして二〇一二年、我々の手元に本書の最終の校正原稿が届いた。副題に歴史とあったが、事実関係を時系列的に羅列し、その関連性を推察する教科書的な歴史からは程遠いものだった。人々の頭の中にあるコンクリートのイメージとその変遷に興味があるというフォーティーは、非常にユニークな切り口からコンクリートを論じている。発祥のいきさつや技術的な進歩といった歴史的な発展も織り交ぜつつ展開する論は、本人が目指したと言っている「娯楽作品」の親しみやすさを保ちながら、内容的には濃いものであった。この切り口の斬新さと内容の面白さに惹かれて是非翻訳させてもらいたいと申し出た訳だが、なぜ対象がコンクリートなのかはよくわからなかった。近代建築が、鉄とガラスとコンクリートの建築と言われることは事実だが、なぜよりによってコンクリートかということである。

コンクリートが選ばれた理由や、本書の歴史書らしならぬ独特な構成に関しては、フォーティーの歴史に対するアプローチによるところが大きいと思われる。本書の成り立ち等をより俯瞰的に理解するためにも、そのあたりの背景を少し紹介していきたい(1)。

フォーティーの独特な歴史観を理解するにあたってヒントを与えてくれる人物が三人いる。セオドア・ゼルディン(Theodore Zeldin)、カール・マルクスとレイナー・バンハムである。

歴史学者・思想家、セオドア・ゼルディンは、大学時代のフォーティーの恩師であり、本人自ら最も影響を受けた人物と認めている学者である。ゼルディンは持ち前の博識を生かして人間生活のあらゆる面における個人の役割や感情の歴史の研究を行った。フォーティーはゼルディンから、一般の人々が当たり前に思うことに興味を向けることを学び、それがその後の研究活動の原点となったと証言している。また、ゼルディンは歴史に関して「それは何が起こったか、あるいはそれがなぜ起こったかの記録だけではない。それ以上に歴史は、想像力をかき立てるためのものである」と述べ、人間の幸福や悩みを扱ったユニークな歴史書を著した(2)。当たり前の事象にこそ着目すべきという着眼点は、コンクリートを選択したことに結びつくのかもしれない。なぜならコンクリートは、鉄、ガラス、コンクリートといった近代建築の構成要素のなかで技術の成熟度とは関係なく最も広範に使われた、いわゆるどこにでもある材料だったからである。また、ゼルディンの主張した「想像力をかき立てる」という歴史の捉え方や氏の型破りな歴史書もフォーティーに影響を与えたことに違いない。

カール・マルクスは、本書の副題のA Material Historyのニュアンスを巡る著者とのやり取りの中で出てきた人物である。副題でMaterialは形容詞的に使われている。「(ある)材料の歴史」と訳せなくもないが、材料であるコンクリートのニュアンスを残しながらも別のことを言いたかったのではないかとの確認を行った。それに対しフォーティー自身から、このようになったのはこの本がある材料(material)に関する本であることを表明しつつ、同時にマルクスの唯物史観(historical materialism)を連想させることを意図した結果との説明があった。当初「Material」の代わりに「Materialist＝唯物論的」とすることも考えたが、そうするとマルクスの唯物史観に関する本と期待されてしまう可能性があったのであえて曖昧にしたとも述べている。

この副題の説明をもう少し掘り下げていくと、フォーティーの歴史へのアプローチがより明瞭になってくる。建築の批評や歴史においてマルクスの唯物史観が言及されるようになったのは八〇年代初頭、ちょうどフォーティーが同僚マーク・スウェナートンとともにＵＣＬに建築史の修士課程を創設した時期と期を一にする。ここで特筆すべきことは、この建築学部において建築史の修士課程を設けるという、当時としては斬新な試みは、マルクスの唯物史観を中心に据え、政治的分析をこの分野に適用したことを特徴としていることである。

こういった議論が発生した背景にはポストモダニズムの出現にあったとされている。きっかけとなったのは、歴史的な様式やイメージを多用したデザインを提示しながら、モダニズムが持っていた社会を改革していこうという側面に無頓着であったポストモダニズム建築の出現に対する違和感であった。というのもポストモダニズムの象徴とも言われたフィリップ・ジョンソンのＡＴ＆Ｔビルをはじめとするこれらの建築群は、大企業の象徴として定着していたモダニズムの無味乾燥な箱型のオフィスビルを否定しつつも、それは資本主義に対する異議申し立てでも何でもなく、（人間中心と主張しつつも）人道的かも疑わしい形態操作にすぎなかったからである。当時、ポストモダニズムの旗手ロバート・スターンが認めたように「ポストモダニズムは、政治あるいは芸術の面において革命的なものでは決してない。むしろそれは我々の生活する官僚的な社会の効力を補完」(3)するものであった。またその台頭は、特にアメリカにおいては、保守化が進む政治状況と歩調を合わせていたことも確認しておく必要がある。

このような、モダニズムが標榜していた社会変革とは全く無縁な建築群を目の当たりにした危機意識から、文化と物質的諸条件との関係、すなわち建築のイデオロギーとしての側面の探求が盛んになったと言われている(4)。ここでいうイデオロギーとは、ある時点で人々が社会を理解するにあたって用いる概念、価値観やイメージなどのいわゆる価値体系のことを指している。そして、この言葉を使う上での暗黙の了解として、イデオロギーは生産関係と必然的に結びついており、その主要な役割は既存の権力機構の正当化にあるということがある。

この考え方において既存の覇権的な権力機構の正当化は、見せかけの首尾一貫性を通して行われるとされている。建築の言説的な側面に関して言えば、それは歴史的に形成されてきた現実を覇権的な権力機構の思惑に沿って脱歴史化し、自然化させることで達成される。これは建築家・理論家のデメトリ・ポーフィリオスの言うところの「神話化の体系」を通して行われ、その究極の目的は、どこからも疑問を挟む余地のない神話の域まで昇華させることにある(5)。

唯物論的な歴史は、これらの神話が「自然的態度」をとるありようの説明を試みるものである。建築においては、建築を工学的な知識やデザイン論からのみ成立しているものとしてだけではなく、記号化や神話化のプロセス、趣味、スタイルや流行なども無縁ではない対象として捉え、先の神話化のプロセスを逆にたどることで、背景にあるイデオロギーを明らかにしていく作業である。フォーティーに関して言えば、マルクスの唯物史観が、「神話化」され、当たり前と受け取られてしまう事象を解明するためのスキーマを提供したと言い換えることができる。

このような方向性がフォーティーの歴史を捉える眼差しの中心にあったことに鑑みると、近代を象徴する材料としてあらゆるところで使われながら、捉えどころのない様相を呈し、加えて「ハエ取り紙がハエを吸い付けるように、神話がくっついてくる」コンクリートが魅力的に映ったことは想像に難くない。普遍的な材料として全世界に普及し、依然として膨大な量が消費されているコンクリートは、歴史、地理、政治などの様々な文化的背景において、様々な捉えられ方をされ、多くの「神話」を生み出し続けている。そして、こういった刻々と重ねられていく「神話」を丁寧に一つ一つ解きほぐしていくことを通して、コンクリートが一体どういうものなのかを解明していくことが、本書の中心的なテーマとなっている。

確かにコンクリートにまつわる「神話」が「脱神話化」されていくところは魅力の一つではあるが、本書の面白さは内容がこの唯物論的な手法にとどまることなく他の手法を織り交ぜているところにあると思われる。先に紹介した唯物史観をほのめかしつつも唯物史観に関する本とも期待されたくなかったという発言にも現れているが、一つの姿勢に固執せず他の考え方にも寛容なところがフォーティーの歴史へのアプローチの特徴であり、魅力でもある。このアプローチは、フォーティーがUCLの建築史の教授に就任した際に行われた「フューチャー・インパーフェクト（未来不完全）」[6]と題した記念講演において表明された。ここでフォーティの歴史観にヒントを与えてくれる三人目の人物、レイナー・バンハムが登場する。博士論文の指導教官であり、同時に同じオフィスを共用した同僚としてのバンハムは、良きにつけ悪しきにつけ、フォーティに影響を与えたようである。そして、この記念講演においては、バンハムの建築史に関する考え方を引き合いに出しながら、自らのアプローチを解説した。

講演で表明された考え方は、建築史を考えるにあたってバンハムが重要視した三つの「区分」についてであった。それらは、実物とその表象、大文字の「建築」とのその他の「建物」、そして建築そのものを見る姿勢と理論重視の姿勢との区分である。

実物と表象との区分について、バンハムは「行って見たこともないものについて語るべきでない」という発言に象徴されるように、写真などの表象を見て研究をする歴史家に批判的であった。しかし、フォーティーは実物を見ることの大切さは認めながらも、記号論や構造主義の考え方が十分浸透した現在では表象においても対象物の本質（リアリティー）が宿っていることが了解されているので、同等に扱うことは可能と主張する。

バンハムは、いわゆる大文字の「建築」ばかりを扱う歴史家達の姿勢に関して、目の前にある日常的で通俗的なものから目を背けているとの批判を行った。フォーティーは、いずれの世界も重要だとのバンハムの主張に賛同するが、当時その議論が二者択一のように展開されてしまったところに問題があったとする。なぜならそれによって「ハイアート」としての建築と通俗的な建物とがそれぞれ個別の対象として見なされるようになってしまったからである。フォーティーは、それらの敷居は取り除かれるべきだと主張する。特に建築のように「ハイアート」以外のものが膨大な数にのぼる場合、「他方」のロジックを駆使して考察することは、そのものだけより深く、豊かな理解に結びつくからである。

またバンハムは建築史の強靭さについて、「それは、建築史が抽象的な分類や学問的規範に関するものではなく、具体的な対象物やシステムを扱うことを基本としているところに由来する。なぜなら、新たな設問をもってそれらの対象物やシステムに戻って行くことによって再生されるから」と主張した。これは、個々の建築事象を扱ったなかである結論を導く歴史家と、建築を自らの仮説を説明するための対象として扱う理論家との区分であり、後者の否定であった。フォーティーはここにおいても双方の融合を主張する。具体的な事象の積み重ねにより論理を組み立てるバンハムの考え方を尊重しつつ、その逆の方向、すなわち特定の理論をもって一連の作品群を分析するといったことも同時に重要だとしている。さらに、こういったプロセスが相互に行き来することは建築史をより豊かにする結果を生むだろうという主張している。

これらの区分を他方を排除するために使うことのない、より包含的なアプローチを主張するフォーティーの歴史観は本書の随所に現れている。例えば一つ目の実物と表象に関して言えば、本書の写真の多くが本人の手によるものであることからわかるように、体験していないものについては語らないという姿勢に忠実でありながら、映画や写真に表象されたコンクリートも同質のものとして取り上げているところに現れている。二つ目の「ハイアート」的なものと通俗的なものとの区分の除去については、セルフビルドの作品、要塞、土木建造物等をいわゆる建築作品と同列で論じているところにその姿勢が現れている。三つ目の事象と理論との関係については、フォーティー自ら体験した空間の分析と先に述べた唯物史的な解釈、あるいはフォーティーが好んで使うロラン・バルトの構造主義的な枠組みなどの間を自由に行き来している状況からも明らかである。また、具体的な事象からであれ、理論からであれ、一つの結論を断定的に主張しないところもこの姿勢の一つの現れなのかもしれない。

フォーティーには上記のようなバンハムの歴史観の批判的発展を主張するだけでなく、その考え方をそのまま受け継いだものもある。その一つは、建築史を研究するうえでの対象を一般的な建物よりより広く捉えていたことである(7)。バンハムはしばしば建築と一般的な工業製品を同列に論じることを好んだ。これは建築家が建築の特質として主張する永続性という概念が妄想にすぎないということ、すなわち建築も一般工業製品と同様に時代の変遷とともに廃れていくものであることを示唆するためだったとも言われている。実際のところバンハムは建築の範疇をそれ以上に広げ、建築は空間的実践であるということからすれば、我々の物理的環境にいくばくかの影響を与えるものはすべて建築と見なすことができるという立場をとった。一九六八年のハンス・ホラインの宣言ではないが「すべてが建築」なのである。フォーティーもこのスタンスを引き継いでおり、建築史の研究の中にいわゆる建築とは呼べないものも対象としているのは、本書でもうかがえることである。

これらのフォーティー独自の歴史観を総動員した本書は、このアプローチが建築史をより深く、豊かなものにするというフォーティーの主張の正当性を読者に問いかけているとも言えよう。先のゼルディンの表現を借りると、それは本書によってどれだけ想像力がかき立てられたかが判断の指標になる。

翻訳した側からすると、言葉によってコンクリートに血を巡らせることができるかという当初の問いは十二分に実証されたと思われる。コンクリートの認識のされ方が時代、文化によって多種多様であることを多面的に論じることで、コンクリートを特定の固定観念から解放し、新たな命を吹き込んだ。またコンクリートが人々の近代に対する不安や戸惑いの現れと見なす視点も新鮮なものである。ちなみに原書は英語圏では絶賛され、二〇一三年の王立英国建築家協会の協会長賞を受賞している。訳者としては翻訳によってこの栄誉が傷ついてしまわないことを祈るばかりである。

ここで本書の翻訳に携わった面々について一言触れておきたい。本書は、エイドリアン・フォーティー著『言葉と建築――語彙体系としてのモダニズム』とジェフリー・スコット著『人間主義の建築』の翻訳を手がけた勉強会の三冊目となる。メンバーは、今までの監訳者二人に加えて、当初のA0チームから天内氏が参加し、新たに呉鴻逸氏が加わった。各々がすでに研究者として活躍していることもあり、今回は四名の共訳としている。

進め方としては、各自分担の章を翻訳し、その後二人ずつのチームで読み合わせ、チェックを行った。いったんできた翻訳原稿は、今度はもう一方のチームでクロスチェックの読み合わせを行った。担当した章は以下のとおりである。坂牛：序章、一章、二章、邉見：三章、五章、六章、天内：四章、七章、呉：八章、九章、一〇章。本書の場合、疑問点等について著者に直接問い合わせることができたのが大きな利点であった。我々の疑問に丁寧に答えてくれたエイドリアン・フォーティー氏にこの場を借りて感謝を述べたい。

また、鹿島出版会の川嶋勝さんには、原書が出版される前から本書の翻訳の企画、調整に奔走していただき、また出稿時期の段階では、長引くクロスチェックを許していただいた。翻訳者を代表して、この場を借りてお礼申し上げたい。

邉見浩久

1 フォーティーの歴史観等については、フォーティーと関係のあった人々が寄稿した退官記念論考集 Forty Ways of Thinking About Architecture: Architecture: History and Theory Today (Iain Borden, Murray Fraser, Barbara Penner, eds., John Wiley and Sons, 2014) に詳しい。

2 代表作に、History of French Passion, An Intimate History of Humanity（悩む人間の物語）, Happiness, The Hidden Pleasures of Life などがある。

3 Harvard Architectural Review.

4 Mary McLeod, ed., Architecture and Ideology, p.7

5 Demitri Porphryios, On Critical History, Architecture and Ideology, pp.16-17. 唯物論的な建築史観は、表現は異なるにせよ、この点では概ね一致していた。

6 文法の Future Perfect（未来完了）からくるタイトルだが、Perfect は完全性の意味合いで使われていたので不完全性とした。

7 Murray Fraser, "Reyner Banham's Hat," in Iain Borden, Murray Fraser, Barbara Penner, eds., Forty Ways of Thinking About Architecture: Architecture history and theory today, John Wiley and Sons, 2014.

索　引

・イタリックは図版の掲載頁を示す

[ア]

アアルト、アルヴァ　Aalto, Alvar……242
アイゼンマン、ピーター　Eisenman, Peter……250-252, 362, 364
アイモニーノ、アルド　Aymonino, Aldo……268
アウトバーン　autobahn……076-082, *077*, *079*, *081*
麻(骨材として)　hemp (as aggregate)……088, 099
アジェ、ウジェーヌ　Atget, Eugène……342
アスプディン、ウィリアム　Aspdin, William……216
東孝光　Azuma, Takamitsu……176, *177*
アダムス、アンセル　Adams, Ansel……346, *347*
アテネ、マラソンダム　Athens, Marathon Dam……076
アドルノ、テオドール　Adorno, Theodor……254, 256
アメリカ合衆国　United States of America……014, 021, 022, 137-140, 150, 295, 307, 308
　パークウェイ　parkways……080
アラップ、オーヴ　Arup, Ove……307, 314
アラップ・アソシエイツ　Arup……059
　アラップ・リサーチ・アンド・ディベロップメント　Arup Research and Development……091
アルコサンティ、アリゾナ　Arcosanti, Arizona……291
アルジェ、アルジェ港　Algiers, port of……218, 296
アルツィニャーノ、ヴィチェンツァ、聖ジョヴァンニ・バッティスタ教会　Arzignano, Vicenza, Italy, S. Gionvanni Battista (church)……239, *239*, *240*, 242, *243*
アルティーヴォレ、トレヴィーゾ、イタリア、ブリオン家墓地　Altivole, Treviso, Italy, Brion Tomb……*042*, 043
アルティガス、ヴィラノヴァ　Artigas, Vilanova……158, 159, *159*, *160*, 161-163
アルノ、エドゥアール　Arnaud, Edouard……109
安藤忠雄　Ando, Tadao……036, 163-165, *164*, *165*, 175, 176
アンドリュー、ポール　Andreu, Paul……062

[イ]

イスタンブール　Istanbul……013
　ヒルトンホテル　Hilton hotel……141
磯崎新　Isozaki, Arata……168
イタリア　Italy……004, 113-124, 230-234, 268, 269
イッテン、ヨハネス　Itten, Johannes……261
伊東豊雄　Ito, Toyo……175, *175*
インド　India……150

[ウ]

ヴァイス&フライターク　Ways & Freytag……016, 017, 022, 151
ヴァイスとケネン　Ways and Koenen……134
ヴァイマール、三月革命記念碑　Weimar, Monument to the Märzgefallenen……258-264, *259*, *263*, 271
ヴァッカーロ、ジュゼッペ　Vaccaro, Giuseppe……242
ヴァナンジェ、ポール神父　Winninger, Abbé Paul……236
ヴァン・ド・ヴェルド、アンリ　Van de Velde, Henry……026

ウィーン　Vienna
聖霊教会　Church of the Holy Spirit……222
ユーデンプラッツ・ホロコースト記念碑　Judenplatz Holocaust Memorial……280, *280*
ヴィオレ＝ル＝デュク、ウジェーヌ＝エマニュエル　Viollet-le-Duc, Eugène-Emmanuel……102-104
ヴィカ、ルイ＝ジョゼフ　Vicat, Luis-Joseph……015
ウィグルズワース、サラ　Wigglesworth, Sarah……070, 328, *329*, 330
ウィトルウィウス　Vitruvius……015
ウイリアムズ、サー・オーエン　Williams, Sir Owen……111, 307
ウィリー、マーティン　Willey, Martin……083
ヴィリリオ、ポール　Virilio, Paul……227, 228, *229*
ウィルキンソン、ウィリアム　Wilkinson, William……016
ウィルソン、ジェーン＆ルイーズ　Wilson, Jane and Louise……*214*
ウィンター、ジョン　Winter, John……*035*
ヴィンタートゥール、スイス、オスカー・ラインハルト美術館　Winterthur, Switzerland, Oskar Reinhart Museum……070
ウーディネ、イタリア、レジスタンス記念碑　Udine, Italy, Resistance memorial……269
ウェストリー、サフォーク　Westley, Suffolk……216
ウェストン、エドワード　Weston, Edward……344
ウェストン、リチャード　Weston, Richard……005
ヴェルダン、ムーズ、フランス　Verdun, Meuse, France……218
銃剣の塹壕記念碑　Monument to the Trench of the Bayonets……272
ヴォー＝アン＝ヴラン、ローヌ、フランス　Vaulx-en-Velin, Rhône, France……*315*
ウォール、ジェフ　Wall, Jeff……348-351, *349*, *350*
ウォルソール、ウエストミッドランド、ウォルソール新美術館　Walsall, West Midlands, New Art Gallery Walsall……326, 369, *371-373*, 374, 375
ウルム、ドイツ、聖パウロ教会　Ulm, Germany, Pauluskirche……222
ヴロツワフ(ブレスラウ)、ポーランド　Wrocław, Poland
100年記念会館　Centennial Hall……135, 187, 188, *188*, *189*, 222
市場　Market Hall……222, 223

[エ] 英国　England……014, 015
エヴァンス、ウォーカー　Evans, Walker……348
エヴァンス、ロビン　Evans, Robin……245
エヴー・ラルブレル、フランス、ラ・トゥーレット修道院　Éveux-sur-l'Arbresle, France, Sainte-Marie de La Tourette (monastery)……040, 160, 228, *229*, 234, 237, 271
エジャートン、デイヴィッド　Edgerton, David……043
エッフェル、ギュスターヴ　Eiffel, Gustave……306
エプスタン、ジャン　Epstein, Jean……133
エルヴェ、ルシアン　Hervé, Lucien……*286*, 342, 344
エルサレム、ヤド・ヴァシェム記念碑　Jerusalem, Yad Vashem……269
エンネビック、フランソワ　Hennebique, Francois……017, *018*, *019*, 020, 022-023, 029, 095, 109, 118 120, 126, 133, 134, 151, 166, 216, *217*, 294, 295, 306, 310-312, 333-335, *333*, 338, 341-345, 352

エンペルガー、フリッツ・フォン　Emperger, Fritz von……134

[オ] 王立英国建築家協会(RIBA)　Royal Institute of British Architects (RIBA)……064, 309, 311, 315
オーウェル、ジョージ　Orwell, George……011, 013, 045
オオシマ、ケン・タダシ　Oshima, Ken……165
大谷幸男　Otani, Sachio……176, *178*
オートリブ、ドローム県、フランス、理想の宮殿　Hauterives, France, Palais Idéal……032, *033*
オザンファン、アメデ　Ozenfant, Amédée……022, 340
オストヴァルト、ヴァルター　Ostwald, Walter……077, 078
オスマン男爵(ジョルジュ＝ウジェーヌ)　Haussmann, Baron (Georges-Eugène)……075
オックスフォード大学、セント・ジョンズ・カレッジ、トーマス・ホワイト卿記念寮　Oxford, St John's College, Thomas White Building……059
オリバー、ポール　Oliver, Paul……090
オルジャティ、ヴァレリオ　Olgiati, Valerio……*354*, 357
オルジャティ、ルドルフ　Olgiati, Rudolf……036
オルムステッド、F・JとハーランドＢ・バーソロミュー　Olmsted, F. J., and Harland Bartholomew……074
オンダードンク、フランシス・S　Onderdonk, Francis S.……011, 105, 131

[カ] カーン、アルバート　Kahn, Albert……110, 126, 139, 295
カーン、モーリッツ　Kahn, Moritz……138, 297
　カーンクリート　Kahncrete……138
カーン、ルイス　Kahn, Louis……041, 057, *058*, 059, 282, 284, 365, 374
カイカ、マリア　Kaika, Maria……076
科学的管理法　scientific management……298, 300-305, 335
カナダ　Canada……137
『彼女について私が知っている二、三の事柄』(映画)　*Deux ou trois choses que je sais d'elle*……355
ガベッティ、ロベルト＆アイマロ・イソラ　Gabetti, Roberto, & Aimaro Isola……060, *060*, 116, *117*
118, 119, *119*
カミュ、レイモン／カミュ・システム　Camus, Raymond, and Camus system……149, 200
カルーソ・セント・ジョン　Caruso St John……369, *371-373*, 374, 375
カルティエ＝ブレッソン、アンリ　Cartier-Bresson, Henri……355
カルドゾ、ジョアキン　Cardozo, Joaquim……155, 161
ガルニエ、トニー　Garnier, Tony……038, 189

[キ] ギーディオン、ジークフリート　Giedion, Sigfried……131, 313, 339, 340
記憶　memory……251-282
ギゴン/ゴーヤ　Gigon / Guyer……043, 070
キッチュ　kitsch……238
記念物　memorials……251-282
キャンデラ、フェリックス　Candela, Félix……242, 366
キューバ　Cuba……202
キューブリック、スタンリー　Kubrick, Stanley……074

ギルブレス、フランク　Gilbreth, Frank……300-304, *301*, 335, *336-337*

[ク]
グァルディーニ、ロマーノ　Guardini, Romano……223-225
クァローニ、ルドヴィコ　Quaroni, Ludovico……231
空間　space……129, 177, 179
クーネン、マティアス　Koenen, Matthias……016
グッドウィン、フィリップ　Goodwin, Philip……152
クトゥロー、ピエール　Couturaud, Pierre……301
グラトコフ、フョードル　Gladkov, Fyodor……189, 264
グラドフ、ゲオルギイ　Gradov, Georgei……194
グリーンバーグ、クレメント　Greenberg, Clement……253
クリシー、イル・ド・フランス、人民の家　Clichy, Île de France, Maison de Peuple……028
クリスティアニ・アンド・ニールセン　Christiani & Nielsen……307
クルル、ジェルメーヌ　Krull, Germaine……344
グレンビル、ケイト　Grenville, Kate……006
クロスビー、セオ　Crosby, Theo……065
グロピウス、ヴァルター　Gropius, Walter……022, 168, 258-261, *259*, 264, 339

[ケ]
ケルン、聖エンゲルベルト教会　Cologne, St Engelbert (church)……224
「研究部門」　*bureaux d'études*……017, *019*, 306, 307, 316, 334
『建設者たち』(映画)　*Bâisseurs, Les*……133
ケンブリッジ、マサチューセッツ　Cambridge, Massachusetts……133
　カーペンター視覚芸術センター、ハーバード大学　Carpenter Center, Harvard University……040
　クレスゲ・オーディトリアム、MIT　Kresge Auditorium, MIT……038

[コ]
公営住宅でのコンクリート使用　housing, use of concrete for……149, 192-210
構造合理主義　structural rationalism……102, 103, 169, 220
国立土木学校、フランス　École Nationale des Ponts et Chaussées……015, 020, 021, 095, 310
ゴシック建築　Gothic architecture……103
コスタ、ルシオ　Costa, Lucio……154
コゼンツァ、ルイジ　Cosenza, Luigi……031, 032
ゴダール、ジャン＝リュック　Godard, Jean-Luc……355
コタンサン・システム　Cottancin system……*104*, 118, 133, 220
国家社会主義　National Socialism……077, 081, 139, 262
コットブス、ブランデンブルク州、ドイツ　Cottbus, Brandenburg, Germany……208
コペンハーゲン、オルドラップガード美術館　Copenhagen, Ordrupgaard museum……368
コモ　Como
　カサ・デル・ファッショ　Casa del Fascio……268
　戦争記念碑　war memorial……254, *255*
コリーナ、ピストイア、トスカナ　Collina, Pistoia, Tuscany……239
コリンズ、ピーター　Collins, Peter……004, 005, 015, 105
コルバリュ、タル＝ネ＝ガロンヌ、フランス　Corbarieu, Tarn-et-Garonne……216

『殺しの分け前／ポイントブランク』(ジョン・ブアマン監督)　*Point Blank*……071, *072*, 073, 074
コワニェ、フランソワ　Coignet, François……064, *075*, 076, 118, 130, 149, 215, 216, 290, 292
コンクリート　concrete
——と石　and stone……056-060, 116, 135, 137, 146, 216, 224, 234, 267, 274, 276
——と木　and wood……052, 169-175
——と記憶　and memory……251-258
——と技術者　and engineers……016, 020, 305-310
——と強制労働　and forced labour……296, *296*, 297
——と近代性　and modernity……011-045, 090, 110, 257, 258, 281, 355
——と建築家　and architects……006, 008, 016, 017, 056, 065, 219, 309-318, 375, 376
——と鋼構造　compared to steel construction……014, 016, 020, 021, 028, 036, 037, 040, 053, 054
063, 079, 292, 314, 332
——とゴシック建築　and Gothic architecture……027, 103-105, 242
——とジェンダー　and gender……237, 238, 247
——と時間　and time……063-071, 326-330
——と写真　and photography……323-351
——とセルフビルド　and self-building……029, 034, 044, 389
——と他の建材　compared to other materials……007, 008, 038, 052, 053, 061, 062, 235, 236
282, 287
——と単純作業　and deskilling……288, 289, 305, 308
——と彫刻　and sculpture……108, 274
——と鉄筋　reinforcement……014-017, 332
——とバロック建築　and Baroque architecture……108
——とビザンチン建築　and Byzantine architecture……105, 108
——と皮膚(肌)　and skin……070, 071, 238, 344
——とファシズム　and fascism……113, 114, 268, 269
——と風化　weathering of……062-071, 272, 369
——と労働　and labour……044, 052, 199-202, 236, 239, 287-318
——による内部仕上げ　as internal finish……027, 135, 368-375
——の型枠　formwork……020, 035, 036, 053, *058*, 066, *144*, 164, *165*, 170-176, *175*, 195
299-302, *301*, 304, *322*, 323-326, 360, *372*, 374, 375
——の環境への影響　environmental effects of……083-094
——の基準(建築～、安全～)　codes……152, 155, 310
——の基礎としての使用　foundations, used for……093, 215, 254, 316
——のコスト　costs of……300-305, 308
——の壊れにくさ　indestructibility of……092, 093, 258
——の再利用　recycling of……093, 330
——の色彩　colour of……063, 064, 330, 331
——の持続可能性　sustainability of……083-094
——の指標性　indexical nature of……323, 324, 326
——の将来の潜在能力　future potential of……110
——の蓄熱容量　thermal mass of……091, 369

——の手引書　manuals……016, 134, 138, 311
——の特許　patents for……016, 017
——の特許済みシステム　proprietary systems……016, 017, 309, 310
——の廃棄物　and waste……092-094
——の不完全性　imperfection of……061, 062, 176, 326
——のプレファブ工法　prefabrication systems……035, 146, 148-150, 192-206, 315-318
——の名称　naming of……009
——の安っぽさ(安価)　cheapness of……234-245, 254, 268, 287, 297
——の要塞　fortifications……148, 218, 226, 227, 271, 389
——の量塊性(継ぎ目なし)　monolithicity……036, 037, 053, 118, 135, 262, 267, 271, 272, 274
——の劣化　deterioration of……063, 071, 092, 109, 170, 272
——への1960年代後半に始まる反発　reaction against from late 1960s……053, 069, 355
——への嫌悪　revulsion for……007, 008, 044, 062, 272
「革命(革新)的」な——　as 'revolutionary'……022, 034, 188, 210, 289
型枠の痕　board-marked……*240*, *241*, 298, 299, 360
教会に採用された——　churches, used for……215, 216, 219-226, 228-245
言語における——　in language……003
現場打ち　in-situ……135, 175, 195, 277, 298
骨材　aggregates……027, 035, 043, 051-053, 065, 066, 079, 083, 088, 093, 130, 176, 195, 261 262, 267, 271, 295, 332, 335
シェル構造　shell structures……034, 038, 043, 105, 108, 110, 121, 134, 162, 170, 366
「中性」としての——　as 'neutral'……356-365
鉄筋の発達　development of reinforced concrete……014
「バギング」　'bagging'……326, 327
びしゃん打ち(〜たたき、〜仕上げ)　bush-hammered……027, 079, 116, 137, 176, 222
「非の打ちどころのない」——　as 'virtuous'……314, 318
プレキャスト——　precast……041, 044, 052, 059, 065, 316, *316*
プレストレスト——　pre-stressed……079, 110, 328
ベトンヴェルクシュタイン(石造風仕上げ)　*betonwerkstein*……*136*, 262
ベトン・ブリュ　*béton brut*……064, 160, 170
「マッチョ」な——　as 'macho'……375
コンクリート協会(英国)　Concrete Institute (uk)……262, 311
コンスタント　→　ニューヴェンホイスを参照　Constant *see* Nieuwenhuys

[サ]
サーリネン、エーロ　Saarinen, Eero……038, 141, 143
サイファート、リチャード　Seifert, Richard……145
ザイフェルト、アルヴィン　Seifert, Alwin……081
材料　materials
ヒエラルキー(序列)　hierarchy of……056, 057, 215, 287
サウスウォールド、サフォーク、アドナムスビール醸造所配送センター　Southwold, Suffolk, Adnams Distribution Depot……088
坂倉準三　Sakakura, Junzo……168

佐野利器　Sano, Rikki (Toshikata)……166, 167
サフディ、モシェ　Safdie, Moshe……360, *361*
サミュエリー、フェリックス　Samuely, Felix……307
サンディエゴ、ソーク研究所　San Diego, Salk Institute……042, *058*, 059
サンテリア、アントニオ　Sant'Elia, Antonio……022, 038, 254
サンパウロ　São Paulo……044, 150, 158-161
　SESCポンペイア　SESC Pompeia……111, *112*, *113*
　サンパウロ近代美術館(MAM)　Museu de Arte Moderna de São Paulo (MAM)……365, *366*
　サンパウロ大学建築・都市計画学部　Faculty of Architecture and Urbanism, University of São Paulo……158-161, *159*, *160*
　マルティネリ・ビル　Martinelli Building……155

[シ]
ジェームズ、エドワード　→　ラス・ポザスも参照　James, Edward *see* also Las Pozas……032
ジェームズ・キュビット&パートナーズ　James Cubitt & Partners……067
ジェームズ=チャックラボーティ、キャスリン　James-Chakraborty, Kathleen……224, 226
ジェノヴァ　Genoa……*018*, *333*
　聖家族教会　Chiesa della Sacra Famiglia……231
シェフィールド、パーシステンス・ワークス　Sheffield, Persistence Works……086, *087*
ジェリュソ、ルイ　Gellusseau, Louis……307
シカゴ　Chicago
　オークパーク、ユニティ・テンプル　Unity Temple, Oak Park……234
　シアーズ・タワー（ウィリス・タワー）　Sears Tower (Willis Tower)……143
　ジョン・ハンコック・タワー　John Hancock Tower……143
シザ、アルヴァロ　Siza, Álvaro……367, *367*
地震　earthquakes……165-167
シモネ、シリル　Simonnet, Cyrille……005, 015, 063, 133, 134, 294, 332, 367
ジャモ、ポール　Jamot, Paul……025, 028, 105, 133
シャモアゾー、パトリック　Chamoiseau, Patrick……011, 012
シャンクス、マイケル　Shanks, Michael……204
シャンディガール　Chandigarh……170
シュヴァル、フェルディナン　→　オートリヴ、ドロームも参照　Cheval, Ferdinand *see* also Hauterives, Drôme……032, *033*, 291
シュヴァルツ、ルドルフ　Schwarz, Rudolf……223-225, 236, 237, 239
シューマッハ、フリッツ　Schumacher, Fritz……135, *136*
シュタイナー、ルドルフ　Steiner, Rudolf……037, *037*, 038, 121, 291
シュペーア、アルベルト　Speer, Albert……226, 227
ジョルニコ、スイス、ラ・コンギウンタ　Giornico, Switzerland, La Congiunta……039, *039*, 369
ジョレイ、マルセル　Joray, Marcel……257
シラマエ、エストニア　Sillamäe, Estonia……*196*, *197*
新興写真(新即物主義写真)　New Photography (movement)……342-344, 346
シンシナティ、インガルス・ビルディング　Cincinnati, Ingalls Building……138
シンドラー、ルドルフ　Schindler, Rudolf……034, 324

[ス] スウェイ、ハンプシャー、ピータソンの塔　Sway, Hampshire, Peterson's Tower……291, 292, *293*
スウォンジー、ウィーヴァー製粉所　Swansea, Weaver's Mill……295
スカルパ、カルロ　Scarpa, Carlo……*042*, 043, 056, 057, *057*
スコット、ジャイルズ・ギルバート　Scott, Giles Gilbert……216
スターリング、ジェームズ　Stirling, James……067, *068*, 299
スターレット、W・A　Starrett, W. A.……138
スタインメッツ、ゲオルク　Steinmetz, Georg……340
ストークス、エイドリアン　Stokes, Adrian……108
ストックホルム　Stockholm……006
ストリート、ジョージ・エドムンド　Street, George Edmund……309
スミッソン、アリソン＆ピーター　Smithson, Alison and Peter……144-146, *147*
スレイトン、エイミー　Slaton, Amy……308

[セ] 世界保健機構　World Health Organization……210
セガワ、ウーゴ　Segawa, Hugo……163
石灰　lime……088, 328
セメント　cement
　――の生産　production……015, 051, 083-085
　――の代用品　alternatives to……086-092
　――の二酸化炭素排出量　co_2 emissions of……083-086
　――の発展　development of……014, 015
『セメント』(小説)　→　フョードル・グラトコフも参照　*Cement* (novel, *see* also Fyodor Gladkov)……189
セラ、リチャード　Serra, Richard……252, 276, 277
セリグマン、ウォルター　Seligman, Walter……139
セント・アンドリューズ大学、学生寄宿舎　St Andrews, University of, Student Residences……067, *068*
ゼンパー、ゴットフリート　Semper, Gottfried……102, 103, 357

[ソ] 双曲放物面構造　hyperbolic paraboloid structures……105
ソビエト連邦(ソ連)　USSR……035, 192-202, 208, 210, 260, 296, 297, 317
ソレリ、パオロ　Soleri, Paolo……291
ソンタグ、スーザン　Sontag, Susan……344

[タ] 大西洋の壁(大西洋岸の要塞)　Atlantic Wall……148, *214*, 226
タウト、ブルーノ　Taut, Bruno……168, 223
タチ、ジャック　Tati, Jacques……129
タナー、サー・ヘンリー　Tanner, Sir Henry……311
ダニエル、グァルニエロ　Daniel, Guarniero……031
谷崎潤一郎　Tanizaki, Junichiro……063
ダヌッソ、アルトゥーロ　Danusso, Arturo……143
ダビドビ、ジャン　Davidovits, Jean……086
タフーリ、マンフレッド　Tafuri, Manfredo……267, 328
ダブリン、バリーマン集合住宅計画　Dublin, Ballymun housing scheme……067

ダム　dams……076, 085, 151, 346, *347*
ダラス、テキサス、ケネディ記念碑　Dallas, Texas, Kennedy Memorial……251
丹下健三　Tange, Kenzo……040, *041*, 168, 170, *171*, 173, *173*, 314

[チ] チトー元帥　Tito, Marshal……251
中国　China……085, 150, 151
チューリッヒ　Zurich
　シグナルボックス　Signal Box……070
　チューリッヒ工科大学(ETH)　Eidgenössische Technische Hochschule (ETH)……357
彫刻　sculpture……108, 274-280, 324
チリ　Chile……202

[ツ] ツィマーマン、フランク　Zimmermann, Frank……210
ツムトア、ペーター　Zumthor, Peter……357, 369, *370*

[テ] テイラー、フレデリック・ウィンスロー　Taylor, Frederick Winslow……300-305, 308
デ・カルロ、ジャンカルロ　De Carlo, Giancarlo……120, *120*, 126, 231
デプラゼス、アンドレア　Deplazes, Andrea……036
テラーニ、ジュゼッペ　Terragni, Giuseppe……254, *255*, 268
デリュモウ、グウェナエル　Delhumeau, Gwenaël……005, 332, 352
デル＆ウェインライト　Dell & Wainwright……342
テル・アヴィヴ、ヤド・レバニム記念碑　Tel Aviv, Yad Lebanim memorial……269
テルニ、イタリア　Terni, Italy……057
典礼運動　liturgical movement……223

[ト] ドイツ　Germany……015, 016, 036, 134, 135, 222, 223
ドイルズタウン、ペンシルヴァニア、モラヴィア陶器による作品　Doylestown, Pennsylvania, Moravian Pottery and Tile Works……291
ドウソン、フィリップ　Dowson, Sir Philip……059
トゥルーバッハ、スイス　Trubbach, Switzerland……039
トゥルク、フィンランド、聖十字教会　Turku, Finland, Chapel of the Holy Cross……358, *358*
道路　roads……076-082, 121, 268
トート、フリッツ　Todt, Fritz……078, 080, 130
トール、ジョセフ　Tall, Joseph……288
『時計じかけのオレンジ』(映画)　*Clockwork Orange, A*……074, 206
トビリシ、聖ギオルギアルメニア大聖堂　Tbilisi, St George (church)……*217*
トラスコン　Truscon……138, 151, 307, 310-312
トリッシーノ、ヴィチェンツァ、聖ピエトロ・アポストーロ教会　Trissino, Vicenza, Italy, S. Pietro Apostolo (church)……242
トリノ　Turin
　証券取引所(ボルサ・ヴァロリ)　Borsa Valori……060, *060*, 116, *117*, 118, 119, *119*
　フランチア街2-4番地　2-4 Corso Francia……114, *114*, 115, *115*

ボッテガ・デラスモ　Bottega d'Erasmo……118
ドルナッハ、スイス、ゲーテアヌム　Dornach, Switzerland, Goetheanum……037, *037*, 038, 121
ドルフレス、ジッロ　Dorfles, Gillo……108
ドルモワ、マリー　Dormoy, Marie……025, 028
ドレイク、チャールズ　Drake, Charles……289
トンプソン、サンフォード　Thompson, Sandford……301-305, 308

[ナ] ナウマン、ブルース　Nauman, Bruce……276, 324

[ニ] ニーチェ、フリードリヒ　Nietzsche, Friedrich……101, 113, 124
ニーマイヤー、オスカー　Niemeyer, Oscar……154, 155, 158, 242
二酸化炭素　co_2……083-092
日本　Japan……163-179
大阪、光の教会　Osaka, Church of Light……163, *165*, 176
各務原、各務原市営斎場　Kakamigahara, Crematorium……175, *175*
京都　Kyoto
桂離宮　Katsura Imperial Villa……168
国際会館　International Conference Hall……176, *178*
倉敷、倉敷市庁舎(現在の倉敷市立美術館)　Kurashiki, City Hall (now Art Gallery)……170, *171*
神戸、六甲の集合住宅　Kobe, Rokko apartments……163, 164, *164*
高松　Takamatsu
香川県庁舎　Prefecture (building)……040, *172*, 173, *173*
体育館　Gymnasium……040, *041*
東京　Tokyo……167
麻布エッジ　Azabu Edge……176
帝国ホテル　Imperial Hotel……167
塔の家　Tower House……176, *177*
丸ビル　Maru-Biru Building……167
長崎　Nagasaki……167
奈良　Nara……170, 173
広島　Hiroshima……167
広島平和記念資料館　Peace Memorial Museum……170
ニューヴェンホイス、コンスタント　Nieuwenhuys, Constant……355
ニュー・ヘイブン、コネチカット　New Haven, Connecticut
イェール大学芸術・建築学科棟　Art and Architecture Building, Yale University,……066, *066*
イェール大学メロン英国美術センター　Mellon Center for British Art, Yale University……059
テンプル・ストリート駐車場ビル　Temple Street Parking Garage……066, 041
ニューヘブン、サセックス　Newhaven, Sussex……218
ニューヨーク　New York
CBSビル　CBS Building……143
ジョン・F・ケネディ空港、TWAターミナル　John F. Kennedy International Airport, TWA terminal……038

世界貿易センター・ビル　World Trade Center……143

[ヌ] ヌヴェール、フランス、聖ベルナデッタ教会　Nevers, France, Ste Bernadette (church)……228, *229*

[ネ] ネズビット、モリー　Nesbit, Molly……279
練り土(ピゼ)と日干レンガ　rammed earth (*pisé*) and mud brick construction……015, 086, 088, 089
089, 090, 277
ネルヴィ、ピエール＝ルイージ　Nervi, Pier-Luigi……116, 121, 160, 242, 268, 269, 366

[ノ] ノースフリート、グレーブセンド　Northfleet, Gravesend……216

[ハ] バー、クリーブ　Barr, Cleeve……204
ハーヴェイ、デヴィッド　Harvey, David……090, 177
パースリー、チャールズ　Pasley, Charles……216
バーゼル、聖アントニウス教会　Basel, St Anthony (church)……*220*, *221*
パートリッジ、ジョン　Partridge, John……067
バイソン壁パネル　Bison Wall Frame system……150, 204
ハイデッガー、マルティン　Heidegger, Martin……224
ハイデルベルク(セメント会社)　Heidelberg Cement AG……129
バウハウス　Bauhaus……258, 260, 261
パガーノ、ジュゼッペ　Pagano, Giuseppe……031
破壊　demolition,……092-094, 208, *209*
パシュペルス、スイス、学校　Paspels, Switzerland, school……*354*
バシュラール、ガストン　Bachelard, Gaston……251
バジリコ、ガブリエレ　Basilico, Gabriele……331
バターフィールド、ウィリアム　Butterfield, William……216
パッラスマー、ユハニ　Pallasmaa, Juhani……356
ハディド、ザハ　Hadid, Zaha……176, 368
バドヴィシ、ジャン　Badovici, Jean……032
パネ、ロベルト　Pane, Roberto……031
バラード、J・G　Ballard, J. G.……074
バラガン、ルイス　Barragán, Louis……111
パラン、クロード　Parent, Claude……228, *229*
パリ　Paris
移送ユダヤ人犠牲者記念碑　Memorial to the Martyrs of Deportation……269-272, *270*
ヴィルジュイフ、カール・マルクス学校　Villejuif, Karl Marx School……190
オルリー、航空機格納庫　Orly, airship hangars……135
クレテイユ、レ・ブルーエ　Créteil, Les Bleuets……316, *316*, 317
現代装飾美術・産業美術国際博覧会、1925年　Exhibition of Decorative Arts, 1925……020, 131
公共事業博物館　Musée des Travaux Publics……027
サン＝ジャン＝ド＝モンマルトル教会　Saint-Jean-de-Montmartre,……*100*, 103, *104*, 119, 220
ジャウル邸　Maisons Jaoul……038, 299

シャンゼリゼ劇場　Théâtre des Champs-Élysées……026, 028, 135
大学都市、スイス館　Cité Universitaire, Pavillon Suisse……028
ブール＝ラ＝レーヌ、エンネビック邸　Bourg-la-Reine, Villa Hennebique……341
フランクリン街25番地のアパルトマン　25 bis rue Franklin……005, *024*, 025, *025*, 028, 312
ブローニュ＝ビアンクール市庁舎　Boulogne-Billancourt town hall……190
ポワシー、サヴォア邸　Poissy, Villa Savoye……034
ポンテュ街の車庫　rue de Ponthieu, garage in……026, *026*, 028, 312
モビリエ・ナシオナル（フランス国有動産管理局）　Mobilier National……027
ラ・デファンス、CNIT展示場　La Défense, CNIT……366
ランシーのノートル＝ダム教会　Notre-Dame du Raincy……027, 028, 104, 105, *106*, *107*, 220
234, 238
ハリス、ラルフ・エヴェレット　Harris, Ralph Everett……324
ハリソン、ジョン　Harrison, John……087
バルソッティ、ジーノ　Barsotti, Gino……342
バルト、ロラン　Barthes, Roland……061, 326, 328, 331, 363, 364
ハルトヴィッヒ、ヨゼフ　Hartwig, Josef……261
バルドリーノ、ヴェネト州ヴェローナ、オトレンギ邸　Bardolino, Verona, Casa Ottolenghi……056
057, *057*
パレオホラ、クレタ島　Paleohora, Crete……*010*, *030*
パンギュッソン、ジョルジュ＝アンリ　Pingusson, Georges-Henri……219, 237, 238, 269, *270*, 271, 272
バンシャフト、ゴードン　Bunshaft, Gordon……141
版築（ピゼ）　→　練り土も参照　*pisé see* rammed earth……015, 029, 086, 088, 089
バンハム、レイナー　Banham, Reyner……008, 022, 034, 137, 168, 169
パンプーリャ、ベロオリゾンテ、サン・フランシスコ・デ・アシス教会　Pampulha, Belo Horizonte, Brazil, Sao Francisco de Assis (church)……155
ハンブルク、造形美術大学　Hamburg, Hochschule fur Bildende Kunste……135, *136*

［ヒ］
ピアチェンティーニ、マルチェロ　Piacentini, Marcello……135
ピアノ、レンゾ　Piano, Renzo……245
ピーターソン、アンドリュー　Peterson, Andrew……290-292, *293*
ビーレ、ヘルヴェ　Biele, Hervé……208
ピトカネン、ペッカ　Pitkänen, Pekka……064, 358
標準化　standardization……200-202
ビル、マックス　Bill, Max……158
ヒルベルザイマー、ルートヴィヒ　Hilberseimer, Ludwig……340

［フ］
ブアマン、ジョン　Boorman, John……071, *072*
フィールデン・クレッグ・ブラッドリー　Feilden Clegg Bradley……086, *087*
フィオレンティーノ、マリオ　Fiorentino, Mario……265, *265*
フィジーニ、ルイジ　Figini, Luigi……056, 121, 233, 234, *235*
フィッシャー、テオドール　Fischer, Theodor……222
フィッシャー、ユリウス　Vischer, Julius……340

フィレンツェ、サン・ジョヴァンニ・バッティスタ教会(太陽道路の教会)　Florence, Chiesa di S. Giovanni Battista (Chiesa dell'Autostrada)……121, *122*, *123*, 233, 239, 244, 268
フーバー（ボールダー)ダム，コロラド川　Hoover (Boulder) Dam, Colorado River……076, 346, *347*
フェイバー、オスカー　Faber, Oscar……307
フォッジア、イタリア、サン・ジョヴァンニ・ロトンド(教会)　Foggia, Italy, S. Giovanni in Rotondo (church)……245
フォトジェニー　*photogénie*……341, 342
福祉国家　welfare state……203, 208, 210
プティ、クロディウス　Petit, Claudius……134
プティ、レオン　Petit, Léon……135
ブラジリア、大聖堂　Brasilia, Cathedral……242
ブラジル　Brazil……152-163
プラム、ジェームズ　Pulham, James……133
フランクフルト　Frankfurt……148
フランス　France……014, 015, 132-134, 148, 149, 333
ブラント、アンソニー　Blunt, Anthony……190, 191
フランプトン、ケネス　Frampton, Kenneth……356
ブリュッセル、ランベール銀行　Brussels, Banque Lambert……141
ブリンマウル・ゴム工場、ウェールズ　Brynmawr Rubber Factory, Wales……038
プルーヴェ、ジャン　Prouvé, Jean……028
ブルータリズム　Brutalism……161, 162, 298, 299
フルシチョフ、ニキータ　Khrushchev, Nikita……192-202, 317
フルッサー、ヴィレム　Flusser, Vilém……331
『プレイタイム』(映画)　*Playtime*……129
ブレーメン、ドイツ、Uボート掩蔽壕　Bremen, Germany, U-boat bunker……*296*
ブレゲンツ、オーストリア、ブレゲンツ美術館　Bregenz, Austria, Kunsthaus……369, *370*
フレシネ、ウジェーヌ　Freyssinet, Eugène……135, 366
ブレスラウ　→　ヴロツワフを参照　Breslau *see* Wrocław
プレチニック、ヨジェ　Plečnik, Josef……222
ブロイヤー、ロベルト　Breuer, Robert……188

[へ]
ベイルート　Beirut……228
ベヴァン、アナイリン　Bevan, Aneurin……203
ペヴスナー、ニコラス　Pevsner, Nikolaus……158
ベーネ、アドルフ　Behne, Adolf……264
ベーム、ドミニクス　Böhm, Dominikus……223-225
ベーレンス、ペーター　Behrens, Peter……223
ベッヒャー、ベルント＆ヒラ　Becher, Bernd and Hilla……331, 340, 346, 348
ペトリ、ヨゼフ　Petry, Josef……262
ペルー　Peru……*089*
ベルク、マックス　Berg, Max……187, *188*
ペルジーニ、ジュゼッペ　Perugini, Giuseppe……265, *265*

ペルシッツ、アレクサンドル　Persitz, Alexandre……237
ヘルツォーク、ジャック　Herzog, Jacques……069
ヘルツォーク&ド・ムーロン　Herzog & de Meuron……069, *069*, 357, 369
ベルフォール、フランス　Belfort, France……218
ベルリン　Berlin
　スターリン街(現カール・マルクス街)　Stalinallee (Karl-Marx-Allee)……191
　ハンザ地区　Hansaviertel……191
　メーロー　Mehrow……208
　ヨーロッパの虐殺されたユダヤ人のための記念碑(ホロコースト記念碑)　Memorial to the Murdered Jews of Europe……*250*, 251, 252
ペレ、オーギュスト　Perret, Auguste……005, 023, *024*, 025-028, *026*, 037, 053, 063, 104, 105, *106* *107*, 111, 115, 116, 118, 120, 121, 135, 220, 234, 238, 307, 312, 313
ベンヤミン、ヴァルター　Benjamin, Walter……021, 344

[ホ]
ポイント・ロボス、カリフォルニア　Point Lobos, California……052
ボードゥアン、ウジェーヌ・エリー　Beaudouin, Eugène-Élie……028
ポーランド　Poland……317
ボサール、ポール　Bossard, Paul……316, *316*, 317
ボジャンスキー、ヴラディミール　Bodiansky, Vladimir……040
ポストモダニズム　Post-modernism……179, 356
ボド、アナトール・ド　Baudot, Anatole de……*100*, 103, *104*, 119, 220
ボナッカー、カトリン　Bonacker, Kathryn……005
ボナッツ、ポール　Bonatz, Paul……078
ボ・バルディ、リナ　Bo Bardi, Lina……090, 111, *112*, *113*, 365, *366*
ボローニャ　Bologna……230
　純心聖母マリア教会　Cuore Immacolata di Maria, Borgo Panigale (church)……242
ホワイトリード、レイチェル　Whiteread, Rachel……273, 274, *275*, 276, 279, 280, *280*, 324, 375
ボワロー、ルイ・オーギュスト　Boileau, Louis-Auguste……216
ボンタイル　bontile……170
ポンティ、ジオ　Ponti, Gio……140, 141, 143, 360, 362

[マ]
マーサー、ヘンリー　Mercer, Henry……291
マーシャル、T・H　Marshall, T. H.……203
マーニュ、マルセル　Magne, Marcel……020, 131, 339, 340
マーファ、テキサス　Marfa, Texas……277, *278*
マールブルク、ドイツ　Marburg, Germany……252
マイヤール、ロベール　Maillart, Robert……366
前川國男　Maekawa, Kunio……167, 168
槇文彦　Maki, Fumihiko……175
マクニース、ルイス　MacNeice, Louis……191
マテーラ、イタリア、スピネ・ビアンケ　Matera, Italy, Spine Bianche……120, *120*
マルキエル＝ジルムンスキー、ミロン　Malkiel-Jirmounsky, Myron……133

マルクス、カール　Marx, Karl……082
マルセイユ　Marseilles
　運搬橋　transporter bridge……344
　防波堤　harbour mole……218
　ユニテ・ダビタシオン　Unité d'Habitation……028, 029, 038, 039, 160, *286*, *322*, 327, 342
マレ＝ステヴァン、ロベール　Mallet-Stevens, Rob……131, 139

[ミ] ミケリス、P・A　Michelis, P. A.……105, 109
ミケルッチ、ジョヴァンニ　Michelucci, Giovanni……121, *122*, *123*, 233, 239, *240*, *241*, 242, 244
水の供給　water supply……075, 076
ミニマル・アート（ミニマリズム）　minimalist art……252, 276, 277, 279
ミラノ　Milan
　1936年トリエンナーレ　Triennale, 1936……031
　清貧なるマリア聖堂　Madonna dei Poveri (church)……056, 121, 233, *235*
　トーレ・ヴェラスカ　Torre Velasca……114, 120, 141, *142*, 143, 144, *144*, 150, 328
　ノヴェグロ、聖アルベルト・マーニョ教会　Novegro, S. Alberto Magno (church)……232, *232*
233, 242
　ピレッリ社ビル　Pirelli Tower……143
　マルキオンディ研究所　Istituto Marchiondi……064

[ム] ムーシェル、L・G　Mouchel, L. G.……294, 295, 311
ムズメチ、セルジオ　Musmeci, Sergio……242

[メ] メイヤー、マルセル　Mayer, Marcel……027
メール、ヤルマル　Mehr, Hjalmar……006
メキシコシティー　Mexico City
　宇宙線パビリオン　Cosmic Ray Pavilion……366
　サテライト・シティ・タワー　Satellite City Towers……111
　ミラグロッサ聖母教会　La Virgen Milagrosa (church)……242
メセンセフィ、エミル・フォン　Mecenseffy, Emil von……138
メッシーナ、シチリア島、1908年地震、　Messina, Sicily, earthquake of 1908……166
メルクリ、ペーター　Märkli, Peter……039, *039*, 357, 369
メルシュ、エミール　Mörsch, Emil……134
メンデレス、アドナン　Menderes, Adnan……013

[モ] モア、サー・トマス　More, Sir Thomas……004
モーザー、カール　Moser, Klaus……220, *221*
モートン・シャンド、フィリップ　Morton Shand, Philip……341
模型　models……362-365
モニエ、ジョゼフ　Monier, Joseph……016, 017, 133, 134
モパン・システム　Mopin system……148
モリス、ロバート　Morris, Robert……276

モリゼ、アンドレ　Morizet, André……190
モレイラ、ジョルジェ・マシャド　Moreira, Jorge Machado……155
モントリオール　Montreal
　アビタ67（団地）　Habitat 67……360, *361*
　プラス・ボナヴァンテュール　Place Bonaventure……066

[ヤ] ヤマサキ、ミノル　Yamasaki, Minoru……143

[ユ] ユーゴスラビア、「スポメニク」　Yugoslavia, 'Spomeniks'……251

[ヨ] 吉岡保五郎　Yasugoro, Yoshioka……174
吉阪隆正　Yoshizaka, Takamasa……168
ヨンヌ谷、フランス、ヴァンヌ（河）水道橋　Yonne valley, France, Vanne Aqueduct……075, *075*

[ラ] 『ラール・サクレ』（雑誌）　*L'Art Sacré* (journal)……230, 238
ライス、ピーター　Rice, Peter……054
ライト、フランク・ロイド　Wright, Frank Lloyd……007, 008, 139, 167, 234, 365
ライリー、チャールズ　Reilly, Charles……218
ラインハルト、マックス　Reinhardt, Max……*189*, 222
ラカトン＆ヴァッサル　Lacaton & Vassal……210
ラスキン、ジョン　Ruskin, John……063, 102, 158, 159, 239
ラスダン、デニス　Lasdun, Denys……375
ラス・ポザス、メキシコ、「エデンの園」　Las Pozas, Mexico, 'garden of Eden'……032
ラスムッセン、スティーン・アイラー　Rasmussen, Steen Eiler……056
ラッシェルズ、W・H　Lascelles, W. H.……215
ラトロン・エ・ヴァンサン　Latron & Vincent……312
ラビュ、シャルル　Rabut, Charles……021, 310
ランサム、アーネスト　Ransome, Ernest……137, 138
ランボー、ジョセフ　Lambot, Joseph……016, 132-133

[リ] リオデジャネイロ　Rio de Janeiro……155
　教育省ビル　Ministry of Education……155
　ペドレグーリョ　Pedregulho……155, *156*, *157*
リスボン博覧会'98、ポルトガル館　Lisbon, Expo '98, Portuguese Pavilion……367, *367*
リチャードソン、H・H　Richardson, H. H.……118
リチャード・ロジャース・パートナーシップ　Richard Rogers Partnership……054, *055*
リドルフィ、マリオ　Ridolfi, Mario……031, 032, 057, 115
リュベトキン、ベルトルド　Lubetkin, Berthold……190, *190*
リュルサ、アンドレ　Lurçat, André……190
リンドナー、ヴェルナー　Lindner, Werner……340

[ル] ル・ヴェジネ、イヴリーヌ、フランス　Le Vésinet, Yvelines, France……064, 216

ルゴー、レジャン　Legault, Réjean……005
ル・コルビュジエ　Le Corbusier……022, 027, 028, 030, 034, 038-040, 064, 104, 108, 121, 131, 155, 158, 160, 162, 168, 170, 228, *229*, 234, 237, 238, 244, *244*, 245, 271, 299, 304, 313, *322*, *325*, 327, 339, 340-342, 344
ルドフスキー、バーナード　Rudofsky, Bernard……031
ルドルフ、ポール　Rudolf, Paul,……041, 065, 066, *066*, 365
ルフェーヴル、アンリ　Lefebvre, Henri……251, 355
ルブラン、フランソワ＝マルタン　Lebrun, Francois-Martin……216

［レ］
冷戦　Cold War……191, 200, 204, 208
レイディ、アフォンソ　Reidy, Affonso……155, *156*, *157*
レイマン、オー＝ラン、フランス、ルダン邸　Leymen, Haut-Rhin, France, Rudin House……069, *069*, 369
レーニン、V・I（ウラジーミル・イリイチ）　Lenin, V. I.……189
レサビー、W・R　Lethaby, W. R.……021
レザボロー、デイヴィッドとモーセン・ムスタファヴィ　Leatherbarrow, David, and Mohsen Mostafavi……063
レナルド、ゾーイ　Leonard, Zoe……*050*
レルカーロ、ジャコモ（枢機卿）　Lercaro, Cardinal Giacomo……230
煉瓦　brick……022, 052, 056, 064, 088-090, 216, 224
レンガー＝パッチュ、アルベルト　Renger-Patzsch, Albert……343, 344, 346
レンジャー、ウイリアム　Ranger, William……216

［ロ］
ロウエントホール、デイヴィッド　Lowenthal, David……062
ローエ、ミース・ファン・デル　Rohe, Mies van der……145, 260, 314
ロース、アドルフ　Loos, Adolf……103
ローゼンスタイン、マイケル　Rothenstein, Michael……342
ローマ　Rome
　アルデアティーネ洞窟記念碑　Fosse Ardeatine Memorial……264-268, *265*, *266*
　エチオピア街　Viale Etiopia……115
　コルソ映画館　Cinema Corso……135
　ティブルティーノ、聖マリア訪問教会　Tiburtino, Sta Maria della Visitazione……231, *231*, 232
ローマ人のコンクリート　Roman concrete……003, 051
ロサンゼルス　Los Angeles
　キングスロード・ハウス　Kings Road Studio House……034, 324
　ロサンゼルス川　River……073
　ワッツ・タワー　Watts Towers……032
ロジャース、エルネスト　Rogers, Ernesto……114, 115, 118, 143, 158
ロディア、サイモン　Rodia, Simon……032
ロンシャン、フランス、ノートルダム＝デュ＝オー礼拝堂　Ronchamp, France, Notre Dame du Haut……121, 228, 244, *244*, *325*, 326

ロンドン　London
アランデル街　Arundel Street……067
ウエストミンスター大聖堂　Westminster Cathedral……218
ウェンブリー、1924年大英帝国博覧会　Wembley, British Empire Exhibition of 1924……218
エコノミスト・ビル　Economist Buildings……144-146, *147*, 173
サウスバンク、クイーン・エリザベス・ホールとヘイワード・ギャラリー　South Bank, Queen Elizabeth Hall and Hayward Gallery……111, 359, *359*
ストック・オーチャード街、住宅とオフィス　Stock Orchard Street, House and Office……070, 328 *329*, 330
テムズミード61　Thamesmead 61……074, 206, *207*
ナショナル・シアター　National Theatre……375
ハウス（ホワイトリード）*House* (Whiteread)……273, 274, *275*, 279, 280, 324
ハックニー、ホリー街団地　Hackney, Holly Street Estate……*209*
パリス・ガーデン、サザーク、旧クレイズ印刷工房　Paris Garden, Southwark, Clays Printing Works……110
フィンズベリー健康センター　Finsbury Health Centre……190, *190*
ブランズウィック・センター　Brunswick Centre……065
リーガル街、ジョン・ウィンター・ハウス　Regal Lane, John Winter House……*035*
ロイズ・ビル　Lloyd's of London……054, *055*
ローナン・ポイント　Ronan Point……*186*, 205, *205*
ロンドン州議会建築家部会　London County Council Architects Department……298, 359, *359*

[ワ] ワトキンソン、ハロルド　Watkinson, Harold……204

BBPR……114, *114*, *115*, 116, *142*, *144*, 150, 328
CIAM（近代建築国際会議）　CIAM (Congrès internationale d'architecture moderne)……120, 141, 144

訳者略歴

坂牛 卓（さかうし たく）

建築家／東京理科大学教授。一九五九年東京生まれ。一九八五年ＵＣＬＡ大学院修士課程修了。一九八六年東京工業大学大学院修士課程修了。一九九八年よりO.F.D.A. associates を主宰。二〇〇六年信州大学工学部教授。二〇〇七年博士（工学）。二〇一一年より現職。主な作品＝「するが幼稚園」（第二〇回公共の色彩賞、二〇〇五）、「大小の窓」（建築学会作品選集、二〇〇六）、「リーテム東京工場」（第四回芦原義信賞、二〇〇五、建築学会作品選奨、二〇〇七、インターナショナル・アーキテクチャー・アウォード、二〇〇七）、「松ノ木のあるギャラリー」（インターナショナル・アーキテクチャー・アウォード、二〇一五）。著訳書＝『篠原一男経由東京発東京論』（共著、鹿島出版会）、『芸術の宇宙誌谷川渥対談集』（対談、右文書院）、『言葉と建築』（監訳、鹿島出版会）、『人間主義の建築』（監訳、鹿島出版会）、『αスペース』（共著、鹿島出版会）、『図解 建築プレゼンのグラフィックデザイン』（鹿島出版会）など。

邉見 浩久（へんみ ひろひさ）

一九五九年生まれ。東京工業大学大学院、イェール大学大学院修了（フルブライト奨学生）。リチャード・マイヤー・アンド・パートナーズを経て、現在に至る。作品＝「鎌倉の家」「同#2」、担当作品＝「東京海上東日本研修センター」「本郷カトリック教会」「ベネトン表参道（現ＹＳＬ）」「フェアモントホテル、ジャカルタ」など。著訳書＝『東京発東京論』（共著、鹿島出版会）、『言葉と建築』（監訳、鹿島出版会）、『人間主義の建築』（監訳、鹿島出版会）、『住宅論』ほか、英訳＝Kazuo Shinohara, Casas, 2G #58/59 など。

呉 鴻逸（ご こうい）

建築家／東京電機大学講師。一九七五年東京生まれ。台湾出身の両親をもつ。一九九八年東京大学卒業。二〇〇六年ベルラーヘ・インスティテュート修了。シーザー・ペリ アンド アソシエーツ ジャパン、ＦＯＡ勤務を経て、二〇〇九年にWhiteroom Architectsを設立。東京理科大学助教を経て二〇一五年より現職。

天内 大樹（あまない だいき）

美学芸術学／建築思想史、静岡文化芸術大学講師。一九八〇年東京生まれ。東京大学大学院修了、博士（文学）。日本学術振興会特別研究員（ＰＤ、大阪大学）、東京理科大学工学部第二部建築学科ＰＤ研究員などを経て現在に至る。著書＝『ディスポジション――配置としての世界』（共著、現代企画室）、『批評理論と社会理論1――アイステーシス』（共著、お茶の水書房）など。訳書＝『帝国日本の生活空間』（岩波書店）、『言葉と建築』『人間主義の建築』（共訳、鹿島出版会）など。

メディアとしてのコンクリート
土《つち》・政治《せいじ》・記憶《きおく》・労働《ろうどう》・写真《しゃしん》

発行　二〇一六年四月一五日　第一刷発行

訳者　坂牛卓《さかうしたく》＋邉見浩久《へんみひろひさ》＋呉鴻逸《ごこうい》＋天内大樹《あまないだいき》

発行者　坪内文生

発行所　鹿島出版会
〒一〇四―〇〇二八　東京都中央区八重洲二―五―一四
電話〇三（六二〇二）五二〇〇
振替〇〇一六〇―二―一八〇八八三

造本・本文設計　工藤強勝＋舟山貴士

制作　今井章博＋高田明

印刷　三美印刷

製本　牧製本

ISBN 978-4-306-04636-8　C3052

本書の内容に関するご意見・ご感想は左記までお寄せください。
URL: http://www.kajima-publishing.co.jp　e-mail: info@kajima-publishing.co.jp